高铝粉煤灰提铝过程中
硅产物的资源化利用

杨志杰　著

中国建材工业出版社

图书在版编目（CIP）数据

高铝粉煤灰提铝过程中硅产物的资源化利用/杨志
杰著．--北京：中国建材工业出版社，2022.9（2023.5重印）
ISBN 978-7-5160-3576-4

Ⅰ.①高…　Ⅱ.①杨…　Ⅲ.①粉煤灰—提取冶金—硅
—资源利用②氧化铝—熔炼—硅—资源利用　Ⅳ.
①TF11②TF821.03

中国版本图书馆 CIP 数据核字（2022）第 165229 号

高铝粉煤灰提铝过程中硅产物的资源化利用

Gaolü Fenmeihui Tilü Guochengzhong Guichanwu de Ziyuanhua Liyong

杨志杰　著

出版发行：中国建材工业出版社
地　　址：北京市海淀区三里河路 11 号
邮　　编：100831
经　　销：全国各地新华书店
印　　刷：北京雁林吉兆印刷有限公司
开　　本：787mm×1092mm　1/16
印　　张：16.75
字　　数：410 千字
版　　次：2022 年 9 月第 1 版
印　　次：2023 年 5 月第 2 次
定　　价：**60.00 元**

前　言

煤炭是当前人类生存和发展最重要的能源之一。对于"贫油、少气、富煤"的我国，煤炭长期以来一直是我国第一大能源。我国不仅是世界上第一大煤炭消费国，而且也是第一大产煤国，因而也成为全球最大的煤基固废排放国，仅粉煤灰每年的排放量就高达约 6.0 亿吨。特别是作为主要煤田之一的鄂尔多斯盆地煤田，蕴藏着一种极为特殊的煤铝硅镓共伴生煤炭资源。这种煤炭燃烧后形成的高铝粉煤灰（Al_2O_3 含量＞40％）富集多种有价资源，随着西电东送的快速发展，它不仅关系到我国西北地区的环境保护和生态治理，而且也是我国铝、硅、镓资源的重要战略保障。

针对该铝、硅、镓共伴生粉煤灰，突破了将粉煤灰作为火山灰材料用于建材建工的传统思路，真正将高铝粉煤灰作为矿物资源，对其中不同成分、物相与结构的有价资源逐级协同提取利用，将工业固废转化为有色金属、化工填料、环境材料与绿色建材等系列产品，建立了高铝粉煤灰资源循环利用的创新产业链。作者有幸在 2012 年博士毕业后就职于大唐国际高铝煤炭研发中心（国家能源高铝煤炭资源开发利用国家重点实验室），并作为主要研究人员参与了高铝粉煤灰预脱硅碱石灰烧结法提铝多联产相关技术研发，主要从事粉煤灰提铝过程中硅资源的相关技术研发和产业化应用，目前仍在继续该方面的研究工作。

本书主要总结了作者及研究团队近 10 年在高铝粉煤灰提铝过程中硅产物利用相关结论和成果，主要包括两个部分，其一为高铝粉煤灰脱硅液的资源化利用技术，其二为高铝粉煤灰提铝硅钙渣的资源化利用技术，共 12 章。本书集中介绍了高铝粉煤灰及其提铝多联产循环产业链，脱硅液的生产及脱硅液合成活性硅酸钙、硬硅钙石型保温材料和白炭黑，硅钙渣的产生及物性、脱碱和活化处理及其在水泥中的应用，硅钙渣制备地聚物胶凝材料、路面基层材料及硅酸钙板等技术。

怀念与曾经的团队并肩奋斗的日日夜夜，感谢大唐国际高铝煤炭研发中心和内蒙古工业大学为本书中相关研究提供的科研条件。内蒙古工业大学的张鸿波、张涛、密文天对本书进行了审核，并给出了宝贵的建议，在此对所有成员一并表示衷心的感谢。

同时，本书的编著得到了内蒙古自然科学基金资助项目（项目编号：2019MS05076）、内蒙古科技计划资助项目（项目编号：2020GG0257、2020GG0287、2022YFHH0050）、内蒙古工业大学自然重点资助项目（项目编号：ZZ201911）、内蒙古工业大学重点教改项目（项目编号：2022109）、内蒙古自治区 2022 年研究生教育教学改革项目、内蒙古自治区教育科学规划课题（项目编号：NGJGH2020058）、内蒙古工业大学研究生教改项目（项目编号：YJG2020014）、内蒙古工业大学矿物加工工程设计教学团队建设项目、内蒙古工业大学地质学优秀教学团队建设项目、内蒙古工业大学博士基金资助项目（项目编号：BS201916）等一系列科研和教改项目的支持，在此表示衷心的感谢。

  由于作者水平有限，部分内容仍缺乏深入研究，书中难免有错误和疏漏之处，敬请读者批评指正。

作者

2022 年 8 月

目　录

第1章 绪 论

1.1 高铝粉煤灰简介

1.1.1 高铝煤炭

　　我国鄂尔多斯盆地晚古生代煤田（尤其是准格尔煤田）中蕴含丰富的高铝煤炭资源，煤中含有大量勃姆石和高岭石等富铝矿物，其燃烧后所形成的粉煤灰中含有大量的 Al_2O_3（Al_2O_3含量＞40%），是典型的高铝粉煤灰。除了铝元素外，煤灰中还有含量较高的硅和镓元素，而铁、钛、钙、镁等元素的含量却极少。因此，高铝粉煤灰具有很高的资源潜力和价值，是非常宝贵的再生资源。随着国家"西电东送"战略的实施，内蒙古中西部、山西北部地区晚古生代煤炭资源越来越多地成为周边大型火力发电厂的煤炭资源，排放的大量高铝粉煤灰给这些地区造成了严重的环境污染，成为亟待解决的问题。早在2011年国家发展和改革委员会就颁布了《关于加强高铝粉煤灰资源开发利用的指导意见》，旨在加强高铝粉煤灰的资源化利用研发和产业化。

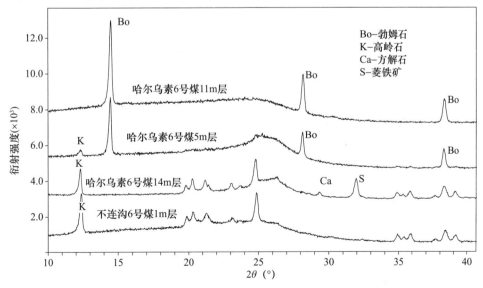

图 1-1　高铝煤炭的 X 射线衍射（XRD）图谱

粉煤灰中的物质来源于煤中矿物，煤中矿物成分及其赋存形式直接决定了粉煤灰的物化性能。高铝煤炭的 X 射线衍射（XRD）分析如图 1-1 所示，其主要无机矿物为高岭石和勃姆石（一水软铝石），高岭石和勃姆石含量分别约为 27％和 8％，还含有石英、方解石、菱铁矿、黄铁矿、硬石膏、锐钛矿、磷锶铝矾等矿物，这些矿物在煤中含量较少，或低于 XRD 检测限。高铝煤炭扫描电子显微镜（SEM）下的微观形貌如图 1-2 所示，这些含铝矿物以团块和微粒分布于煤炭中。

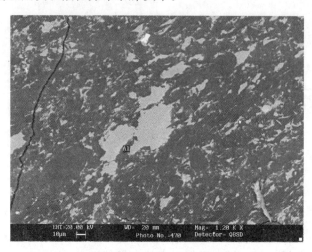

图 1-2　高铝煤炭电镜分析（SEM）图

1.1.2　高铝粉煤灰

粉煤灰是由燃煤发电和燃煤生产蒸汽时产生的，由废气带出。一般情况下，煤经磨细后，由空气吹入锅炉燃烧室中并被迅速点燃，产生热和熔融状的矿物残渣。锅炉管道吸取热量，烟道气体被冷却，熔融状的矿物残渣变硬，并最终形成粉状。粗煤灰颗粒成为底灰或炉渣，掉到燃烧室的底板上，同时轻的煤灰颗粒（飞灰）继续悬浮在烟气中，在排放之前被静电除尘器或布袋除尘器等收集下来，一般布袋除尘器收集的颗粒较细。

高铝粉煤灰中各种类型的颗粒如图 1-3 所示，但整体上看以珠状颗粒微珠为主，珠状颗粒在细粒粉煤灰中最为常见。飞灰和底灰相比，飞灰中的珠状颗粒明显多于底灰，底灰中的碳粒和不规则颗粒较多，且底灰的粒度明显高于飞灰。现将观察结果论述如下。

（a）飞灰整体特征　　　　　　　　　　　（b）底灰整体特征

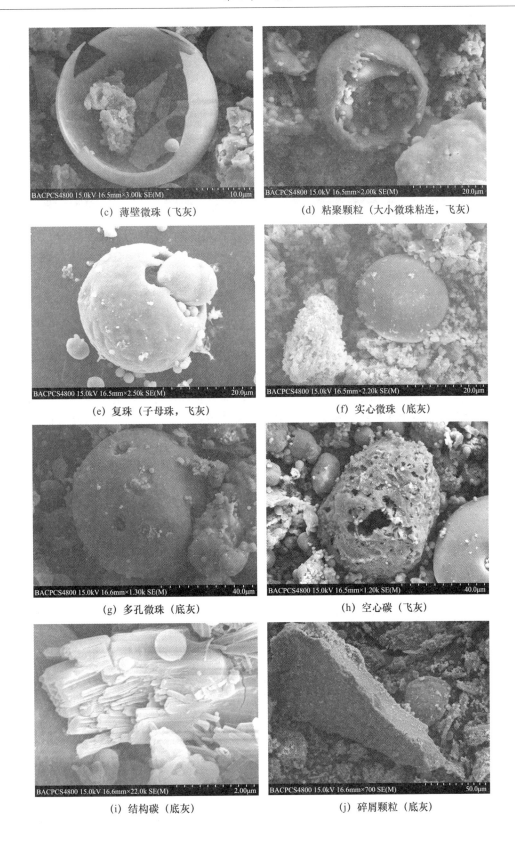

（c）薄壁微珠（飞灰）

（d）粘聚颗粒（大小微珠粘连，飞灰）

（e）复珠（子母珠，飞灰）

（f）实心微珠（底灰）

（g）多孔微珠（底灰）

（h）空心碳（飞灰）

（i）结构碳（底灰）

（j）碎屑颗粒（底灰）

(k) 黏土颗粒（底灰）   (l) 海绵状玻璃体（底灰）

图 1-3　高铝粉煤灰类型

1. 珠状颗粒

珠状颗粒主要是煤中的无机组分在高温下软化、熔融，而后急剧冷却形成的固相颗粒，由于熔融体的表面张力作用使得表面能达到最小，致使煤粉颗粒变化为球状。球状颗粒占粉煤灰颗粒类型的绝大多数，特别是在细颗粒中所占比例更大。有薄壁空心珠状的漂珠，其壁厚与直径之比在 10％左右，这种颗粒的数量相对较少；也有厚壁空心的沉珠，其壁厚与直径之比在 30％左右，这种颗粒的数量较多；另外还有为数众多、内部密实的实心微珠和多孔微珠。在珠状颗粒中，其表面有光滑者，也有粗糙者；有些珠状颗粒内部还含有更小的玻璃微珠，通常称之为复珠或子母珠；也见有部分珠状颗粒表面粘附有更小的微珠。

2. 渣状颗粒

渣状颗粒主要是海绵状玻璃渣和碳粒。海绵状玻璃渣多表现为结构疏松、不规则的多孔颗粒，粒度较粗（一般大于 $50\mu m$），在飞灰和底灰中都存在，并且在底灰中的数量明显高于飞灰。海绵状玻璃渣上的孔洞直径大小不一，分布也不均匀，其化学成分多为硅铝质。海绵状玻璃体的形成通常是因为燃烧温度不高，或因火焰中停留时间较短，或因部分熔点较高，以致这些灰渣没能达到完全熔融的温度。神华矸石电厂和国华准格尔电厂的粉煤灰中的海绵状玻璃渣，显然与煤灰中 Al_2O_3 含量较高导致灰熔点较高有关。

碳粒可存在于飞灰和底灰中。碳粒的形状有多种，既有多孔状、海绵状，也有不规则状。空心碳或网状碳源自镜质组，镜质组比惰质组有较高的挥发分产率，在高温热解过程中会出现不同程度的膨胀、塑形变形，同时不断释放挥发分，因而产生大量的气孔。结构碳主要源自惰质组，它在加热过程中既不变形也不软化，挥发分产率低，未经塑形变化过程，燃烧时可导致碳壁即细胞壁逐渐破裂，所以由惰质组形成的碳粒几乎没有气孔。

3. 钝角颗粒

钝角颗粒是指未熔物或部分未熔的颗粒物，且主要成分为石英。这种颗粒在准格尔粉煤灰中较少，这与燃煤中石英含量数量较少有关。

4. 碎屑颗粒

碎屑颗粒大多是煤中未燃烧或不完全燃烧而遗留下来的矿物颗粒，它们往往保留或部分保留原来矿物的颗粒形态。在神华矸石电厂和国华准格尔电厂粉煤灰中这种颗粒类型的数量相对较多，而且主要存在于底灰中，这与煤中黏土矿物含量较多有关。

5. 粘聚颗粒

粘聚颗粒为粉煤灰中各种颗粒的粘聚体，这一现象也较为常见。利用 SEM 可以观察到有大小不同的珠状颗粒交融在一起，偶尔可见不规则颗粒与珠状颗粒或不规则颗粒之间的部分交融现象。这主要是因为熔融或半熔融的颗粒冷却时相互碰撞在一起，粘结后再完全冷却而形成。准格尔地区粉煤灰中这类颗粒比较常见的原因，还与煤灰中 Al_2O_3 含量较高、杂质含量较低而导致的熔体黏度增高有关。

粉煤灰的化学特性很大程度上取决于燃煤中的无机组分和燃烧条件，不同地区、不同种类煤的粉煤灰化学特性差异很大，系统研究粉煤灰的化学组成及其变化对粉煤灰的环境评价和资源化利用有重要意义。

粉煤灰中 70% 以上由 SiO_2、Al_2O_3 和 Fe_2O_3 或 $Fe_2O_3 + Fe_3O_4$ 组成，典型的粉煤灰中还含有 CaO、MgO、TiO_2、K_2O、Na_2O、SO_3 和 P_2O_5 等氧化物。国华准格尔电厂粉煤灰的化学组成与其他国家和地区的粉煤灰（高硅低铝）的化学成分有很大不同，特别是在 SiO_2 和 Al_2O_3 含量上。国华准格尔电厂粉煤灰明显具有高铝低硅的特征，见表 1-1，Al_2O_3 / SiO_2 质量比高达 1.5，是一般粉煤灰的 3 倍左右，并且粉煤灰中 Fe_2O_3 含量也明显低于其他地区，仅有 1.95%。CaO 含量只有 4.22%，按照 CaO 含量小于 10% 划分，应属于低钙粉煤灰。粉煤灰中其他氧化物的含量也并不高，MgO、K_2O、Na_2O 的含量均在 1% 以下。另外，国华准格尔电厂粉煤灰中还含有 2.22% 的 TiO_2。通常而言，TiO_2 也是粉煤灰中的常见氧化物，但其含量一般不高，粉煤灰的钛主要来自煤中的金红石或钛铁矿。

表 1-1　高铝粉煤灰化学组成　　　　　　　　　　　　　　（%）

	烧失量	SiO_2	Al_2O_3	Fe_2O_3	TiO_2	K_2O	Na_2O	CaO	MgO
国华准格尔电厂	2.10	35.04	52.72	1.95	2.22	0.49	0.11	4.22	0.74
大唐托克托电厂	2.75	42.67	42.36	2.57	—	0.39	0.58	4.30	3.20

粉煤灰的物相组成是粉煤灰品质的重要指标，特别是提取有益元素（如铁、铝、镓等）时更是如此。粉煤灰的物相组成与很多因素有关，不同粉煤灰的物相差距很大，全面系统地了解粉煤灰中的物相组成及形成机理，是粉煤灰资源化利用的关键。

普通粉煤灰的研究报道较多，学者将粉煤灰中矿物的成因分为 3 种：原生成因、次生成因和后生成因。原生成因是指原来存在于煤中的矿物，在煤的燃烧过程中未经历任何改变；次生成因是指在煤燃烧过程中形成的新矿物；后生成因则是指粉煤灰在经水处理、干燥、存储和运输过程中形成的新矿物。粉煤灰中的矿物相主要为次生矿物（包括各种硅酸盐、氧化物、硫酸盐、碳酸盐、碳粒和玻璃体），少量为原生矿物（包括部分硅酸盐、氧化物、硫酸盐和磷酸盐），后生矿物的数量为最少（常见的是硫酸盐、碳酸盐、氯化物）。这种差异主要与煤中矿物种类、数量、燃烧条件和后期处理方式有关。在粉煤灰的常见矿物中，石英、长石、方解石、磷灰石一般都是原生成因，而莫来石、磁铁矿、赤铁矿、硬石膏基本属于次生成因，后生矿物主要是石膏。粉煤灰中的原生矿物主要以分散的粒状和集合体出现，次生矿物主要存在于玻璃体或玻璃体的外表面以及碳粒孔隙之中，而后生矿物则主要以集合体的形式存在。

而国华准格尔地区的电厂所用燃煤中含有大量的黏土矿物和勃姆石，以致粉煤灰中 Al_2O_3 的含量很高，为高铝粉煤灰。高铝粉煤灰的物相组成与普通粉煤灰有很大区别，如图1-4所示。大唐托克托电厂和呼和浩特国能电力的粉煤灰物相组成主要为石英、莫来石、刚玉和非晶质，方解石含量极少，富铝物相莫来石和刚玉含量分别为31.2%～51.0%和6.6%～11.9%。

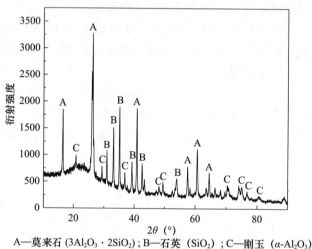

A—莫来石（$3Al_2O_3 \cdot 2SiO_2$）；B—石英（SiO_2）；C—刚玉（α-Al_2O_3）

图1-4　高铝粉煤灰 XRD 图谱

莫来石和刚玉均为燃烧过程中形成的二次矿物相，特别是刚玉在普通粉煤灰中几乎难以寻见。大唐托克托电厂粉煤灰中莫来石矿物含量高达31.2%～51.0%，也比普通粉煤灰中常见的含量20%左右高出许多。粉煤灰中高含量的莫来石主要来源于煤中丰富的高岭石在高温下的分解和转化产物；莫来石的另一来源途径是：煤中丰富的勃姆石矿物失水转变为 γ-Al_2O_3，再与高岭石分解产生的非晶态 SiO_2 反应生成莫来石。刚玉则主要来自煤中勃姆石矿物失水后的晶体转化。

粉煤灰中极其少量的石英主要是原生或次生矿物。在普通粉煤灰中石英是最常见的矿物。而在高铝粉煤灰中石英含量极少，与电厂炉前煤中石英含量很少有关，也说明高铝粉煤灰中的石英主要为原生残余矿物，它们在底灰中的数量略高于飞灰。

1.2　高铝粉煤灰提铝循环产业链简介

我国是世界第一燃煤及铝生产大国，粉煤灰排放量巨大而铝土矿资源相对短缺。2016年，我国氧化铝和电解铝产能均达到世界的50%以上，而我国铝土矿资源仅占全球总储量的2.9%，目前铝资源对外依存度已超过50%，保障我国铝资源安全的形势日益严峻。作为我国主要动力用煤，鄂尔多斯盆地晚古生代煤、铝、镓共生资源燃烧后形成的高铝粉煤灰（Al_2O_3 含量＞40%）富集多种有价资源，但其占地与环境危害也日趋严重，高铝粉煤灰资源化利用是关系到我国环境保护与保障铝资源安全的重大战略发展方向。

粉煤灰提取氧化铝是世界性难题，波兰在 20 世纪 60 年代首先采用石灰石烧结法工艺建成了 6000t/a 粉煤灰提取氧化铝示范工程，但由于技术不成熟、副产物排放量大等问题，未能实现产业化应用。近年，针对内蒙古、山西等地发现的大量高铝粉煤灰资源，以大唐集团、神华集团以及蒙西集团为代表的多家公司开展了从粉煤灰中提取氧化铝的研究，研发出"碱法""酸法""铵法"三大类高铝粉煤灰提取氧化铝技术，形成了以大唐集团为代表的预脱硅-碱石灰烧结法、以蒙西集团为代表的石灰石烧结法、以神华集团为代表的一步酸溶法、以开元生态铝业为代表的硫酸铵法、以中科院过程所为代表的亚熔盐法等多种工艺技术路线。大唐集团利用自主开发的预脱硅-碱石灰烧结法工艺技术建设的高铝粉煤灰年产 20 万吨氧化铝示范线已连续运行 10 年，主要技术经济指标达到或超过国家行业规范要求，成为国内外领先的商业化运行的粉煤灰提取氧化铝生产线。

1.2.1　高铝粉煤灰预脱硅-碱石灰烧结法提铝多联产工艺

自 2003 年大唐托克托电厂首台机组投产，因烟气粉尘净化发现粉煤灰的富铝特性以来，大唐集团开展了高铝资源化利用的技术开发与产业化实践，历经实验室研究、工业化试验和年产 20 万吨氧化铝项目示范，形成了我国自主知识产权的高铝粉煤灰预脱硅-碱石灰烧结法提铝多联产工艺技术和装备体系，其工艺流程如图 1-5 所示。

高铝粉煤灰与氢氧化钠溶液按照一定的比例混合形成粉煤灰浆液，进入预脱硅装置，在一定的温度、压力和反应时间下，粉煤灰浆液中活性二氧化硅与氢氧化钠溶液发生反应，生成含有硅酸钠溶液的脱硅灰浆液，通过泵输送进入脱硅灰分离与洗涤设备，通过分离洗涤设备完成固相（脱硅灰）和液相（脱硅液）的分离，固相（脱硅灰）送往生料浆制备工序，液相（脱硅液）送往活性硅酸钙制备系统，添加石灰乳进行反应生成副产品活性硅酸钙，并回收氢氧化钠溶液进入氢氧化钠蒸发阶段，蒸发后返回预脱硅装置，达到循环利用的目的。

将脱硅后的粉煤灰与石灰石、无烟煤、铁粉、碳分母液（Na_2CO_3）等按照碱比、钙比、水分要求制备成合格生料浆，合格生料浆送往熟料烧成工序的回转窑进行烧结得到合格的熟料，熟料主要以铝酸钠、硅酸二钙、钛酸钙等成分存在，并经过中碎系统送往熟料仓。

来自熟料仓中的熟料进入熟料溶出设备，与调整液混合发生溶出化学反应，生成铝酸钠和硅钙渣溶出浆液，溶出浆液经分离洗涤，固相（硅钙渣）送硅钙渣脱碱，生产副产品硅钙渣；液相（铝酸钠粗液）进入一段、二段脱硅，脱硅后一部分铝酸钠精液送往种子分解（简称种分），另一部分铝酸钠溶液继续添加石灰乳进行深度脱硅反应，反应后的铝酸钠精液送往碳酸化分解（简称碳分）。

送往碳分的铝酸钠精液在碳分槽中通入二氧化碳进行连续碳酸化分解，分解生成的氢氧化铝经种子过滤机进行过滤，滤饼送往种分作为晶种，滤液送碳分蒸发后返回生料浆配料和熟料溶出。由一段脱硅送来的铝酸钠溶液与碳分分解的氢氧化铝晶种进行混合进入种分分解降温和搅拌，分解氢氧化铝浆液通过液固分离设备进行分离与洗涤，液相送往种分蒸发，固相氢氧化铝送往焙烧炉，生产冶金级的氧化铝（主产品）。

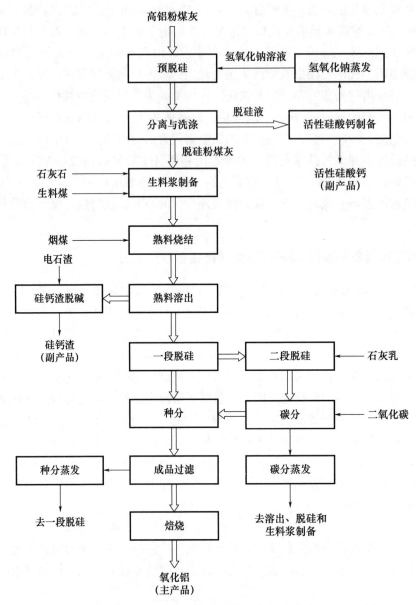

图 1-5　高铝粉煤灰预脱硅-碱石灰烧结法提铝多联产工艺流程图

1.2.2　高铝粉煤灰提铝多联产循环经济产业链

以高铝粉煤灰提取氧化铝技术为核心，鄂尔多斯盆地北部煤、铝、硅、镓共生矿产资源的高效利用，可形成具有我国特色的煤—电—灰—铝—化工—造纸—建材的循环经济产业链，如图 1-6 所示。开采出的大量高铝煤炭经火电厂集中燃烧后产生高铝粉煤灰，高铝粉煤灰则可采用预脱硅-碱石灰烧结法提铝、提硅、提镓三条主产业链。

在提铝产业链中提取的铝一部分焙烧成冶金级氧化铝再电解成电解铝，经进一步冶炼可形成各种铝合金制品，提取的另一部分铝无须加工制成冶金级氧化铝，制备成铝酸钠就可与脱硅液合成分子筛，也可以制备成多品种氢氧化铝用作助燃剂或化工填料。

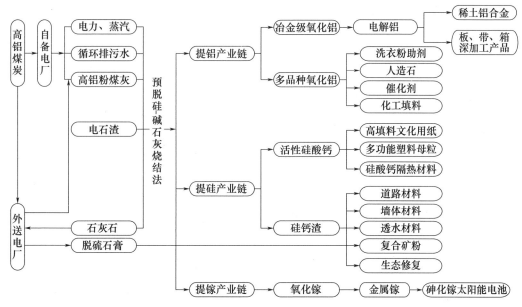

图1-6　煤—电—灰—铝—化工—造纸—建材循环经济产业链

在提硅产业链中主要有两大产业链，其一为高铝粉煤灰中的非晶态硅，在预脱硅工序转变为以硅酸钠溶液为主的脱硅液，脱硅液经与石灰乳通过水热合可制备成不同晶型的硅酸钙产品，其中合成的活性硅酸钙可用作造纸、橡胶和熟料制品填料，合成的纤维状硬硅钙石可制备成超轻耐火绝热材料制品；其二为高铝粉煤灰中的莫来石相的晶态硅，在脱硅灰高温煅烧阶段与石灰反应生成 β-C_2S，经溶出和过滤后以硅钙渣形式被排放，并可用于制备各种建材以及生态修复。

高铝粉煤灰中的镓则在提铝过程中的循环母液逐渐富集，当其达到一定浓度后可采用离子交换法对其进行提取。

同时该循环经济产业链中除粉煤灰实现高值化循环利用外，火电厂发的电也可用于粉煤灰提铝和电解铝等工序的电能消耗，火电厂产生的蒸汽可用于粉煤灰提铝过程中物料加热和碱液浓缩循环，且电厂脱硫产生的脱硫石膏固废也可与硅钙渣进行协同利用。

1.3　本章小结

高铝煤炭作为我国储量巨大的特色资源，根据我国经济、社会、环境发展需求，科技人员经过多年研究开发出了高铝粉煤灰提铝多联产技术，在煤—电—灰—铝—化工—造纸—建材的循环经济产业链中，可形成多条循环经济产业链，不仅实现煤炭的高值化利用，同时还推动了我国其他相关产业升级和发展，尤其是对我国的高铝煤炭产地的经济、社会、环境具有极高的意义。

（1）保障铝资源安全，缓解我国铝土矿和原生木浆过度依赖进口的局面

我国现已查明的铝土矿资源储量为27.8亿吨，资源静态保障年限仅20年，根本无法满足我国铝产业可持续发展需要，目前我国铝资源对外依存度已高达约60%，出于

国家发展战略需求，亟须提高我国铝土矿自给率。而仅准格尔煤田高铝煤炭储量可产生的高铝粉煤灰就高达 70 亿吨，可保障我国铝资源安全年限延长五六十年。

利用高铝粉煤灰提取氧化铝过程生产的活性硅酸钙用作造纸填料，其在纸张中的添加量可达 30%～55%，因此可节约大量的木浆资源，减少树木砍伐，降低碳排放，降低造纸成本，同时可大大缓解我国木浆过度依赖进口的局面。

（2）缓解我国能源和铝产业布局，扶持西部地区发展特色优势产业

随着我国特高压输电技术的成熟和国家"西电东送"战略的实施，统筹高铝煤炭资源循环利用，大力发展变输煤为输电，建设我国电力远距离、跨区域输送最主要的能源基地，优化国家火电布局、保障电力供应稳定。

我国铝工业布局不均衡，氧化铝主要分布在山东、河南、山西等地区，电解铝主要分布在新疆、河南、山东、内蒙古、青海、宁夏等地区，而铝加工产业主要分布在珠三角、长三角和东部发达地区。导致我国铝行业集中度低、物流量大，不利于产业协调发展。而循环经济产业链可依托内蒙古高铝煤炭资源实施就地高效转化利用，变输煤输电为输送铝产品，将大幅降低煤炭、电力、氧化铝、铝锭等运输过程中的能源消耗，降低综合生产成本，不断增强我国铝产业的国际竞争力。同时，高铝煤炭资源的大量外运不仅造成运力紧张，还会使得高铝煤炭被分散燃烧，其中的铝资源白白浪费。

（3）打造循环经济模式，实现高铝煤炭资源价值最大化

加强高铝煤炭资源综合开发利用，构建煤—电—灰—铝—化工—造纸—建材的循环经济产业链，带动冶金、造纸、化工、建材和装备制造业等行业的发展和产业升级。从而推动西部地区的社会经济发展，大幅度增加就业人数，提高地方财政收入，促进西北地区共同富裕社会的建立。

第 2 章　粉煤灰脱硅液的生产

尽管高铝粉煤灰中的 Al_2O_3 含量较高,几乎达到中低品位铝土矿水平,但其中的 SiO_2 含量较高,致使高铝粉煤灰的铝硅比远低于铝土矿,因此在提铝之前需要通过脱硅处理,以期提高铝硅比。而粉煤灰中的硅,一部分以非晶态硅形式存在,另一部分以莫来石形式存在,少部分以石英形式存在,其中以非晶态形式存在的硅由于活性较高、反应性较好而较易脱除。在高铝粉煤灰预脱硅-碱石灰烧结法提铝工艺中,采用碱溶的方法对粉煤灰中的非晶态硅进行脱除。

2.1　粉煤灰脱硅原理

高铝粉煤灰脱硅主要是采用 NaOH 溶液碱溶的方式进行脱硅,其脱硅反应原理如下:

主反应为高铝粉煤灰中的非晶态硅和刚玉相与 NaOH 溶液发生反应,如式(2-1)和式(2-2)所示:

$$xSiO_2(非晶态硅) + 2NaOH \longrightarrow Na_2O \cdot xSiO_2 + H_2O \tag{2-1}$$

$$Al_2O_3 + 2NaOH \longrightarrow Na_2O \cdot Al_2O_3 + H_2O \tag{2-2}$$

副反应为生成的硅酸钠与铝酸钠反应,如式 2-3 所示:

$$2Na_2O \cdot xSiO_2 + 2Na_2O \cdot Al_2O_3 + 4H_2O \longrightarrow$$

$$Na_2O \cdot Al_2O_3 \cdot 2SiO_2 \cdot 2H_2O\downarrow + 4NaOH \tag{2-3}$$

2.2　粉煤灰脱硅工艺

将粉煤灰、氢氧化钠、蒸馏水按照计算配比加入到高压反应釜(高压反应)或者烧杯(常压水浴加热)中,迅速升温至指定温度,调整转速为 300r/min,反应完毕后冷却至常压后迅速过滤,并对滤液中 Al_2O_3、SiO_2、Na_2O 浓度进行分析,将过滤滤饼按照液固比 10∶1 在加热条件下洗涤 3 次(20min/次)后进行 Al_2O_3、SiO_2、Na_2O 含量分析。

溶出率指粉煤灰中某成分进入溶液中的量占原灰中含量的比例。铝硅比(A/S)指粉煤灰或者脱硅灰中 Al_2O_3 与 SiO_2 的质量比。

2.2.1　各工艺参数对脱硅灰的影响比重

为考察高温高压条件下各工艺参数对脱硅灰中化学碱含量的影响重要性，进行了四因素三水平的正交试验设计，重点考察了碱浓度、温度、液固比和反应时间因素，试验结果见表 2-1。

表 2-1　脱硅试验正交试验设计条件及结果

试验编号		因素				试验结果	
		Na_2O 浓度 (g/L)	温度 (℃)	液固比	时间 (h)	脱硅灰碱含量 (%)	A/S
		A	B	C	D	E	F
	1	120	110	2	0.5	0.67	1.33
	2	120	130	3	1.0	3.71	1.54
	3	120	150	4	1.5	7.75	1.62
	4	150	110	3	1.5	4.38	1.68
	5	150	130	4	0.5	4.04	1.74
	6	150	150	2	1.0	10.11	2.11
	7	180	110	4	1.0	7.75	2.06
	8	180	130	2	1.5	9.10	2.20
	9	180	150	3	0.5	10.45	1.46
E	K1	12.13	12.8	19.88	15.16		
	K2	18.53	16.85	18.54	21.57		
	K3	27.3	28.31	19.54	21.23		
	k1	4.04	4.27	6.63	5.05		
	k2	6.18	5.62	6.18	7.19		
	k3	9.10	9.44	6.51	7.08		
	R	5.06	5.17	0.45	2.14		
	主次水平	温度＞碱浓度＞时间＞液固比					
	优水平	A1	B1	C2	D1		
F	K1	4.49	5.07	5.64	4.52		
	K2	5.52	5.48	4.67	5.71		
	K3	5.72	5.19	5.57	5.51		
	k1	1.50	1.69	1.88	1.51		
	k2	1.84	1.83	1.56	1.90		
	k3	1.91	1.73	1.86	1.84		
	R	0.41	0.14	0.32	0.39		
	主次水平	碱浓度＞时间＞液固比＞温度					
	优水平	A3	B2	C1	D2		

由表 2-1 可以看出，温度为影响脱硅灰化学碱生成的最主要因素，其次为碱浓度，再其次为反应时间，液固比对其影响不大。

从脱硅灰含碱量控制条件来看，为减少脱硅灰中化学碱含量，应控制碱液浓度尽量降低、反应温度尽量降低、反应时间尽量缩短。在本试验条件范围内最优化条件为 Na_2O 质量浓度 120g/L、温度 110℃、液固比 3、反应时间 0.5h。

由表 2-1 可以看出，碱浓度和反应时间为影响脱硅灰铝硅比生成的最主要因素，其次为液固比，再其次为温度。

从脱硅灰铝硅比控制条件来看，为提高脱硅灰中铝硅比，应控制碱液浓度尽量高，在本实验条件范围内最优化条件为 Na_2O 质量浓度 180g/L、温度 130℃、液固比 2、反应时间 1h。

由表 2-2 可以看出，各试验条件下氧化铝溶出率都不超过 1%。

表 2-2 正交试验氧化铝溶出率结果

序列	1	2	3	4	5	6	7	8	9
溶出液 Al_2O_3 质量浓度（g/L）	1.89	0.36	0.33	0.00	0.03	0.66	0.66	0.76	0.00
Al_2O_3 溶出率（%）	0.8	0.2	0.3	0.0	0.0	0.3	0.5	0.3	0.0

2.2.2 温度对脱硅灰化学碱含量和铝硅比的影响

为考察温度对脱硅灰中化学碱含量和铝硅比的影响，分别做了 Na_2O 质量浓度 120g/L 和 135g/L 条件下不同温度的实验，固定反应时间为 1h，液固比为 3∶1，实验结果如图 2-1，图 2-2 所示。

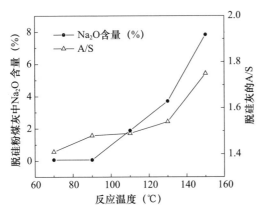

图 2-1 反应温度对脱硅灰
氧化钠含量和铝硅比的影响
（Na_2O 质量浓度 120g/L、时间 1h、液固比 3）

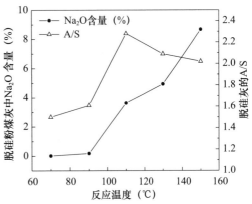

图 2-2 反应温度对脱硅灰
氧化钠含量和铝硅比的影响
（Na_2O 质量浓度 135g/L、时间 1h、液固比 3）

由图 2-1、图 2-2 实验结果可以看出，在 Na_2O 浓度 120g/L 和 135g/L、时间 1h、液固比 3 的条件下，随着反应温度的提高，其脱硅灰铝硅比基本呈现上升的趋势，其中在 Na_2O 质量浓度 135g/L、温度 110℃的条件下脱硅灰铝硅比提高到 2.28，但同时其化学碱含量达到了 3.63%。

温度提高促进了莫来石相的分解，导致氧化铝更多地溶解于液相中，而液相中含有脱硅过程中溶解的大量硅酸钠，进而导致溶解的铝与硅在液相中反应生成铝硅酸钠沉淀相，所以温度提高的同时导致渣相中钠含量的升高。

所以可以推断出继续提高碱浓度，脱硅灰铝硅比可能略有上升，但其化学碱含量必定提高，结合前面正交试验，从减少脱硅灰化学碱含量角度来看，认为在提高脱硅灰铝硅比的同时降低其含碱量，应该首先考虑在低温条件下实现。

图 2-3 为 70℃、90℃、110℃、130℃ 温度条件下脱硅灰的 XRD 图谱，从图中可以看出，在 110℃ 以下温度范围内，方钠石的衍射峰极其微弱，当达到 110℃ 温度后，在 2θ 为 14.05° 和 24.4° 出现了稍强的方钠石衍射峰，而当温度达到 130℃ 时，在 2θ 为 14.05° 和 24.4° 出现了更强的方钠石衍射峰。这说明当温度大于 110℃ 后，随着温度的升高，方钠石物相的生成也越来越多，同时造成脱硅灰中的碱含量也就越来越高。所以，从物相分析结果来看，升高温度不利于降低脱硅灰中的化学碱含量，这与以上的化学分析结果是一致的。

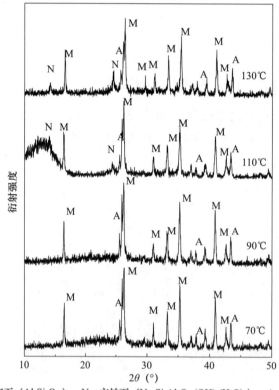

M—莫来石（$Al_6Si_2O_{13}$）；N—方钠石（$Na_8Si_6Al_6O_{24}(OH)_2(H_2O)_2$）；A—刚玉（$Al_2O_3$）

图 2-3 不同反应温度条件下脱硅灰的 XRD 图谱

2.2.3 低温下碱浓度对脱硅灰化学碱含量和铝硅比的影响

为考察低温下碱浓度对脱硅灰中化学碱含量和铝硅比的影响，分别做了不同碱浓度条件（Na_2O 质量浓度 120g/L、135g/L、150g/L、180g/L、210g/L）的实验，温度为

90℃、反应时间为 1h、液固比为 3。

由图 2-4 实验结果可以看出，在温度 90℃、时间 1h、液固比 3 条件下，提高碱液浓度可有效提高脱硅灰铝硅比，但同时其化学碱含量也逐渐提高，从减少脱硅灰化学碱含量角度来看，应该在低碱浓度条件下来实现，结合前面正交试验，反应时间对脱硅灰化学碱含量影响较小，但对其铝硅比影响较大，所以考虑提高反应时间来提高脱硅灰铝硅比的同时控制其化学碱含量。

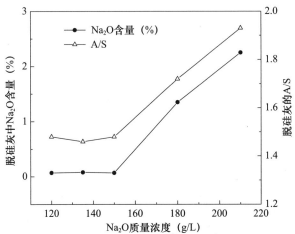

图 2-4　不同碱浓度对脱硅灰中氧化钠含量和铝硅比的影响

（温度 90℃、时间 1h、液固比 3）

图 2-5 为 Na_2O 质量浓度在 120g/L、135g/L、150g/L、180g/L、210g/L 条件下脱硅灰的 XRD 图谱，从图中可以看出，在 150g/L 以下碱浓度范围内，几乎不见方钠石的衍射峰，当达到 180g/L 碱浓度后，在 $2\theta=14.05°$ 和 $2\theta=24.4°$ 出现了微弱的方钠石衍射峰；而当碱浓度达到 210g/L 时，在 $2\theta=14.05°$ 和 $2\theta=24.4°$ 角度出现了较强的方钠石衍射峰，这说明当 Na_2O 质量浓度大于 150g/L 后，随着碱浓度的升高，会造成脱硅灰中的碱含量也就越来越高。所以，从物相分析结果来看，升高碱浓度不利于降低脱硅灰中的化学碱含量。

2.2.4　低温低碱浓度下时间对脱硅灰化学碱含量和铝硅比的影响

为考察低温低碱浓度下时间对脱硅灰中化学碱含量和铝硅比的影响，分别做了不同反应时间（0.5h、1.0h、1.5h、2.0h、2.5h、3.0h）的实验，温度为 90℃、Na_2O 质量浓度为 120g/L、液固比为 3。

由图 2-6 可以看出，在温度为 90℃、Na_2O 质量浓度为 120g/L、液固比为 3 条件下，随着反应时间的延长，脱硅灰铝硅比逐渐提高，至 2.5h 后达到 2.12 并且随时间继续延长不再提高，而此时其化学碱含量为 2.8，远低于高压条件下脱硅后的脱硅灰碱含量。还可以看出，在 2h 内二氧化硅溶出率呈线性增加的趋势，说明二氧化硅是在一直溶出的，而氧化钠在 1h 内基本没变化，即没有方钠石生成，说明在 1h 内仅仅是硅的溶出过程，而氧化铝没有溶解，这是由于高铝粉煤灰中活性硅相是包裹在莫来石相周围，在硅相没有打破的时候莫来石相无法与碱介质接触，即不能溶解，而随着硅相溶解与破坏，氧化铝得以溶出并生成方钠石相。所以 1h 后渣相中氧化钠含量开始增加。

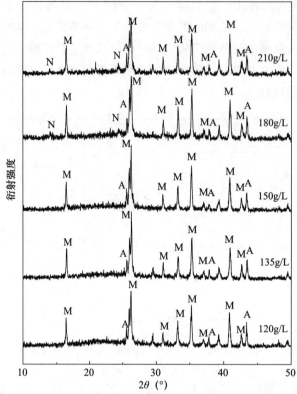

M—莫来石（Al₆Si₂O₁₃）；N—方钠石 [Na₈Si₆Al₆O₂₄(OH)₂(H₂O)₂]；A—刚玉（Al₂O₃）

图 2-5　不同碱浓度条件下脱硅灰的 XRD 图谱

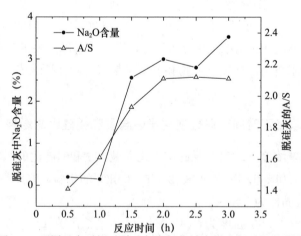

图 2-6　不同反应时间对脱硅灰中氧化钠含量和铝硅比的影响

（温度 90℃、Na₂O 质量浓度 120g/L、液固比 3）

　　图 2-7 为脱硅反应时间为 0.5h、1.5h、2h、2.5h 的脱硅灰 XRD 图谱，由图中可以看出，脱硅 0.5h 后基本没有方钠石的衍射峰出现，当时间达到 1.5h 后，衍射图谱中在 2θ 为 14.05°出现了方钠石的衍射峰，当时间达到 2h 后，2θ 为 14.05°衍射峰略微增强，结合图 2-7，此时随着反应时间的增长，脱硅灰中 Na₂O 含量由 2.5%增加到 3%左右，其铝硅比

也由 1.8 上升到 2.1，随着时间延长到 2.5h，从 XRD 图谱中发现 2θ 为 14.05°处衍射峰并没有继续增强，结合图 7 中结果，脱硅灰中 Na_2O 含量仍为 3%左右，其铝硅比略有提高，说明反应基本处于平衡，当达到 3h 后，脱硅灰中 Na_2O 含量升高到 3.5 左右，而其铝硅比却不再增加，所以综合考虑，反应时间应为 2.5h 为最佳。

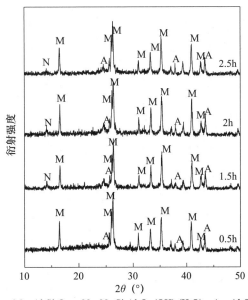

M—$Al_6Si_2O_{13}$; N—$Na_8Si_6Al_6O_{24}(OH)_2(H_2O_2)$; A—Al_2O_3

图 2-7　不同反应时间条件下脱硅灰的 XRD 图谱

2.2.5　反应时间对脱硅灰粒度的影响

随着反应时间的延长，尤其在停留罐里搅拌时间过长极有可能造成粉煤灰的进一步细化，从而造成后续过滤分离工艺的难度增加，为此考察了上述实验搅拌从 0.5～3h 的脱硅灰的粒度，结果见和表 2-3。

表 2-3　脱硅灰在不同反应时间下粒度（D50）

时间（h）	0.5	1.0	1.5	2.0	2.5	3.0
粒度（μm）	28.09	21.45	22.18	20.39	23.88	15.88

由表 2-3 可以看出，随着搅拌时间的延长，脱硅灰粒度分布更加集中且其平均粒度逐渐下降，搅拌 1.0h 相比 0.5h 其平均粒度明显下降，但搅拌 1.0～2.5h 后变化不大，3.0h 后其粒度又有了极大下降。分析其原因，一方面搅拌过程中搅拌桨的剪切力会使粉煤灰粒度变小，另一方面结合前面的实验结果，3.0h 后脱硅灰中化学碱含量大量提高，说明大量小颗粒方钠石物相的生成降低了整体粒度。

2.2.6　高铝粉煤灰脱硅前后微观形貌（SEM）变化

由图 2-8 中高铝粉煤灰脱硅前后的 SEM-EDS（电子能谱）对比可以看出，脱硅后高铝粉煤灰形貌略有变化，颗粒表面因与 NaOH 溶液参与反应而变得不光滑，另外能谱分析显示，颗粒增加了钠元素，结合 XRD 分析，增加的钠元素为生成的方钠石物相。

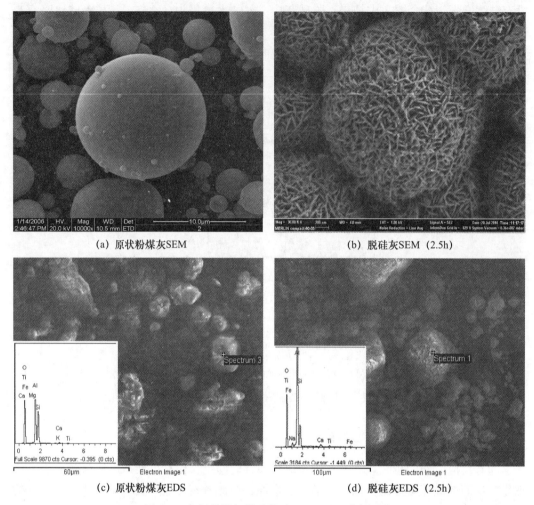

(a) 原状粉煤灰SEM   (b) 脱硅灰SEM（2.5h）

(c) 原状粉煤灰EDS   (d) 脱硅灰EDS（2.5h）

图 2-8　高铝粉煤灰脱硅前后 SEM-EDS 分析对比

2.3　粉煤灰脱硅生产

大唐高铝粉煤灰提铝生产线中的预脱硅工艺包括配碱工序、粉煤灰预调配工序、粉煤灰预脱硅工序和脱硅灰分离洗涤工序等，其主要工艺流程如图 2-9 所示。

1. 配碱工序

主要是将片碱（NaOH）溶解于水，制得 NaOH 溶液以被粉煤灰预脱硅使用。

2. 粉煤灰预调配工序

将粉煤灰与一定配比的碱液充分搅拌后得到浆料，通过测定其成分和液固比，再通过预调配调整浆液的钠硅比，得到合格料浆，并需按如下工艺指标进行操控。

循环母液温度：大于 70℃；

粉煤灰浆液固含：350～400g/L，密度 1.329t/m³；

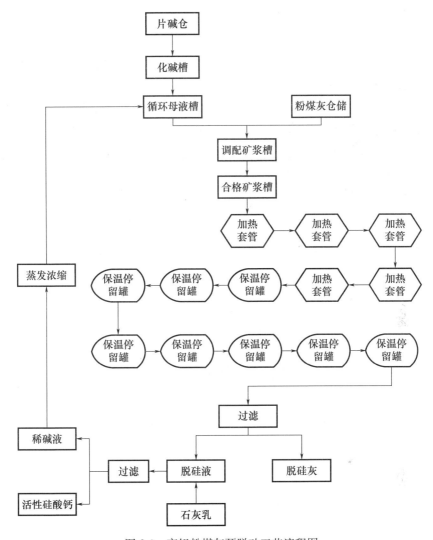

图 2-9　高铝粉煤灰预脱硅工艺流程图

粉煤灰浆液黏度：20mPa·s（70℃，600r/min）；

粉煤灰浆液沉降速度：6mm/min（沉降时间 5min）；

浆液槽上下固含差：小于 5%（其他槽内固含差执行此标准）。

控制重点是粉煤灰、循环母液的计量和调配浆液的密度检测，三者实现闭环联锁控制。

3. 粉煤灰预脱硅工序

主要目的是通过粉煤灰中的非晶态 SiO_2 与 NaOH 反应，生成硅酸钠溶液，进而提高铝硅比，并在粉煤灰提取氧化铝过程中降低物流量、减少能耗、避免碱和氧化铝的损失、避免设备结疤。大唐粉煤灰提铝工艺中粉煤灰预脱硅采用的主要设备为加热套管和保温停留罐，如图 2-10 所示，通过其可实现粉煤灰的连续脱硅，并需按如下工艺指标进行操控。

管道物料流速：2.4m/s；传热系数：2511 kJ/(m^2·℃)；浆液比热：3.18kJ/（kg·℃）；

进料温度：70℃；脱硅温度：125℃；脱硅时间：40～60min；新蒸汽：温度158℃，压力0.6MPa；套管坡度：1%。

(a) 加热套管　　　　　　　　　　(b) 保温停留罐

图2-10　粉煤灰连续脱硅的关键设备

4. 脱硅灰分离洗涤工序

该工序的主要目的是对脱硅灰浆液进行固液分离，完成粉煤灰的最终脱硅，并通过洗涤尽可能减少脱硅液残留，提高铝硅比。大唐粉煤灰提铝工艺中脱硅灰分离洗涤工序所用主要设备为翻盘过滤机，并需按如下工艺指标进行操作。

进翻盘过滤机温度：90℃；脱硅灰浆液密度：1.239t/m³；洗涤次数：3次；洗水：脱硅灰=1∶1；单位产能：0.7t/（m²·h）；滤饼含水率：40%；滤液浮游物含量：2g/L。

大唐高铝粉煤灰提铝生产线中的粉煤灰预脱硅主要控制指标如下，且所生产的脱硅液物性指标见表2-4。

粉煤灰：Al_2O_3含量≥48.5%；A/S（铝硅比）≥1.0；循环母液Na_2O_k质量浓度为140～160g/L；预脱硅温度：（125±5）℃；时间：30～60min；脱硅灰铝硅比不小于2.0；脱硅灰含水率小于40%；脱硅灰中Na_2O含量小于4%。

表2-4　大唐粉煤灰提铝生产的脱硅液物性指标

指标	SiO_2质量浓度（g/L）	N_T（g/L）	N_K（g/L）	浮游物（g/L）
数值	45～55	60～80	50～60	≤0.5

2.4　本章小结

1. 碱浓度和温度对脱硅灰中碱含量影响较大，高碱浓度和高反应温度都会促进方钠石相生成，导致脱硅灰中化学碱增多，而通过延长反应时间可以提高非晶态二氧化硅溶出率从而提高铝硅比，并且减少脱硅灰中化学碱的生成。反应温度超过110℃、碱液质量浓度达到180g/L以上，脱硅灰都极易生成方钠石物相［$Na_8Si_6Al_6O_{24}(OH)_2(H_2O)_2$］，从而导致其化学碱含量过高。

2. 预脱硅反应最优化条件为：温度90℃、氧化钠质量浓度120g/L、反应时间2.5h、液固比3，在此条件下进行碱溶脱硅反应，脱硅灰中化学碱氧化钠含量为2.8%，铝硅比为 2.12，氧化硅溶出率为 39.4%，氧化铝溶出率为 0.6%。

3. 搅拌时间在 2.5h 内其粒度变化不大，因搅拌而产生的细化问题不大，但 3h 后粉煤灰分解加强，方钠石相生成量增多，其粒度有较大幅度下降，粉煤灰细化严重。

4. 从高铝粉煤灰脱硅前后的 SEM-EDS 对比可以看出，脱硅灰因参与化学反应其表面变得粗糙，并且有大量细小的方钠石 $[Na_8Si_6Al_6O_{24}(OH)_2(H_2O)_2]$ 微粒生成。

5. 大唐粉煤灰提铝生产线采用加热套管和保温停留槽工艺，在温度 125℃，循环母液 Na_2O_k 质量浓度 140~160g/L 等条件下实现粉煤灰脱硅连续生产，使脱硅灰的铝硅比提高至 2.0 以上，并生产出 SiO_2 质量浓度为 45~55g/L，N_T 为 60~80g/L，N_K 为 50~60g/L，浮游物质量浓度不高于 0.5g/L 的脱硅液。

第3章　脱硅液合成活性硅酸钙技术

在粉煤灰预脱硅-碱石灰烧结法提铝工艺中，不仅系统中的 NaOH 溶液需要循环利用，而且生产的大量脱硅液也需要处理，制备出具有广泛利用途径和高附加值的不同类型硅酸钙矿物。因此在粉煤灰提铝工艺系统中利用脱硅液合成硅酸钙矿物已成为必须，尤其是在低温、常压条件下，利用石灰乳与脱硅液合成活性硅酸钙工艺已成为匹配粉煤灰提铝大规模生产的最佳工艺。

3.1　活性硅酸钙合成原理

利用粉煤灰脱硅液合成活性硅酸钙，其主要反应如式（3-1）所示，反应机理为硅酸钠与石灰乳在 100℃常压下生成半晶态的活性硅酸钙矿物和 NaOH。同时伴随有少量的如式（3-2）的次反应，即脱硅液中 Na_2CO_3 被石灰乳苛化为 NaOH 和 $CaCO_3$。因此，其不仅可回收 NaOH 溶液，而且合成的活性硅酸钙可广泛应用于造纸、塑料、橡胶等行业，有助于构建粉煤灰提铝多联产循环产业链。

$$Na_2O \cdot xSiO_2 + xCa(OH)_2 + \{x(n-1)+1\}H_2O \longrightarrow xCaSiO_3 \cdot n\,H_2O + 2NaOH$$

$$(3\text{-}1)$$

$$Na_2CO_3 + Ca(OH)_2 \longrightarrow CaCO_3 + 2NaOH \qquad (3\text{-}2)$$

3.2　活性硅酸钙合成工艺

3.2.1　搅拌转速对活性硅酸钙性能的影响

利用脱硅液和石灰乳合成活性硅酸钙，在搅拌转速分别为 200r/min、400r/min、600r/min 和 800r/min 下，粒度结果如图 3-1 所示，不同转速下合成的活性硅酸钙颗粒的微观形貌如图 3-2 所示，搅拌转速对活性硅酸钙堆积密度和比表面积影响见表 3-1。

由图 3-1 可见，随着转速的增加，活性硅酸钙粒度变小，尤其是大颗粒明显减少。这也说明活性硅酸钙合成过程中，搅拌转速较大时会阻碍粒子的团聚。从电镜照片来看，不同转速情况下活性硅酸钙的孔隙结构均发育较好。实验过程使用的搅拌桨直径为 0.05m，折算 200r/min、400r/min、600r/min、800r/min 的线速度分别为 31.4m/min、62.8m/min、94.2m/min、125.6m/min。

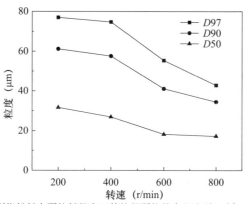

注：D50、D90、D97 分别指粉料中颗粒料径小于某粒径颗粒的占比达到 50％、90％、97％时的颗粒粒径

图 3-1　搅拌转速对活性硅酸钙粒度的影响

图 3-2　不同搅拌转速下合成的活性硅酸钙颗粒电镜照片

表 3-1　搅拌转速对活性硅酸钙堆积密度和比表面积的影响

	搅拌转速（r/min）			
	200	400	600	800
堆积密度（g/100mL）	20.87	20.79	21.28	23.6
比表面积（m²/g）	90.44	86.38	107.03	86.99

23

由表 3-1 可见，随着搅拌转速增加，活性硅酸钙的堆积密度呈增大趋势，这与颗粒直径下降有直接关系。此外，在所选用的搅拌条件下，活性硅酸钙颗粒的比表面积均分布在 90m²/g 左右，当搅拌速度为 600r/min 时，颗粒比表面积达到 107m²/g。

综合以上结果，为了保证活性硅酸钙具有高比表面积和较少的团聚体大颗粒，在实际生产过程中应尽量调高转速，控制线速度在 90m/min 以上。

3.2.2 反应时间对活性硅酸钙性能的影响

合成过程中，控制反应时间分别为 30min、60min、90min、120min 和 150min，活性硅酸钙的粒度随反应时间的变化如图 3-3 所示，微观形貌如图 3-4 所示，不同反应时间下的堆积密度和比表面积见表 3-2。

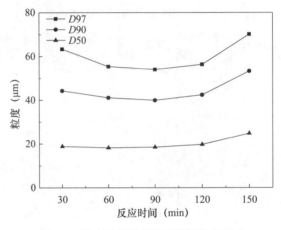

图 3-3　反应时间对活性硅酸钙粒度影响

由图 3-3 可知，随反应时间的延长，活性硅酸钙的粒度呈先降后升的变化趋势，这说明在反应初期由于形成的晶核较少，大量的反应物在生成的少量晶核处长大，因此易形成粒度较大的活性硅酸钙。而随着反应时间的延长不仅会生成大量晶核，而且由于搅拌致使生成的活性硅酸钙被打碎也成为晶核，反应物可在更多的晶核上进行生长，并随反应时间的继续延长，这些活性硅酸钙逐渐长大，因此粒度也随之变大。

(a) 反应时间30min

(b) 反应时间60min

（c）反应时间90min　　　　　　　　　（d）反应时间120min

（e）反应时间150min

图 3-4　不同反应时间下合成的活性硅酸钙电镜照片

表 3-2　反应时间对活性硅酸钙堆积密度和比表面积影响

	反应时间（min）				
	30	60	90	120	150
堆积密度（g/100mL）	24.37	21.28	30.34	29.41	29.77
比表面积（m²/g）	83.49	107.03	43.54	44.94	188.07

由图 3-3、图 3-4 和表 3-2 可见，随着反应时间的延长，活性硅酸钙粒子平均粒度增大，并且在不同反应时间下，颗粒微观孔隙结构发育均比较好。从生产经济性和产品质量综合考虑，建议生产时将反应时间保持在 60～90min。

3.2.3　石灰乳消化时间对活性硅酸钙性能的影响

活性硅酸钙生产过程中发现石灰乳品质是影响活性硅酸钙品质的重要因素，而石灰消化时间直接决定着石灰乳的活性。因此，研究考察了不同石灰消化时间对活性硅酸钙性能的影响，重点考察消化时间为 30min、60min、120min 和 240min，结果见图 3-5，图 3-6 和表 3-3。

由图 3-5、图 3-6 和表 3-3 分析可知，当生石灰与水进行的消化反应时间在 120min 以内时，活性硅酸钙粒度相对较小，不容易发生团聚现象，并且电镜图片也显示，此时所合成的活性硅酸钙孔隙结构亦较为均匀，活性硅酸钙比表面积达到 179.66m²/g。因此，建议活性硅酸钙生产过程中，将生石灰的消化反应时间控制在 120min 左右。

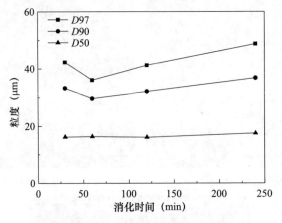

图 3-5　石灰消化时间对粒度的影响

(a) 消化时间30min　　　　　　　　(b) 消化时间60min

(c) 消化时间120min　　　　　　　　(d) 消化时间240min

图 3-6　不同消化时间下石灰合成的活性硅酸钙电镜照片

表 3-3　石灰消化时间对活性硅酸钙堆积密度和比表面积影响

	消化时间（min）			
	30	60	120	240
堆积密度（g/100mL）	27.15	26.59	28.55	28.52
比表面积（m²/g）	99.71	76.82	179.66	159.45

3.2.4　反应温度对活性硅酸钙性能的影响

反应温度直接影响活性硅酸钙合成反应的快慢，并且会影响活性硅酸钙的性能。因此考察在 60℃、70℃、80℃和 90℃等不同反应温度下所合成的活性硅酸钙的基本性能，结果见图 3-7、图 3-8 和表 3-4。

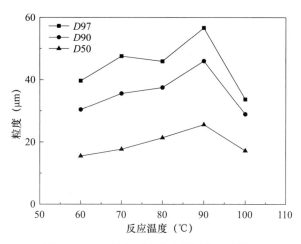

图 3-7　反应温度对活性硅酸钙粒度的影响

（a）反应温度60℃　　　　　　　（b）反应温度70℃

（c）反应温度80℃　　　　　　　（d）反应温度90℃

图 3-8　不同反应温度下活性硅酸钙的 SEM

由图 3-7、图 3-8 和表 3-4 分析可知，当活性硅酸钙温度从 60℃ 升温到 90℃ 时，活性硅酸钙产品的粒度逐渐增加，到 90℃ 为最高。此外，由电镜照片可见，在该温度范围内，活性硅酸钙颗粒均已发育成多孔结构，并且随着温度升高，粒子的比表面积逐渐增大，当温度为 90℃ 时，粒子比表面积达到 110.52m²/g。

表 3-4 反应温度对活性硅酸钙堆积密度和比表面积影响

	反应温度（℃）			
	60	70	80	90
堆积密度（g/100mL）	28.97	28.23	26.03	28.91
比表面积（m²/g）	67.79	69.05	74.91	110.52

因此，结合其他结论和生产实际情况，为保证活性硅酸钙的孔隙结构发育较好，且获得高比表面积，活性硅酸钙合成过程中温度应保持在 90℃ 左右。

3.2.5 钙硅比对活性硅酸钙性能的影响

钙硅比是活性硅酸钙合成的重要指标，生产发现，合成过程中钙硅比的波动会对活性硅酸钙的性能产生比较大的影响，尤其是活性硅酸钙颗粒孔隙结构的发育。因此，重点考察在不同钙硅比条件下合成活性硅酸钙的性能，研究所选择的钙硅比分别为 0.8、0.9、1.0、1.1 和 1.2，实验结果见图 3-9、图 3-10 和表 3-5。

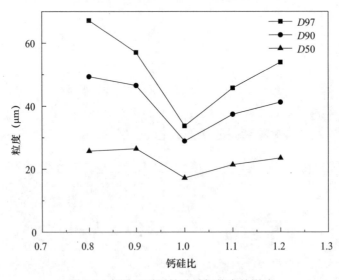

图 3-9 钙硅比对活性硅酸钙粒度的影响

由图 3-9、图 3-10 和表 3-5 分析可知，当活性硅酸钙的原料脱硅液和石灰乳的钙硅比为 1.0 附近时，活性硅酸钙平均粒度最小，此时活性硅酸钙的微观孔隙发育最好且最为均匀，因此在生产活性硅酸钙时，原料配比建议控制在 0.95～1.05 为宜。

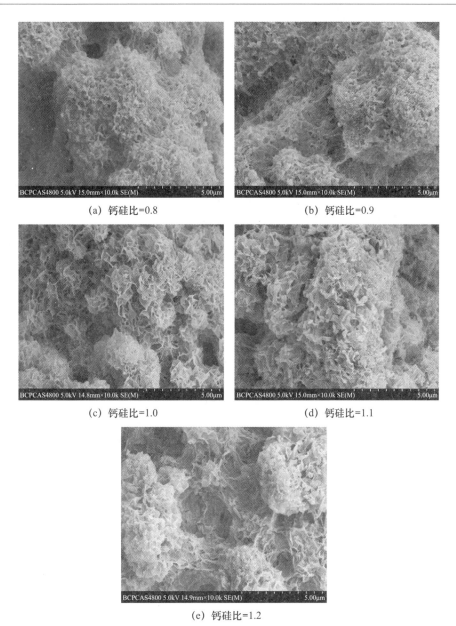

(a) 钙硅比=0.8　　　　　　　　　　(b) 钙硅比=0.9

(c) 钙硅比=1.0　　　　　　　　　　(d) 钙硅比=1.1

(e) 钙硅比=1.2

图 3-10　不同钙硅比下合成的活性硅酸钙电镜照片

表 3-5　钙硅比对活性硅酸钙比表面积的影响

钙硅比	0.8	0.9	1.0	1.1	1.2
比表面积（m²/g）	135.10	63.75	107.03	60.77	87.15

3.3　活性硅酸钙的生产

经过实验室研究和生产实验，最终确定的活性硅酸钙的最佳合成工艺条件为：钙硅比 0.95～1.05，反应温度 85～95℃，反应时间 60～90min，合成搅拌线速度 90m/min

以上，生石灰消化时间 120min。

根据实验室研究结果，在大唐国际高铝粉煤灰提取氧化铝生产线上开展高品质活性硅酸钙的生产，生产所采用的工艺流程见图 3-11。

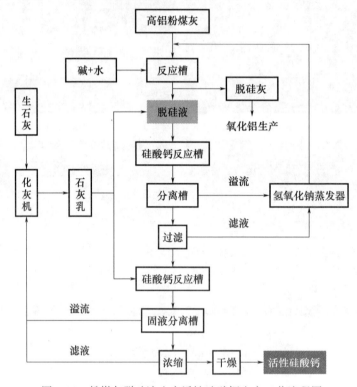

图 3-11　粉煤灰脱硅液生产活性硅酸钙生产工艺流程图

生产过程中的原料质量要求如下。

脱硅滤液指标：SiO_2 质量浓度≥55g/L，浮游物≤5.0g/L；

石灰乳指标：f-CaO 为 150～170g/L，白度≥85％；

热水指标：温度≤90℃。

按照此工艺，实现了高品质活性硅酸钙生产线的连续稳定运行，所生产的活性硅酸钙可满足塑料加填的使用要求，现场生产情况见图 3-12，产品化学成分见表 3-6，产品物理特性指标见表 3-7，电镜照片见图 3-13。

图 3-12　活性硅酸钙现场生产现场

表 3-6 活性硅酸钙产品的化学成分

成分	SiO_2	CaO	Fe_2O_3	Na_2O	MgO	烧失量（875℃）
含量（%）	38.0～39.0	39.0～41.0	≤0.32	≤0.80	≤1.88	14.0～18.0

表 3-7 活性硅酸钙的主要物理特性指标

指标	真密度 (g/cm³)	堆积密度 (g/cm³)	白度 (%)	平均粒度 (μm)	沉降体积 (mL/10g)	比表面积 (m²/g)	Zeta 电位 (mV)	磨耗度 (mg/2000 次)	吸油值 (g/100g)	pH 值
数值	1.1～1.3	0.17～0.30	85.0～93.0	8.0～22.0	4.2～4.8	160～340	−30～−75	<5.0	170～260	9.0～11.0

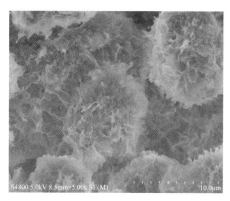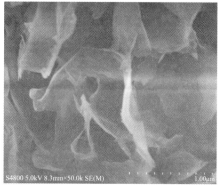

图 3-13 生产线生产的活性硅酸钙微观形貌

图 3-14 活性硅酸钙的 XRD 分析结果表明，粉体中并未出现明显的 CaO、Ca(OH)$_2$ 及 H$_2$SiO$_3$ 衍射峰，说明硅酸钙粉体中 CaSiO$_3$·xH$_2$O 纯度较高，基本不含 CaO、Ca(OH)$_2$ 及 SiO$_2$ 等杂质相。

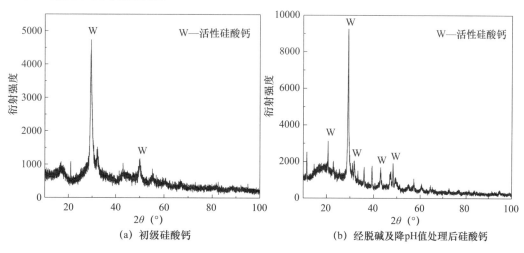

W—活性硅酸钙

图 3-14 活性硅酸钙 XRD 图谱

由图 3-15 热分析曲线可以看出：150℃的吸热谷为样品失水所致；840℃的放热峰，预示硅酸钙可能发生了晶型上的变异。失重分为三个阶段：40~220℃，失重为 9.1％；220~525℃，失重为 2.41％；525℃~850℃，失重为 3.43％；总失重 15.19％。值得关注的是，在 525℃以上还有超过 3.43％的化学水，不难判断这些化学水主要为与 $CaSiO_3$ 分子以化学键相连的羟基，表明活性硅酸钙有着较强的羟基持有能力，为含有化学结构水的无机材料。

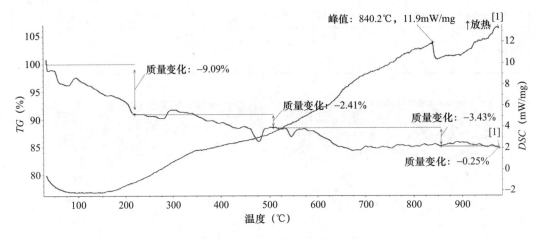

TG 为热重，DSC 为差示扫描

图 3-15　活性硅酸钙的热分析曲线

3.4　本章小结

粉煤灰脱硅液经与石灰乳反应，不仅实现了 NaOH 在粉煤灰系统的循环利用，而且制得了高附加值的活性硅酸钙产品。活性硅酸钙的最佳合成工艺条件为：钙硅比 0.95~1.05，反应温度 85~95℃，反应时间 60~90min，合成搅拌线速度 90m/min 以上，生石灰消化时间 120min，并形成了多级合成反应技术路线。大唐集团建成了年产 18 万吨活性硅酸钙生产线，产品不仅质轻、比表面积大，而且具有良好的粒度，是极佳的轻化工生产原料。

第4章 脱硅液合成硬硅钙石型硅酸钙保温材料技术

4.1 硬硅钙石型硅酸钙保温材料简介

4.1.1 硅酸钙保温材料结构

硬硅钙石的化学结构属于单斜晶系，晶格常数 $a=1.67nm$，$b=0.73nm$，$c=0.695nm$，可以天然矿物的形式存在，同时也可以通过水热法人工合成。硬硅钙石最先作为矿物被分析，此后进行了人工硬硅钙石的合成试验。硬硅钙石可以用与其化学计算式（硬硅钙石的分子式为 $6CaO \cdot 6SiO_2 \cdot H_2O$）相应的钙硅比物质的量比的石灰和二氧化硅混合物在 $150 \sim 400℃$ 下合成，随着温度的提高，硬硅钙石的形成加速。硬硅钙石为棱镜状晶体或纤维状聚集体，合成的晶体在化学显微镜或电子显微镜下呈片状，是由 $(Si_6O_{17})^{12-}$ 化学计量式组成双三节链，三节链是通过 Ca^{2+} 和 OH^- 连接起来的，其结构如图 4-1 所示。

硬硅钙石纤维状晶体的半径和长度分别为几百和数千纳米，纤维状硬硅钙石晶体形成的是空心球形团聚体，其中不少团聚体的直径达几十微米，因此形成了半径为 $10 \sim 30$ 微米的空隙，球形团聚体越大使其内部的空心部分越大，而且使团聚体之间的空隙也越大，因此材料的体积密度随团聚体直径的增大而变小。

球形团聚体结构对保证材料的超轻具有重要的作用，由于这种材料一般都是由硬硅钙石料浆经过压滤成型和干燥脱水制成的，互相分散的细小硬硅钙石纤维状晶体在压滤排水的过程中由于水流作用而定向排

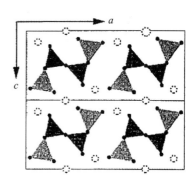

图 4-1 硬硅钙石的晶体结构
（三角形为硅氧四面体，圆圈为钙离子）

列，这样就使晶体之间的间隙大大减小，从而使密度增大。另外，在干燥过程中由于毛细管作用力使纤维晶体之间的距离进一步缩小，材料变得更加致密。纤维状晶体团聚成球形结构后在压滤成型过程中水流作用无法使纤维呈定向排列而使球形团聚体具有一定强度，可以抵抗坯体被过度压缩。在干燥过程中由于球体之间形成了较大的空隙，既加速了水分向外排除又阻止纤维互相无限制地靠近，形成巨大的毛细管作用，从而防止出

现过大的干燥收缩保证材料的超轻。

4.1.2 硅酸钙保温材料特点

近年来，硬硅钙石材料的应用发展非常迅速，主要原因是与其他无机绝热材料相比较，硬硅钙石材料具有诸多优点，如质量轻、防火、耐高温、隔声隔热性能好、强度高、尺寸稳定、装饰性好、原料广泛、加工设备简单、能量消耗低等，因此它应用范围广，可以广泛用于石油、化工、电力、冶金、建材各部门，具体特点如下。

1. 热量隔绝效果好

硅酸钙保温材料微观结构呈现纤维状、微小球状和多孔隙状的分布，因此兼顾多孔保温材料、纤维保温材料、粉末保温材料的保温特性，同时在多种结构的作用下，热量很难散失，属于绝热型保温材料，基本可隔绝热量传递。而硅酸铝、岩棉等传统保温材料属于宏观纤维状蓄热型保温材料，只能做到让热量缓慢释放，无法真正隔绝热量的传递。

2. 防潮抗水、保温节能时效性长

未经处理的轻质硅酸钙保温材料易吸潮吸水，造成材料的导热系数上升、结构强度下降等问题，研发中心经过试验研究，将硅酸钙保温材料在电厂保温预组装后，使用丙烯酸类高效抗水剂对材料表面整体进行抗水喷涂处理，处理后的保温层整体达到了防潮抗水效果，保证了材料的隔热效果和结构强度。

此外，轻质硅酸钙保温材料属于硬质保温材料，结构形变小，导热衰减随时间变化较小，使用耐久性强，一般情况下节能保效周期在 10 年左右，明显优于 2～3 个融冻期后保温效果衰减明显的硅酸铝、岩棉等保温材料。

3. 较轻的密度

硅酸钙保温材料质量轻，密度仅为硅藻土砖的 1/3 左右，比珍珠岩制品轻，一般密度在 $100～300\ kg/m^3$，可使保温层质量减轻，减少支撑物荷载。

硅酸钙保温材料的主要成分硬硅钙石晶须结构属单斜晶系，其化学式为 $6CaO \cdot 6SiO_2 \cdot H_2O$，天然硬硅钙石的密度为 $2790kg/m^3$。因此如果用硬硅钙石制成完全致密的固体，其密度将达到 $2700kg/m^3$ 左右，而人工水热合成的硬硅钙石晶须由于在材料制备过程中引入大量气孔，材料成型后充斥大量气体形成微孔发泡材料，其密度可大幅度下降到 $130kg/m^3$。

根据硬硅钙石的密度可以算出，如材料的密度为 $130kg/m^3$，要求其气孔率为 95.3%，亦即材料中硬硅钙石的体积分数仅占 4.7%。用如此少量的固体去充满整个体积，一般颗粒固相是做不到的，因为无法构成连续固相，只有用纤维状材料才能实现连续固相。而用水热法合成出的硬硅钙石呈针状（纤维状）晶体，因此有可能制成含有如此大量气孔的刚性固体。而且由此纤维状的晶体可以构成球藻状的团聚体，能进一步地扩张体积、降低密度。若能形成中空状的球形粒子，则密度还能够大幅度下降。

4. 较强的耐高温性能和防火性能

通过动态水热法合成出的硬硅钙石颗粒是由纤维状晶体相互交织成的"球藻状"团聚体，从而使硬硅钙石材料具有很高的气孔率、较低的导热系数、优良的绝热保温性能。

在普通大气压下，硬硅钙石晶体直到 1050℃ 都保持稳定，但到了 1050℃ 以上则分解成硅灰石并释放出结晶水，如式 4-1 所示。因此硬硅钙石型的硅酸钙保温材料的最高使用温度可达 1000℃。在遇火时，硬硅钙石本身不会燃烧，当温度达到 1050℃ 时，结晶水脱出，吸热蒸发，在硬硅钙石表面形成蒸汽幕和脱水物隔热层，有效地减少火焰对内部结构的危害，因此硅酸钙保温材料达到 A 级防火要求，具有较好的防火性能。

$$6CaO \cdot 6SiO_2 \cdot H_2O \xrightarrow{1050℃} 6CaSiO_3 + H_2O \tag{4-1}$$

5. 人体友好性能

硅酸钙保温材料无毒无害，其组分全部是无机材料，不会燃烧，不会分解有毒气体或烟气，硅酸钙的水溶物呈中碱性或弱碱性，不会对设备和管道产生腐蚀作用，与硅酸铝纤维比较，它具有施工无飞溅、不呛人、不刺人等特点，是一种环保型的绿色材料，较之石棉等传统保温材料有不可比拟的优势。

6. 易检修，产品可回收循环利用

由于硅酸钙保温材料是硬质保温材料，结构形变小，且其是以管壳或平板的拼装方式进行保温结构组装，因此在设备进行例行检修时对硅酸钙保温层进行拆装较为容易，可在检修期间对保温结构进行拆解，检修完成后重新进行保温材料的拼装，施工过程简单，无须重新更换新的保温材料。而传统硅酸铝、岩棉等保温材料在检修期间拆解后基本不能再次使用，只能使用新的保温材料重新进行施工安装，增大了检修工作量，并造成较大的浪费，同时也对检修环境造成较大的影响。此外，达到更换周期的硅酸钙材料回收后经过粉碎、高温高压水热处理及成型等工艺进行循环利用，不会对环境造成污染和影响，而硅酸铝、岩棉等传统材料，达到使用寿命后，只能丢弃处理成为废弃物，对环境造成影响，长期堆弃的硅酸铝、岩棉等材料风化后，其中的细小纤维漂浮到大气中，还将造成更为严重的二次污染，严重威胁大气环境和人身健康。

4.1.3　硅酸钙保温材料传统制备方法

目前制备硅酸钙保温材料的原料主要是石英粉，也有使用瓷土、沸石、高硅黏土、高岭土、长石粉、硅藻土、稻壳灰等为原料，通常通过动态水热法制备出料浆，然后加入纤维，压滤成型，烘干即可得到制品，如图 4-2 所示。

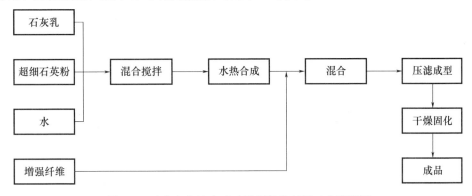

图 4-2　动态水热法合成硅酸钙保温材料工艺流程图

4.2 脱硅液制备硅酸钙绝热材料工艺

4.2.1 工艺流程

本工艺的硅质原料为粉煤灰脱硅液，钙质原料使用活性石灰乳，利用高温高压动态水热合成法制备硬硅钙石型硅酸钙保温材料料浆，然后加入增强纤维，再进行压滤成型，最后经烘干后可得到硅酸钙保温板材或异型材制品。

上述反应原料混合均匀后进行动态高温高压水热反应，反应过程先后经历了苛化反应和晶化反应两个过程，主要化学反应方程式见式（4-2）和式（4-3）。

$$Ca(OH)_2 + Na_2SiO_3 \Longrightarrow CaSiO_3 + 2NaOH（苛化反应） \tag{4-2}$$

$$6CaSiO_3 + H_2O \Longrightarrow 6CaO \cdot 6SiO_2 \cdot H_2O（晶化反应） \tag{4-3}$$

总体工艺流程图如图 4-3 所示。

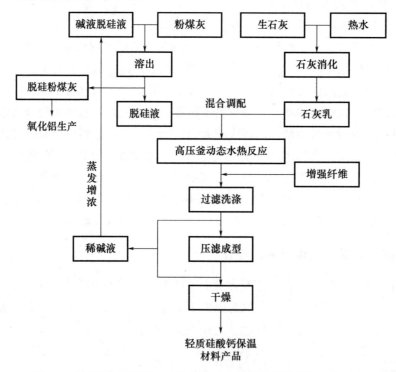

图 4-3 脱硅液高温高压动态水热法合成硅酸钙保温材料工艺流程

4.2.2 原料

硅质原料中的硅以 H_2SiO^{4-} 阴离子团的形式存在于脱硅液当中，当脱硅液与石灰乳混合时，H_2SiO^{4-} 阴离子团与石灰乳中的 $Ca(H_2O)_5(OH)^+$ 水合离子在混合浆液中发生共棱反应，形成 Ca—O 键，然后由于高温高压受到挤压变形生成具有初步托贝莫来石特性的 CaO_2 晶核，并进行一步形成非晶态的 C—S—H$_n$ 凝胶，反应方程式如式（4-4）所示。

$$4OH^- + 2H_3SiO_4^- + 3Ca^{2+} \longrightarrow 3CaO \cdot 2SiO_2 \cdot 3H_2O \rightarrow C-S-H_n + H_2O \quad (4\text{-}4)$$

随着反应温度的进一步升高，部分活性较高的 $[H_2SiO]^{4-}$ 阴离子团和 SiO_2 游离体聚合成 $[SiO_4]$ 三节链，CaO_2 晶核的一侧与之相连，另一侧与 OH^- 离子结合，形成钙硅比为 $1.5\sim2.0$ 的半晶态的 $C-S-H(\mathrm{II})$，该凝胶呈现波浪形锡箔状。当反应温度上升到 $200℃$ 以上，CaO_2 晶核的两侧都与 SiO_4 三节链结合，生成了钙硅比为 1 的 $C-S-H(\mathrm{I})$ 半晶，在 $200℃$ 以上的温度环境下，层间水离解成 OH^-，并吸引游离 Ca^{2+} 彼此相邻的三节链缩合成为 $[Si_6O_{17}]^{10-}$，由此形成了三节双链形式，CaO_2 晶核因此发生畸变，$Ca-O$ 键在双链之间起连接作用，晶核特征消失，最终形成了硬硅钙石。因此，反应温度高于 $200℃$ 是一项必要条件，在此条件下 $C-S-H(\mathrm{I})$ 半晶很难稳定存在，反应得以充分进行。

合成硬硅钙石所用的钙质材料通常所用的生石灰或消石灰由石灰石煅烧而来，由于煅烧的温度不同，生石灰的特性也不相同。经试验分析，在 $900℃$ 以下烧成的生石灰中约 55% 的石灰石残留下来，生烧现象较为严重，而在 $900℃$ 以上的条件下未烧的石灰石残留量很少。但是石灰的 CaO 晶体随石灰煅烧温度升高而增大，石灰的消解速度变慢，石灰活性严重下降，因而煅烧温度也不易过高。本试验过程中所用钙质材料生石灰，是研发中心取自内蒙古清水河地区暖泉乡的高品位石灰石，经煅烧而成。煅烧后的生石灰满足表 4-1 所列要求。满足要求的活性生石灰经过筛选后与 4.8 倍的热水（$\geqslant 65℃$）混合进行消化反应，得到的石灰乳再经 120 目筛网进行过滤，并陈化 12h 后最终作为合格的钙质原料备用。

表 4-1　钙质原料活性生石灰技术要求

项目	有效钙含量（%）	活性度（mL）	石灰乳 120 目筛余物（%）	生石灰白度（%）	石灰乳白度（%）
指标要求	$\geqslant 85$	$\geqslant 350$	$\leqslant 5$	$\geqslant 70$	$\geqslant 90$

4.2.3　钙硅物质的量比对合成硬硅钙石的影响

硅质原料和钙质原料在配料过程中的主要控制参数是钙硅物质的量比，该配料参数对反应的最终结果有较大的影响。试验控制原料混合后钙硅物质的量比分别为 0.90、0.95、1.00、1.05、1.10，固定液固比为 40，反应温度 $240℃$，保温时间 4h，反应完成后对料浆进行过滤洗涤，并对样品在 $105℃$ 条件下烘干至恒重后进行 XRD 分析，结果如图 4-4 所示。

经 XRD 谱图和图 4-5 SEM 照片分析研究发现，钙硅物质的量比为 1 的配料，最终反应产物料浆中的成分主要为硬硅钙石；而配料中钙硅物质的量比小于 1 大于 0.95 时，合成出的料浆中是托贝莫来石和硬硅钙石的混合物；当钙硅物质的量比大于 1 小于 1.05 时，料浆中的主要成分是硬硅钙石，但是也有部分硅灰石物相。因此综合分析，控制原料配料的钙硅物质的量比在 1.0 时产物中硬硅钙石晶体纯度最高，对应产品保温性能最佳。

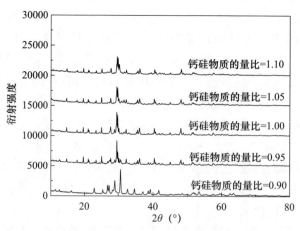

图 4-4　不同钙硅比配料条件下脱硅液与石灰乳合成物的 XRD

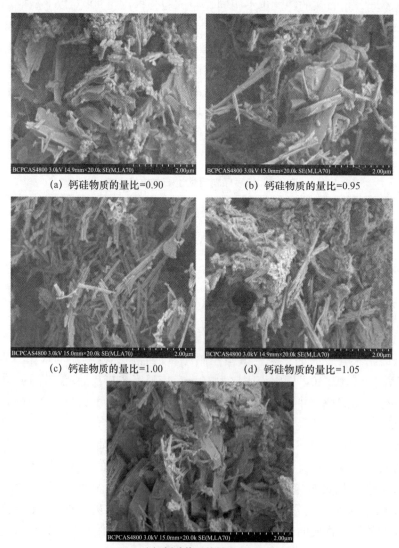

图 4-5　不同钙硅比条件下脱硅液与石灰乳合成物的 SEM

4.2.4　合成温度对合成硬硅钙石的影响

反应温度对硅酸钙保温材料的合成影响很大，硬硅钙石的形成可以看成是不同阶梯升温条件下逐步反应的过程，因此控制升温条件和温度范围，对硬硅钙石的生成和晶体发育成长都有至关重要的作用。

根据图 4-6 可知，当反应温度为 140℃ 和 160℃，反应物料浆中主要物相为 $Ca(OH)_2$ 及少量的 C－S－H 凝胶；反应温度 180℃，料浆 $Ca(OH)_2$ 衍射峰消失，料浆中主要物相为托贝莫来石；反应温度为 200℃，托贝莫来石衍射峰消失，料浆 XRD 图谱中主要为硬硅钙石衍射峰。从上述分析可以看出，反应温度低于 160℃，原料间反应生成的产物基本是活性硅酸钙和少量 C－S－H 凝胶；反应温度升至 180℃，硅质原料与钙质原料反应生成的水化硅酸钙产物为托贝莫来石；反应温度升至 200℃以上，硅质原料与钙质原料反应生成的水化硅酸钙产物才是硬硅钙石。

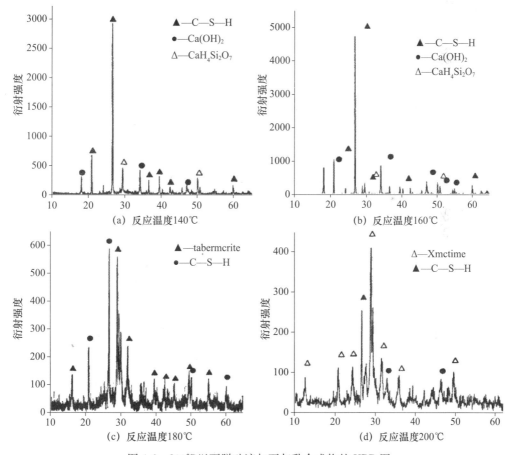

图 4-6　200℃以下脱硅液与石灰乳合成物的 XRD 图

因此，要得到硬硅钙石晶体所要求的最低反应温度应为 200℃以上，重点考察 200～260℃之间最优的反应温度条件，控制原料混合后钙硅物质的量比为 1.00，固定液固比为 40，保温时间 4h，反应温度分别设置为 200℃、220℃、240℃、260℃，反应完成后分别对不同条件下得到的料浆进行过滤洗涤，并对样品在 105℃条件下烘干至恒重后进行

XRD 分析，结果如图 4-7 所示。

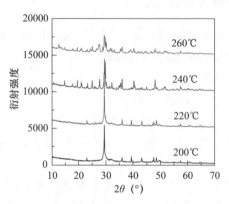

图 4-7　200℃以上脱硅液与石灰乳合成物的 XRD 图

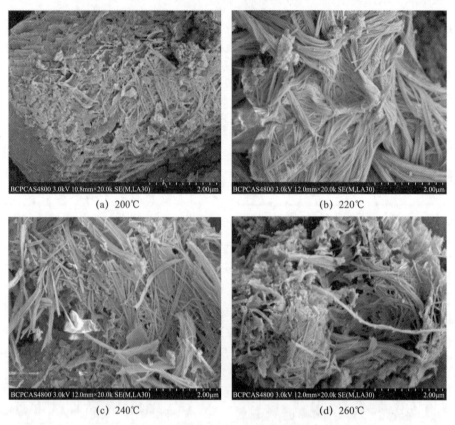

图 4-8　200℃以上脱硅液与石灰乳合成物的 SEM 照片

综合 XRD 及 SEM 照片分析，并结合反应过程能耗，粉煤灰脱硅液和石灰乳作为原料合成硬硅钙石型硅酸钙保温材料较为适宜的反应温度为 220～240℃。

4.2.5　保温时间对合成硬硅钙石的影响

由图 4-9～图 4-12 可知，不同温度下随合成时间的延长，硅酸钙绝热材料的抗折强度和抗压强度呈增大的趋势，密度与导热系数则呈降低的趋势。而在相同的合成时间下，合成温度越高抗折强度与抗压强度越高，密度与导热系数越小。

经对不同条件下活性硅酸钙合成物进行 SEM 及 XRD 分析，结果如图 4-13～图 4-16 所示。由图 4-13 可知，随着合成温度和时间的增大，蜂窝状的活性硅酸钙逐渐转变为纤维状的硬硅钙石晶须，在放大 1000 倍时可清楚地看到，这些纤维状的硬硅钙石晶须相互交错团结成一个个小的絮状球团，而且这些絮状球团中晶须的相互缠绕程度和晶须发育程度也呈越来越显著和粗壮。故而，这种微观结构的变化，导致了制备成的硅酸钙绝热材料的抗折强度、抗压强度、密度和导热系数也有相应的变化。合成温度越高，合成时间越长，纤维状的晶须发育越好，相互之间交错越复杂，致使形成的絮状球团越致密，因而会提高硅酸钙绝热材料的强度，在压制成型时这些絮状球团中的纤维状晶须越粗壮，越不易被压碎破坏，这些成型之后硅酸钙绝热材料中镂空的絮状球团越多，密度和导热系数必定会越小。

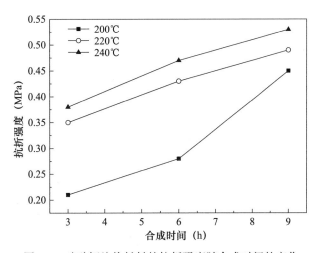

图 4-9　硅酸钙绝热材料的抗折强度随合成时间的变化

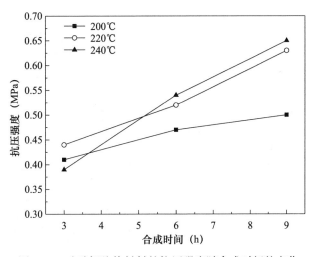

图 4-10　硅酸钙绝热材料的抗压强度随合成时间的变化

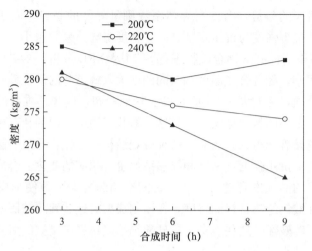

图 4-11　硅酸钙绝热材料的密度随合成时间的变化

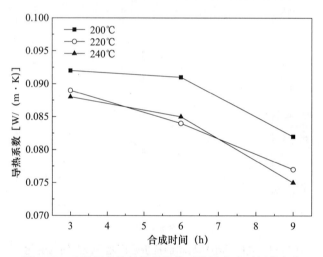

图 4-12　硅酸钙绝热材料的导热系数随合成时间的变化

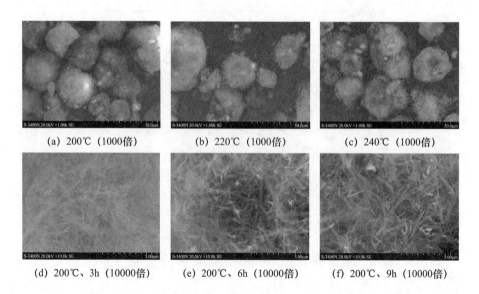

(a)　200℃（1000倍）　　　(b)　220℃（1000倍）　　　(c)　240℃（1000倍）

(d)　200℃、3h（10000倍）　(e)　200℃、6h（10000倍）　(f)　200℃、9h（10000倍）

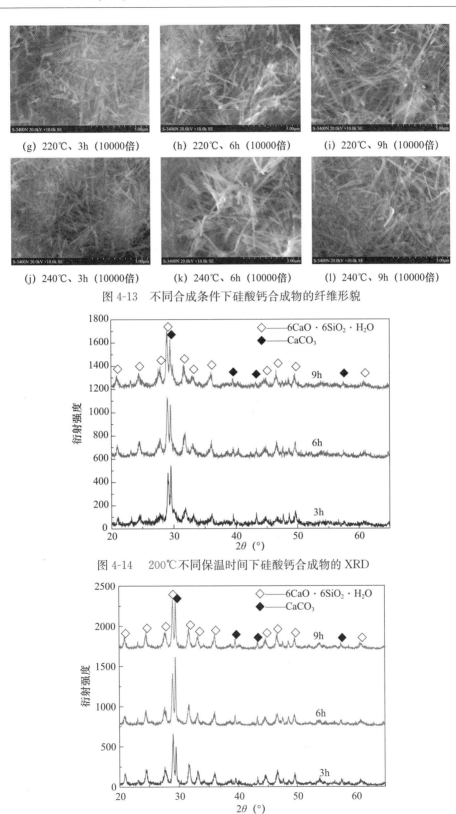

(g) 220℃、3h（10000倍）　　(h) 220℃、6h（10000倍）　　(i) 220℃、9h（10000倍）

(j) 240℃、3h（10000倍）　　(k) 240℃、6h（10000倍）　　(l) 240℃、9h（10000倍）

图 4-13　不同合成条件下硅酸钙合成物的纤维形貌

图 4-14　200℃不同保温时间下硅酸钙合成物的 XRD

图 4-15　220℃不同保温时间下硅酸钙合成物的 XRD

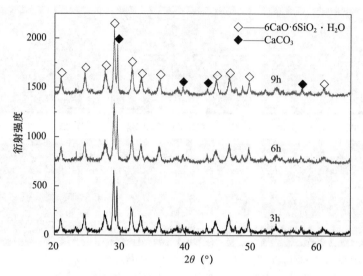

图 4-16　240℃不同保温时间下硅酸钙合成物的 XRD

4.2.6　水固比对合成硬硅钙石的影响

水固比是反应前料浆中水的质量与固体所含的 CaO 和 SiO_2 总质量之比。从硬硅钙石的结构式来看，合成硬硅钙石时所需的水很少，但是实际在合成硬硅钙石过程中，由于动态水热反应过程中硬硅钙石晶体的生长需要一定的压力，同时反应料浆要具备较好的流动性能，水太少很难生成硬硅钙石，因此反应初始原料中水的存在对晶体生长所需压力的形成及料浆流动性有着十分重要的意义。

水固比过低，反应过程中造成料浆过稠，不利于反应的正常进行，因而很难形成球形团聚体，宏观体现为成品干燥后的收缩率较大。水固比大，有利于反应效率的提高，但水固比过大降低了材料的生产效率，同时生成的硬硅钙石球形团聚体结构较为疏松。因此，确定合适的水固比对生产极为重要。

试验研究发现，高压反应釜可以接受水固比的下限为 15，较为适宜的水固比为 20～30，此时反应完成后的液浆流动性较好，能耗较低，通过对试验设备长期运行情况的考察，水固比控制在 30 既能满足设备的连续运行，也能有效降低能耗。因此，工艺条件中控制原料中水固比为 30 较为合适。

4.2.7　搅拌对合成硬硅钙石的影响

搅拌是促使硬硅钙石晶须团聚成球形二次粒子的必要条件。在硬硅钙石合成过程中，搅拌的意义体现在两点：一是料浆被不断搅拌，形成了一个搅拌流体场，促使硅质原料与钙质原料的混合，使之反应更加充分；二是利用流体场内的剪切力，围绕硅质原料颗粒形成二次球形颗粒。浆料反应过程中，在搅拌条件下，硬硅钙石球形粒子的成球历程如下：反应初生成的 C—S—H 凝胶首先团聚成球形粒子，随着反应的进行，球形C—S—H 凝胶最终反应生成硬硅钙石晶体，纤维状硬硅钙石晶体在 C—S—H 凝胶球状粒表面成核并继续生长，在球内部衍生成筋，向球外部方向生长形成针状凸起。在工业生产中，为了保证反应过程中原料的悬浮，同时有利于反应中传热、质子迁移以及反应物的分散，也需要进行搅拌。

对于动态水热反应过程中，固体物料的分散均匀性对反应的充分进行有重要意义。反应过程中物料分散的理想状态为完全均匀的悬浮状态，即釜内任何一处的物料含量都是相同的，事实上这种完全均匀的悬浮状态很难达到，若釜内所有的物料颗粒全部都离开了反应釜的底部，就已经达到较为理想的反应条件。我们将各种固体颗粒在竖直方向上刚好离开釜底面的状态称为临界悬浮状态。临界悬浮状态对应的搅拌速度称为临界搅拌速度。在固体物料达到临界悬浮状态前，搅拌速度对物料悬浮状态影响很大，当搅拌速度超过了临界搅拌速度后，继续增大搅拌速度的效果就很小了，然而消耗的功率却很大，因此升温阶段搅拌速度控制在临界搅拌速度即可。

根据相关公式计算和试验实际模拟，建议硅酸钙保温材料现场生产过程中尽量调高转速，临界转速控制在线速度 90m/min 以上。

4.2.8　过滤洗涤对合成硬硅钙石的影响

由于合成硅酸钙保温材料的硅质原料粉煤灰脱硅液中含有碱，而大量碱的存在会对硅酸钙材料的强度及使用耐久性有一定的影响，因此硬硅钙石型硅酸钙保温材料浆料制备完成后要对其进行过滤和洗涤，过滤洗涤的设备可使用板框压滤机，洗水用量为硅酸钙绝热材料折干基的 6 倍，洗涤使用的洗液平均分为 3 次逆流循环使用，即浆料滤液和一洗液收集后直接进入蒸发增浓工序制备成预定浓度的碱溶液，浆料滤下的二洗液收集后作为下一批次洗涤的一洗淋洗液使用，浆料滤下的三洗液收集后作为下一批次洗涤的二洗淋洗液使用，三洗的淋洗液始终使用新水，工艺流程如图 4-17 所示。

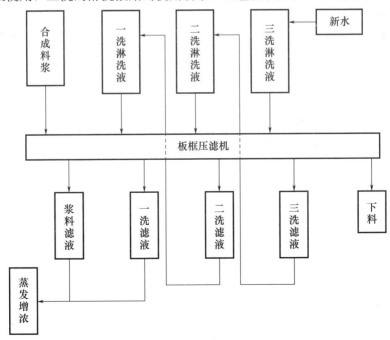

图 4-17　浆料过滤洗涤工艺流程图

过滤洗涤工序的工艺设计如下：过滤机入料温度≥80℃，洗水温度≥80℃，压滤压力控制在 0.3～0.6MPa，三洗淋洗液：中全碱 N_T≤1g/L，温度≥80℃，脱碱温度 85～95℃。

4.2.9　压滤成型工艺

合成浆料过滤洗涤完成后，要进行压滤成型，压滤是通过外力使水分从浆料中排出的过程，而成型工艺是决定硅酸钙材料产品性能的一个重要因素。量化压缩成型过程是通过控制压缩比参数来实现，压缩比是指压制前毛坯与压制后制品在压力方向上尺寸的比值。通过控制不同成型压力，得到不同压缩比的试块，可以绘制压缩比随成型压力变化的趋势图（图 4-18）。

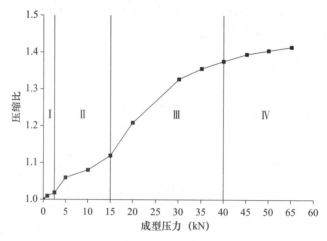

图 4-18　压滤成型过程中压缩比与压力的关系

通过不同压力对应的压缩比进行量化分析，从中可以看出其变化规律大体分为 4 个阶段：第Ⅰ阶段，压力开始升高，但因压力不够大，由于摩擦力等因素，仍没有位移发生，压缩比变化很小。此阶段非常短，一旦压力克服了各种阻力，位移便产生并迅速增大，进入第Ⅱ阶段。此阶段压缩比直线上升，所提供的压力主要用于推动料浆中的水分克服各种阻力，使之从模具内排出。随着水分的排出，模具内料浆中固相颗粒相互靠近，最后相互接触。此时如要进一步增大压缩比，必须增大压力以便使固相颗粒位置发生重新排列，进而颗粒受压变形，这就是在第Ⅲ阶段发生的过程。当无法通过颗粒形变、移动重排来获得压缩比增加时，就进入最后阶段。此时只能通过大大增加压力，把颗粒压扁来获得位移，当所有颗粒全部被压扁，则即使增加压力也不能增大压缩比，图上曲线呈水平状态。为了获得容重较轻的硅酸钙保温材料，压滤成型应该在第Ⅱ与第Ⅲ阶段交会的边界处结束。这样既保证了模具内料浆中的水分大量排出，使固相颗粒互相接触，形成一定的生坯强度，又不使固相颗粒被压扁造成体积减小密度变大。根据研究结果，浆料压滤成型的压力控制在 40MPa 左右。

4.2.10　增强纤维添加工艺

硅酸钙保温制品干燥养护过程中，是靠升温干燥使水分排出坯体的。干燥过程中不仅使坯体内的水分通过表面蒸发排出坯体外，同时还会引起坯体收缩，工业生产的大块坯体变形会使制品因体积变小而造成密度增加。而在坯体成型过程中加入阻止固相颗粒互相靠近的措施有助于最终产品保持低的密度。

本工艺将电厂和化工厂废弃的除尘器布袋和料浆滤布进行收集，然后通过打浆疏解方式将纤维分散并切断成 0.5～1cm 的单根纤维作为辅料，再把上述纤维掺入一定比例的玻璃增强纤维后加入到料浆中搅拌均匀，以阻止坯体干燥过程中收缩。由于所加的纤维一般都比纤维状硬硅钙石晶体粗而长，在坯体中起到骨架作用。这样在压制成型过程中就可减少压缩量，在干燥过程中可阻止硬硅钙石纤维被毛细管作用力拉得太近，防止收缩过大。若纤维添加过量，容易造成团聚，使产品应力不均匀，同时使制品容重增大；纤维添加过少，不能有效阻止坯体干燥收缩，也会使制品容重增大。硅酸钙保温中最佳的纤维添加量为 2.5%～5.0%。

4.3　硅酸钙绝热材料与硅酸铝保温材料保温性能对比

4.3.1　导热系数对比

为了进一步验证产品的性能，以及今后用于电厂高温管道保温的可行性，对某电厂600MW 机组所用的硅酸铝保温材料的导热系数进行了测试，表 4-2 为某电厂机组主蒸汽管道用硅酸铝棉不同温度下导热系数测试结果。结果显示，粉煤灰脱硅产物制备的硅酸钙保温材料在不同温度下的导热系数显著优于硅酸铝棉，尤其在高温段表现得更为显著，540℃时硅酸钙保温材料的导热系数仅为硅酸铝棉导热系数的 60%。具备代替硅酸铝棉用于电厂保温，节能降耗的潜能。

表 4-2　某电厂机组主蒸汽管道所用硅酸铝棉与硅酸钙保温材料导热系数对比

类型	温度（℃）						
	100	200	300	400	500	540	600
硅酸铝棉导热系数 ［W/（m·℃）］	0.065	0.072	0.093	0.113	0.134	0.142	0.164
硅酸钙保温材料导热系数 ［W/（m·℃）］	0.057	0.061	0.066	0.077	0.083	0.085	0.087

4.3.2　相同热损失情况下用量对比

1. 主蒸汽主管道

主蒸汽管道外壁直径为 $d = 599mm$，介质温度为 $t_{w1} = 540℃$，使用硅酸铝保温材料（密度 ρ_1 为 $128kg/m^3$，导热系数 λ_1 为 $0.142W/(m·K)$）作为外保温，其外直径 $d_1 = 1199mm$，环境温度 $t_{w2} = 50℃$，此时通过硅酸铝棉保温材料向外散热的热流量 Q_1 可按稳态导热热流量公式（4-5）计算出：

$$Q = \frac{t_{w1} - t_{w2}}{\frac{1}{2\pi L\lambda}\ln\frac{r_2}{r_1}} = \frac{t_{w1} - t_{w2}}{\frac{1}{2\pi L\lambda}\ln\frac{d_2}{d_1}} \tag{4-5}$$

如果利用硅酸钙保温材料（密度 ρ_2 为 250kg/m^3，导热系数 λ_2 为 0.085W/(m·K)）代替硅酸铝棉作为外保温材料，向外散热的热流量为 Q_2，如果 $Q_1 = Q_2$，则可计算出包裹硅酸钙保温材料的主蒸汽管道的外直径 $d_2 = 907.5\text{mm}$，进而可算得硅酸钙保温层厚度 δ_2 为 155mm，根据此厚度计算单位长度保温材料质量。

硅酸铝棉：$m_1 = \frac{\pi}{4}\rho_1 \times (d_1^2 - d^2) = 108.3978\text{kg}$

硅酸钙：$m_2 = \frac{\pi}{4}\rho_1 \times (d_2^2 - d^2) = 91.74\text{kg}$

单位长度两种材料质量差值 $\Delta m = m_2 - m_1 = -16.66\text{kg}$。

因此，在同样散热损失条件下，与使用硅酸铝棉相比，硅酸钙保温材料厚度几乎降低 50%，仅为 155mm，单位长度质量减轻了 16.66kg。

2. 主蒸汽支管道

与上述同理，可计算得出与硅酸铝棉同样散热损失条件下，主蒸汽支管道如果使用硅酸钙保温材料作为外保温，其管道直径仅为 715.46mm，硅酸钙保温层厚度仅为 148mm，厚度几乎降低 50%，单位长度质量减轻了 20.83kg。

4.3.3 相同厚度下的热损失对比

1. 主蒸汽主管道

假设两种保温材料在相同厚度 δ 为 300mm 时，材料外表面温度和环境温度相同，硅酸铝保温材料的热流量为 Q_1，硅酸钙保温材料的热流量为 Q_2。$540℃$时，硅酸铝保温材料导热系数 λ_1 为 0.142W/(m·K)，硅酸钙保温材料导热系数 λ_2 为 0.085W/(m·K)，依据公式（4-5）可得：$Q_1 = 1.67Q_2$。

即相同厚度和温度条件下，硅酸铝保温材料的热量损失是硅酸钙保温材料的 1.67 倍，硅酸钙保温材料的热损失仅为硅酸铝棉热损失的 60%。但由于硅酸钙保温材料密度高于硅酸铝棉，单位长度质量增重约 100kg，但仍满足设计要求。

2. 主蒸汽支管

在保温材料相同厚度条件下，可算得使用硅酸铝保温材料的热损失是硅酸钙保温材料的 1.67 倍，单位长度用材硅酸钙比硅酸铝棉质量增重约 82.9kg，但仍满足设计要求。

4.3.4 远距离供热管道保温性能对比

以北方某地为例，供暖季运行日平均温度 $-5.9℃$，冬季室外平均风速 1.6m/s。供热蒸汽管道尺寸设定为 $\phi325\text{mm} \times 8\text{mm}$，介质蒸汽温度 $300℃$。根据《工业设备及管道绝热工程设计规范》（GB 50264—2013）规定，设备管道外表面温度为 $300℃$时，绝热层外表面最大允许热损失量为 186W/m^2，依据国标圆筒形单层最大允许热损失下绝热层厚度公式计算相应厚度。

1. 采用硅酸铝保温材料在最大允许热损失条件下保温层厚度

300℃时,硅酸铝保温材料导热系数 λ 为 0.093W/(m·℃),蒸汽管道直径 d_0 为 325mm,介质蒸汽温度 t_0 为 300℃,环境温度 t_a 为 −5.9℃,绝热层外表面最大允许热损失量 Q 为 186 W/m²,换热系数 α_s 为 20.46W/(m²·℃),将数据带入式(4-6)

$$d_1 \ln \frac{d_0}{d_1} = 2\lambda \left[\frac{(t_0 - t_a)}{Q} - \frac{1}{\alpha_s} \right] \tag{4-6}$$

可计算得保温层外径为 555mm,则硅酸铝棉保温层厚度为 115mm。

2. 采用硅酸钙保温材料在最大允许热损失条件下保温层厚度

300℃时,硅酸钙保温材料导热系数 λ 为 0.066W/(m·℃),同理可计算得出保温层外径为 497mm,则硅酸钙保温层厚度为 86mm。

通过计算如表 4-3 可知,对于远距离供热管道,在同样最大热损失的情况下,使用硅酸钙保温材料时保温层厚度仅为 86mm,比使用硅酸铝棉厚度减小约 30mm。以 ϕ325mm×8mm 为例,单位长度的供热管道保温材料使用量减少了约 30%。

表 4-3　采用不同保温材料在相同最大允许热损失条件下的选用对比

保温材料	介质温度(℃)	保温层厚度(mm)	保温外表面温度(℃)	保温材料导热系数(300℃)[W/(m·℃)]	最大热损失 Q(W/m²)	单位长度保温材料体积(m³)
硅酸铝棉	300	115	−5.9	0.093	186	0.159
硅酸钙	300	86	−5.9	0.066	186	0.111

3. 相同厚度条件下保温材料热损失量计算

由上述 1 中计算可知,硅酸铝保温材料厚度为 115mm 时,绝热层热损失量 Q 为 186W/m²。若硅酸钙保温材料采用与硅酸铝棉保温材料相同的厚度 115mm,此时,在相同的工况条件下,依据国标中圆筒型单层绝热结构热损失量计算公式进行计算,热损失量 Q 为 133W/m²,降低了约 28%。

4.4　本章小结

由于本技术生产所使用的硅质原料为粉煤灰脱硅液,其来源于粉煤灰提取氧化铝的副产品,有大量剩余,因而硅质原料相比较传统工艺使用的石英砂等材料廉价易得。此外,由于使用脱硅液和石灰乳进行合成反应近似于液体—液体之间的反应,反应更加充分和高效,主要体现在反应体系中的液固比较传统工艺大幅降低,反应温度降低和反应时间缩短,因此,在提高生产效率的同时,也减少了单位产能的设备投资和物耗、能耗。

本技术所采用新的工艺条件下生产的轻质硅酸钙保温材料,属于硬硅钙石型晶体,且晶化反应完全,晶体发育良好,产品的微观结构上,是以直径 10nm 左右的微小纤维作为基本单元,通过纤维间的互相缠绕和交织形成球团状的微小颗粒,在球团状微小颗粒的纤维网络空间中,还存在大量的孔隙结构,正是由于产品有这样特殊的微观构造,在保温性能上，兼顾了纤维保温材料、多孔保温材料和粉末保温材料的保温特性，在多种保温结构的作用下，保温层的热量很难散失。

因此本技术生产的硅酸钙材料属于新型绝热型保温材料，可隔绝热量传递，产品性能和保温效果优于市场上同类硅酸钙保温材料，更优于目前工业上广泛使用的硅酸铝、岩棉等宏观纤维类保温材料。

第5章 脱硅液合成白炭黑技术

白炭黑是白色粉末状 X 射线无定形硅酸和硅酸盐产品的总称，主要是指沉淀二氧化硅、气相二氧化硅和超细二氧化硅凝胶，也包括粉末状合成硅酸铝和硅酸钙等。白炭黑是多孔性物质，其组成可用 $SiO_2 \cdot nH_2O$ 表示，其中 nH_2O 是以表面羟基的形式存在，能溶于苛性碱和氢氟酸，不溶于水、溶剂和酸（氢氟酸除外）。耐高温、不燃、无味、无嗅、具有很好的电绝缘性。在橡胶制品、农业化学制品、化工制品、胶结剂、染剂等方面有广泛的市场应用。

5.1 白炭黑概述

5.1.1 白炭黑制备现状

白炭黑的制备方法主要为化学法，分为干法（包括气相法和电弧法）和湿法，湿法根据其生成特征又可分为沉淀法（包括硫酸沉淀法、盐酸沉淀法、硝酸沉淀法、二氧化碳沉淀法和水热法）和凝胶法（包括普通干燥类和气凝胶类）。其主要的化学生产方法还是以四氯化硅为原料的气相法、硅酸钠和无机酸为原料的沉淀法以及采用硅酸酯等有机硅源为原料的溶胶-凝胶法。其他还有超重力技术、化学晶体法、二次结晶法或反相胶束微乳液法等特殊方法生产的二氧化硅。

4 种化学法制备白炭黑的优缺点见表 5-1。

表 5-1　不同白炭黑制备方法优缺点比较

制备方法	优点	缺点
气相法	纯度高、分散度高、颗粒细而形成球形，表面羟基少，因而具有优异的补强性	生产过程中能源消耗大、原料昂贵、设备要求高、技术复杂
沉淀法	原料易得、生产流程简单、能耗低、投资少	孔径分布宽、孔径形状难以控制、颗粒不易控制、活性差、亲和力差、补强性能低等
溶胶-凝胶法	制备费用低、易操作	成本较高，易造成环境污染，不易控制，不利于工业化
微乳液法	粒度分布窄、粒度易控制、试验装置简单、操作容易	易受试验条件等诸多因素影响

从目前使用较多的上述 4 种白炭黑粉体材料方法来看，都存在各自的缺陷，较难实现制备理想的、低成本的白炭黑。目前国内外工业生产超微细 SiO_2 粉体材料的现行工艺主要有两种，一是以水玻璃为原料的沉淀法；二是以 SiC 为原料的气相法。用前一种方法所制备的白炭黑硬团聚现象特别严重，这是白炭黑粒子的高度分散而具有极高的表面能、静电力和范德华力等造成的；而后一种方法制备 SiO_2 颗粒工艺复杂、生产成本昂贵、不利于工业化生产。

由于白炭黑材料具有极大的应用价值和可观的利润空间，研究或探索常压下制备超细白炭黑材料的方法就显得尤为重要。下面综合文献报道，对制备超微细 SiO_2，从制备方法、原料来源、制备条件、产品的纯度与粒度及工业化可能性做一个比较，见表 5-2。

表 5-2　制备超细白炭黑方法的比较

制备方法	原料	条件	纯度与粒度	工业化可能性
气相法	硅烷卤化物	四氯化硅在氢氧焰中水解，物质浓度小，生成的粒子凝聚少	球形粒子，纯度高，表面羟基少，质量分数在 0.998 以上，直径在 7～20nm	设备投入费用高，技术难度高等缺点，目前世界上只有几家大公司拥有此项技术
沉淀法	硅酸钠和无机酸	因其反应介质、反应物配比、工艺条件不同，所得产物性能迥异	20～100nm 左右粒度分布宽，粒度形状难以控制	价廉、易行，是现行主要的工业方法，易团聚
溶胶-凝胶法	硅酸酯等或无机盐	受反应物水和氨水的浓度、硅酸酯的类型、不同的醇、催化剂的种类及不同的温度的影响	10nm 左右的粒子，纯度高，具有很大的比表面积	工艺复杂，成本高，不利于工业化与大规模生产
微乳液法	硅酸酯等或无机盐	不溶于水的非极性物质相（油相）为分散介质，以极性物质相为分散相的分散体系	球形颗粒的粒度在 5～100nm，颗粒粒度均匀，比表面积高	受试验条件等诸多因素影响不易工业化
胶束法	硅酸钠溶液	选取不同类别无毒表面活性剂，所制得的 SiO_2 颗粒不需高温加热处理	孔径在 20～50nm 之间，纯度高、形貌好、粒度分布窄	原料价廉，而且整个操作过程简单，大大降低产品的生产成本，有利于工业化生产

现在，白炭黑的主要生产国有德国、美国和日本等，目前世界各国的总产量为 50～60 余万吨/年，品种达 40 余种。德国的迪高沙公司是世界最大的二氧化硅生产厂商，其中最大的厂年产 14.5 万吨。我国二氧化硅工业生产的第一套装置于 1958 年在广州人民化工厂建成，但发展缓慢。现在我国二氧化硅生产厂多为百吨级的小厂。目前国内生产白炭黑产品品种仍然很少（只有 5～6 个牌号），并且能耗高、质量不稳定、技术不过关、缺乏竞争力。大多只能生产通用级的白炭黑。高档的、专用的纳米级白炭黑还依赖于进口。由于国内、国际市场超细 SiO_2 粉具有广阔的应用前景，我国也对超细 SiO_2 的需求量逐年递增，当前超细 SiO_2 粉的生产远不能满足需求，因此，开展对生产高质量

超细微二氧化硅的研究已迫在眉睫。

5.1.2　白炭黑二氧化硅结构及其用途

白炭黑二氧化硅表面存在三种羟基，第一种是孤立的自由羟基；第二种是连生的、彼此形成氢键的缔合羟基；第三种是双生羟基，即两个羟基连在一个 Si 原子上的羟基，孤立的和双生的羟基都没有形成氢键。二氧化硅表面的 Si—OH 基团具有很强的活性，易与周围离子键合而起到补强作用。二氧化硅分子结构中—Si—O 的活性与其所处的位置有关，处于结构中心的—Si—O 具有极性，结合能力大；处于微粒表面的—Si—O 活性大，能与其他分子发生结合作用。具有优良的耐酸、耐碱、耐高温和电绝缘性、吸收性、分散性、增稠性、触变性及削光性等性能，并且其表面易于改性。

二氧化硅是一种无毒、无味、无污染的无机非金属材料。白炭黑为无定形白色粉末，其分子状态呈三维链状结构（或称三维网状结构、三维硅石结构等）。工业用 SiO_2 称作白炭黑，是一种超微细粉体，质轻，原始粒度在 $0.3\mu m$ 以下，相对密度在 $2.319\sim$ 2.653 之间，熔点是 $1750℃$，吸潮后易聚集成细颗粒，显现出絮状和网状的准颗粒结构，颗粒尺寸小、比表面积大。

纳米 SiO_2 颗粒能充分地体现出量子尺寸效应、表面效应、体积效应和宏观量子隧道效应，从而具有纳米粒子的特性。超细白炭黑粉体是最早开发的超细粉体材料之一，其应用范围已广泛渗透到各个领域中。微粉按粒度的大小可分为普通微粉（$1\sim$ $100\mu m$）、亚微粉（$0.1\sim1\mu m$）和超细微粉（$0.001\sim0.1\mu m$）。超细粉体有其独特的粒子形态和理化性质，如粒子小、比表面积大、表面能高、表面活性高等性能。SiO_2 纳米管、纳米球、纳米花、纳米纤维以及纳米孔等各种纳米结构体的不断涌现，也预示着 SiO_2 在纳米领域具有广阔的应用前景。

白炭黑作为超细材料中的重要成员，因其具有比表面积高、分散性好、黏合力强以及优良的光学性能和机械性能等特点，而被广泛地应用于催化剂载体、电子封装材料、高分子复合材料、精密陶瓷材料、橡胶、塑料等诸多行业的产品中。涂料中加入超细白炭黑，呈现出防结块、防流挂、增稠消光等功能；在塑料中加入超细白炭黑，可提高薄膜的透明度、韧性、强度和防水性能等；黏结剂和密封胶中添加超细二氧化硅，可迅速形成网状硅石结构，抑制胶体流动，固化速率加快，提高黏结效果。高纯白炭黑还是精细陶瓷、光导纤维和太阳能电池等工业的基本原料。可将其应用方面主要归类为：

（1）塑料、橡胶中作填充剂和增强剂。如生产橡胶制品过程中在胶料中加入白炭黑来提高强度、耐磨性和抗老化性。

（2）应用在涂料中。白炭黑具有常规 SiO_2 所不具有的极强的紫外吸收、红外反射特性。它添加到涂料中能对涂料形成屏蔽作用，达到抗紫外老化和热老化的目的，同时能增加涂料的隔热性。

（3）应用在陶瓷制品中。在陶瓷制品中添加适量的白炭黑，能大大降低陶瓷制品的脆性，使其韧性提高几倍甚至几十倍，光洁度也明显提高，还使陶瓷能在较低的温度下烧制。

（4）在生物医学工程中的应用。纳米白炭黑的高吸收性、分散性、增稠性，在药物制剂中得到了广泛的应用。

（5）在杀菌剂中的应用。白炭黑作载体时，由于具有生理惰性、高吸附性，可吸附抗菌离子，达到杀菌抗菌的目的。

（6）催化剂和催化剂载体。白炭黑的比表面积大、孔隙率高、表面活性中心多，在催化剂和催化载体方面具有广泛的应用价值。

（7）应用在农业及食品行业中。如添加白炭黑的食品包装袋，可以对水果、蔬菜起到保鲜作用。

（8）应用于化妆品中，其对紫外线屏蔽能力好，既能防护紫外中波对人体的危害，亦能对紫外长波起防护作用。

5.2　粉煤灰脱硅液生产白炭黑技术

5.2.1　脱硅液生产白炭黑工艺路线

基于以高铝粉煤灰为原料，考虑到高碱浓度下非晶态的 SiO_2 活性高可与苛性碱快速反应生成硅酸钠，而灰中的 Al_2O_3 活性则较差，在低温常压下用苛性碱溶浸粉煤灰，不具备快速溶出灰中 Al_2O_3 的条件（拜耳法溶出一水硬铝石矿，溶出温度达 240～260℃，溶出的时间大于 1h），因此，选择从粉煤灰中先提出 SiO_2，让铝留在渣中是可行的。绝大部分氧化铝留在渣中，自然就提高了渣的铝硅比，从而使其成为生产氧化铝的原料。而对于制备超微细 SiO_2 的方案中，考虑到原料是碱性条件下的硅酸钠溶液，碱度高、杂质多，所以不能用气相法制备超细 SiO_2；另外溶胶-凝胶法和微乳液法常用的原料来源都是硅酸酯，而用无机盐报道较少。从工业化可行性来看，溶胶-凝胶法和微乳液法在实验室范围内制备已经比较成熟，所得的粒度和纯度也比较好，但是大规模工业化比较困难。所以，选择沉淀法，用 CO_2 作为酸化剂，进行碳分处理得到白炭黑。控制一次碳分终点，沉淀处理多种杂质。控制二次碳分终点，得到高纯度、小粒度的二氧化硅初产品。最后，经洗涤、酸洗、干燥、粉碎，得到超微细二氧化硅成品。

分散剂或其他改性物质可以在二次碳分时加入并控制。碳分后的碳分液经苛化、蒸浓可作为碱液循环使用，避免环境污染，并节约原料开支。流程图如图 5-1 所示。

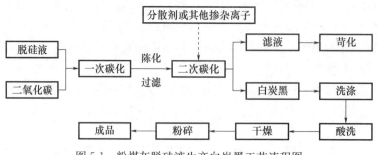

图 5-1　粉煤灰脱硅液生产白炭黑工艺流程图

5.2.2　脱硅液生产白炭黑工艺特点

（1）在常温、常压下，使用高浓度碱溶液溶出粉煤灰中的硅，经过滤，将硅铝元素分离，其中粉煤灰中 SiO_2 的提取率达到 60％以上，而氧化铝的总溶出率小于 1.2％。

（2）所用的原料特别，廉价易得。一般的实验室实验都用硅酸酯，价格昂贵。本实验利用的原料是粉煤灰碱浸溶出后得到的硅酸钠液，有杂质，尤其是碱含量特别高。本课题要在高碱浓度下，控制溶胶过程，得到超微细二氧化硅。

（3）准备使用 CO_2 作为酸化剂。一般实验室酸化剂多用固体和液体（如硫酸、盐酸、碳酸氢铵等），本实验选用 CO_2 一方面在后期将碳分液通过苛化蒸浓，使得工艺原料能有循环使用的可能，降低成本。另外，考虑到扩大化生产时 CO_2 的来源可以由煅烧石灰获得，更加节省了工业成本。

（4）准备在沉淀法中运用二次碳分，分别控制两次碳分终点的方法，中和碱度，去除杂质。

（5）预计整个工艺过程都是在常温常压下控制进行，没有有害物质的排放。工艺经济环保。

（6）所选方案与应用紧密相结合，可以进行扩大化连续生产，并能进行经济核算。

5.2.3　脱硅液生产白炭黑技术难点

（1）制备二氧化硅过程中的杂质去除。由于原料廉价易得，其含杂质量、浓度都不稳定。在探索性试验中通过一次碳分试验显示，当硅酸钠液中 SiO_2 的含量沉淀少量时，杂质已基本很少。通过多次试验控制好碳分终点和合适的碳分浓度，达到稳定原料除杂的目的。

（2）制备过程中防止二氧化硅的团聚。从反应成核、晶粒生长到湿粉漂洗、分散、干燥、烧结，每一步均可能产生硬团聚。由于团聚现象严重，分散剂、表面活性剂的选择比较重要。最后，如何使用喷雾干燥，或者粉碎，将二次聚晶分散。

（3）扩大化生产的实施。实验室数据应用于扩大化生产过程中的实际问题还需要随时解决。

5.3　粉煤灰脱硅液生产的白炭黑特性

对于粉煤灰脱硅生产的白炭黑，其表征主要是测定粉末粒度、粒度分布、比表面积、颗粒形状及微结构等。这些均关系到超微细粉体的力学、物理和化学特性，因此它们是粉体的重要性能指标。现对粉煤灰为原料生产得到的超微细白碳黑产品分别做透射电子扫描（TEM）、X 射线衍射（XRD）、傅里叶红外光谱（FTIR）、X 荧光、激光粒度、比表面积的测试，其测试结果及结果分析如下。

5.3.1　白炭黑的 TEM 分析

图 5-2 为两个样品的透射电镜照片，使用 HLTACHIH-800 型透射电镜，加速电压 150kV。

由图 5-2 可见，粒度基本为 50nm，呈球形，并相互团聚，二氧化硅粒子之间有接触，相互接触的粒子呈联枝状，这些聚集体连接起来形成的附聚体呈链枝结构，其相互之间的作用力主要是范德华力，很容易将其破坏，过程也可逆，这种就是二次或多次结构。

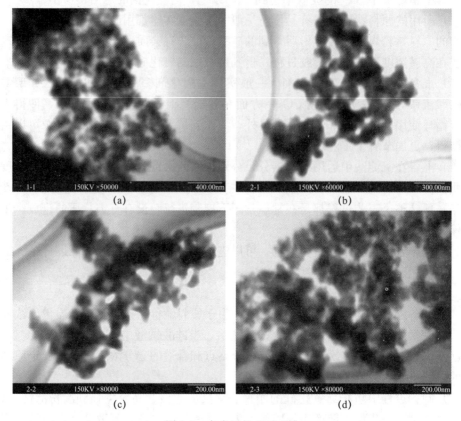

图 5-2　白炭黑的 TEM 图

5.3.2　白炭黑的 XRD 分析

图 5-3 为白炭黑的 XRD 图。由图可见，样品在 2θ 为 $23°$左右范围内为一个很强的馒头形单峰，可知该样品为非晶态物质结构。

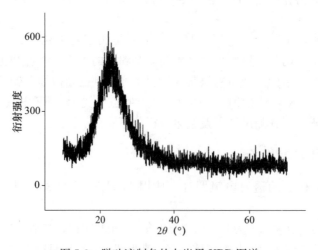

图 5-3　脱硅液制备的白炭黑 XRD 图谱

5.3.3 白炭黑的 FTIR 分析

由红外图 5-4 可见在 1095.5cm^{-1} 处有一个最大吸收峰，为 Si—O—Si 键的反对称伸缩振动；800.4cm^{-1} 处是 Si—O—Si 键的对称伸缩振动；在 470.6cm^{-1} 处是 Si—O—Si 键的弯曲振动；表明了 Si—O—Si 结构的存在。3442.8cm^{-1} 处在 O—H 的伸缩振动蜂内，是结构水的吸收峰，它对应于 OH$^-$ 基团的反对称振动；3450cm^{-1} 左右处的宽峰是强"氢键缔合的羟基"和吸附的水分子。1633.6cm^{-1} 处是毛细管和表面吸附水的吸收峰，是 H—O—H 的弯曲振动。由于经过烘干，游离水残存不多，所以该峰不强；在 966.3cm^{-1} 处出现另一个吸收峰，是 Si—OH 的弯曲振动吸收。由于烘干作用，Si—OH 脱水形成 Si—O—Si 键，所以峰不是很强。因此可确认样品是纯度较高的 SiO$_2$。

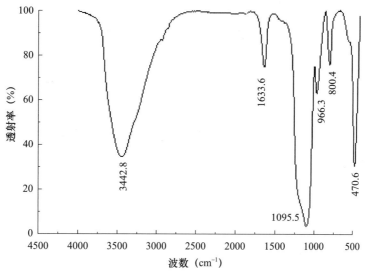

图 5-4　白炭黑的 FTIR 分析图

5.3.4 白炭黑的 XRF 分析

分别选了 3 个白炭黑样品（编号为 1 号，2 号和 3 号）进行 XRF 分析，得到二氧化硅的化学元素组成数据，分析结果见表 5-3。由结果可知，SiO$_2$ 含量高达 99％（钠和水不能由荧光检测出来），所得产品的纯度非常高，其中含有少量钛、铝、铁等其他元素。

表 5-3　白炭黑的主要成分 （％）

成分	Al$_2$O$_3$	SiO$_2$	Fe$_2$O$_3$	CaO	Ga	TiO$_2$	其他
1 号	0.038	99.38	0.0937	0.0412	0.00183	0.1345	0.311
2 号	<0.004	99.70	0.0484	0.0089	0.00402	0.1694	0.065
3 号	0.012	99.61	0.0560	0.0523	0.00215	0.1753	0.092

5.3.5 白炭黑的粒度与比表面积分析

使用中粒度和比表面积来判断二氧化硅产品颗粒是否微细。图 5-5 为某样品的激光粒度分析报告。可以看到二次团聚后产物颗粒粒度的分布情况。图 5-6 为其中一个样品的吸附等温曲线图。

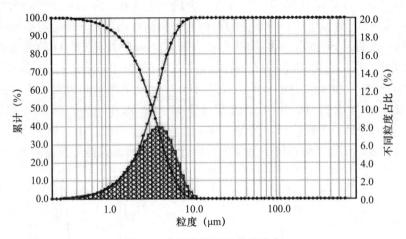

图 5-5　白炭粒径黑的粒度分布

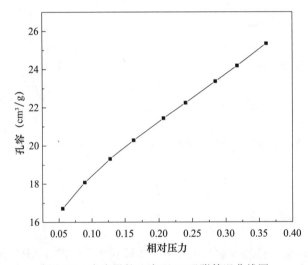

图 5-6　白炭黑的比表面 N_2 吸附等温曲线图

由图 5-6 可以看出该 N_2 吸附等温曲线符合 BET 的 I 型,即属于单分子层吸附的类型。

激光粒度仪和比表面仪都是用来测定粉体颗粒的细微度的,判断产品的分散性能。因为粒子以团聚的形式存在,没有使粉体达到全分散的时候,用激光粒度仪测得的结果是微米级的。可以看出直径与比表面积变化趋势都是一致的,粒度变小,比表面积增大;粒度变大,比表面积缩小。所以,对于有团聚的无孔球形粒子,粒度与比表面积值存在一定的近似关系。白炭黑的比表面积可达 $715.059m^2/g$。

5.3.6　白炭黑的其他物理化学性能分析

将白炭黑按照国标的要求作物理化学性能的分析,将分析结果列于表 5-4。由该表可以看出，实验所制备的二氧化硅产品的各项性能指标已经达到了国标要求。

表 5-4　白炭黑与国标同类产品的性能比较

项目	样品	国标要求
二氧化硅含量（％）	96	≥90
颜色	优于	优于、等于标样
比表面积（m^2/g）	500～700	（A 级产品）>199
加热减量（％）	7.00～8.00	4.00～8.00
灼烧减量（％）	5.00～6.00	≤7.00
pH 值	6.0～8.0	5.0～8.0
DBP 吸油值	2.50～3.00	2.00～3.50
总含铜量（$×10^{-6}g/g$）	0	≤30
总含锰量（$×10^{-6}g/g$）	0	≤50
总含铁量（$×10^{-6}g/g$）	200～400	≤1000

经过 TEM、XRD、FTIR、XRF、激光粒度、比表面积以及化学全分析的测试，表明所制备的粉体是粒度在 50nm 左右，纯度为 96％，各项性能指标符合国标要求的超细微二氧化硅产品。

5.4　粉煤灰脱硅液生产白炭黑技术经济分析

将已完成的扩大化试验作为基础，对二氧化硅生产的投入与产出做初步核算，衡量该工艺的市场竞争力。以 1t 粉煤灰为基准计算。对核算所做说明如下：

（1）原材料。原材料及动力价格按内蒙古当地实际价格；粉煤灰（未计价，主要成分为：SiO_2 48％，Al_2O_3 42％）；烧碱（按损耗碱量计算）；CO_2（未计价）；热蒸汽（未计价）。

（2）动力费。水（处理 1t 粉煤灰需水 4.2t）；工业纯水（按每生产 1t 二氧化硅需工业纯水 15t 计）；电（30kW·h）。

（3）管理费。按销售额 20％计算，包括工资福利、运营费、设备折旧。

（4）税。按销售额 5％计算。

每 1t 粉煤灰生产白炭黑成本估算，见表 5-5。

产值估算见表 5-6。每处理 1t 粉煤灰生产二氧化硅所得利润约为 600 元。

表 5-5　每 1t 粉煤灰生产二氧化硅的成本估算

名称	单位	消耗量	单价（元）	成本（元）
粉煤灰	t	1	0	0
烧碱（损耗）	t	0.095	2500	237.5
石灰	t	0.536	200	107.2
水	t	4.2	1.5	6.3

名称	单位	消耗量	单价（元）	成本（元）
工业纯水（洗涤）	t	5.05	8	40.4
电	kW·h	30	0.45	13.5
管理费	元	—	—	269.6
税金	元	—	—	67.4
合计	—	—	—	741.88

表 5-6　每 1t 粉煤灰生产白炭黑的产量与产值

产品	产量（t）	价格（元）	产值（元）
白炭黑	0.337	4000	1348

经过对扩大化试验的初步效益和可行性分析，可知该工艺有许多优于其他工艺之处，适宜于产业化推广，具有一定的市场竞争力。同时，在能源及原材料供应紧张的今天，该工艺有一定的普适性，其工业化应用有巨大的经济效益和社会效益。

5.5　本章小结

与传统技术工艺相比，粉煤灰脱硅生产白炭黑工艺的优点在于：

（1）在常温常压下进行，对于设备的要求不高，危险系数低，可行性强。

（2）硅从粉煤灰中的溶出提取率高。硅铝元素得到了最大化分离，硅用于制备高附加值的二氧化硅系列产品；提硅后所得的脱硅灰铝硅比增大，并达到最后提炼铝的铝硅比要求。

（3）物料能耗低，可从上述成本核算看出，该工艺大部分原料利用了"三废"，大大降低了生产成本，并实现物质的循环利用。

（4）对环境的污染少。如粉煤灰采用罐车输送，用气泵将灰送入钢制储灰罐储存，储灰罐顶端采用布袋除尘器收集，储灰罐至反应釜采用螺杆输送机输送，杜绝了粉尘污染。导热油加热碱溶釜生产时产生的 pH＝8 的碱性蒸汽，通过冷凝系统，返回到碱溶釜循环利用。碳分硅酸钠后的碳酸钠溶液经过苛化蒸浓处理后返回到碱溶工序循环利用，生成的碳酸钙经煅烧处理变成二氧化碳和氧化钙，二氧化碳收集后用于碳分工艺，氧化钙用于苛化，循环再利用。

缺点在于：

（1）NaOH 的损耗。由于在高碱浓度条件下进行，需要大量工业片碱，损失的碱一方面会造成环境的污染，另一方面带入产品中，影响产品的质量和性质。在操作中也需要注意预防高浓度碱液的灼伤。

（2）不能很好地控制所制备产品的性质和形态，生产产品单一，需要进一步试验研究改进技术。

第 6 章　硅钙渣的产生及物性

由前述可知高铝粉煤灰成分除 Al_2O_3 外主要为 SiO_2，因此粉煤灰提取氧化铝过程实质就是 Al_2O_3 和 SiO_2 分离过程。而对于预脱硅-碱石灰粉煤灰提铝工艺来说，粉煤灰中的非晶态硅则通过预脱硅工艺进行分离，而对于粉煤灰中以莫来石和石英形式存在的晶态硅则需要配碱和石灰进行高温煅烧并分离，而硅钙渣则是晶态硅的分离产物。

6.1　硅钙渣的产生

6.1.1　硅钙渣的生成

脱硅灰碱浆与石灰石、钠（钙）硅渣、生料煤和铁粉等，按配比分别计量进入管磨机，经过管磨机细磨，制得生料浆，进入调配槽进行化验分析，根据化学成分再进行 1～2 次调配，合格后进入生料浆合格大槽，送熟料烧成工序。

生料浆碱比（N/R）：是指生料浆中氧化钠与氧化铝和氧化铁之和的分子比，理论值为 1.0。

生料浆钙比（C/S）：是指生料浆中氧化钙与氧化硅的分子比，理论值为 2.0。

熟料烧成的原理就是物料中的 Na_2CO_3 和 Al_2O_3 反应生成可溶性的 $Na_2O \cdot Al_2O_3$，Na_2CO_3 和 Fe_2O_3 反应生成易水解的 $Na_2O \cdot Fe_2O_3$，而 CaO 与 SiO_2 反应生成不溶性的 $2CaO \cdot SiO_2$，反应见式（6-1）～（6-3）。

$$Na_2CO_3 + Al_2O_3 =\!\!=\!\!= Na_2O \cdot Al_2O_3 + CO_2 \tag{6-1}$$

$$Na_2CO_3 + Fe_2O_3 =\!\!=\!\!= Na_2O \cdot Fe_2O_3 + CO_2 \tag{6-2}$$

$$2CaO + SiO_2 =\!\!=\!\!= 2CaO \cdot SiO_2 \tag{6-3}$$

6.1.2　硅钙渣的排放

熟料溶出与硅钙渣洗涤工序是将熟料用调整液在溶出设备内浸出其中的氧化铝和氧化钠，并对固体硅钙渣进行洗涤以回收其中附着的有用成分。

熟料与调整液进入筒形溶出器内进行逆流溶出，溢流进分离沉降槽，加入絮凝剂进一步分离，分离后溢流送至一二段脱硅粗液槽，一段溶出渣进入棒磨机内进行二段溶出，二段溶出浆液经分级机分级后，返砂回二段溶出磨再进行细磨溶出，分级机溢流和分离沉降槽底流以及部分二次洗液经二段溶出浆液槽送至硅钙渣洗涤降槽。

二段溶出浆液经水力旋流器分级后，溢流进一次洗涤沉降槽，底流与三次沉降槽溢流混合进入二次洗涤沉降槽，依次类推，实现 5 次逆流反向洗涤，末次底流送脱碱及外排工序，一次洗液去调整液槽，二次洗液送棒磨机与二段溶出浆液槽。

在溶出过程中，铝酸盐熟料中的铝酸钠转入溶液，铁酸钠水解生成 NaOH 和 Fe_2O_3。NaOH 进入溶液，Fe_2O_3 进入赤泥。硅酸二钙不溶出，成为硅钙渣的主要组分，硅钙渣浆液物性如下。

1. 基本物性

硅钙渣浆液基本物性测试结果见表 6-1。

表 6-1　硅钙渣浆液测试结果

液固比	压缩性能	密度（g/cm³）
2.44~5.26	1.75~1.80	1.40~1.46

2. 流变性

硅钙渣浆液的流变性如图 6-1 所示。在高效沉降槽中取硅钙渣浆液，其温度为 70℃，在剪切速率为 $0\sim2000s^{-1}$ 的条件下观察其黏度的变化。从图中可以看出，在 $1300s^{-1}$ 之前，硅钙渣浆液的黏度随着剪切速率的增长而增长，属于剪切增稠型流体；在 $1300\sim2000s^{-1}$ 的剪切速率下，其黏度达到屈服，基本稳定，属于牛顿型流体。

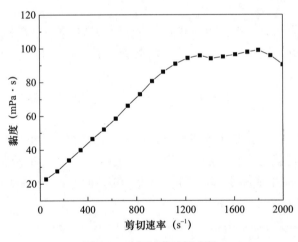

图 6-1　硅钙渣浆液流变性

3. 黏温曲线

选择硅钙渣浆液屈服剪切速率 $1300s^{-1}$，观察温度 $50\sim80℃$ 条件下硅钙渣浆液黏度的变化，如图 6-2 所示。从图中可以观察到，硅钙渣浆液的黏度值随着温度的升高而降低，但变化不大，基本稳定在 $55\sim60mPa\cdot s$。

4. 沉降速度

如图 6-3 所示，硅钙渣浆液的沉降速度先增大，在 5min 左右达到最大值，然后逐渐降低，在后续的 10min 内，基本保持稳定。开始沉降速度波动的主要原因是硅钙渣的颗粒分布不均。

通过洗涤和压滤脱水后被排放，如图 6-4 所示。每生产 1.0t 氧化铝同时产生 2.2~

2.5t 硅钙渣，如此大量的硅钙渣如果不能加以利用，不仅占用大量土地，还会对环境造成二次污染，同时影响到粉煤灰提取氧化铝生产的经济效益。

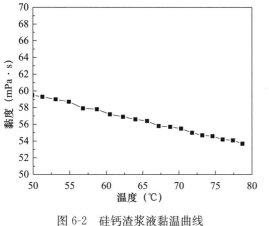

图 6-2　硅钙渣浆液黏温曲线　　　　　　图 6-3　硅钙渣浆液沉降速度

图 6-4　粉煤灰提铝现场排放的硅钙渣

6.2　硅钙渣的物性

被压滤脱水后的硅钙渣基本物性见表 6-2，粒度分布见表 6-3，平均粒度约 $21\mu m$。

表 6-2　硅钙渣基本物性

安息角（°）	真密度（g/cm³）	堆积密度（g/cm²）
44.50～48.50	2.54～2.93	0.47～0.49

表 6-3　硅钙渣粒度分布

项目	$D10$	$D50$	$D90$
粒度（μm）	3.996	21.738	99.09

由于在预脱硅-碱石灰烧结法提取氧化铝工艺中的烧结工艺是向脱硅灰中配入了大量的石灰与碱进行高温烧结，故它的主要矿物成分和化学成分如图 6-5 和表 6-4 所示，主要矿物成分为 β-硅酸二钙、方解石、文石、钙钛矿、水化石榴石和水化铝酸钙，其中 β-硅酸二钙的含量可达 60% 左右，而方解石和文石主要是硅钙渣中一些可水化物质水化后生成的 $Ca(OH)_2$ 在空气中被碳化的结果。主要化学成分为 CaO 与 SiO_2，还包含有少量的 Al_2O_3、MgO、Fe_2O_3、Na_2O。

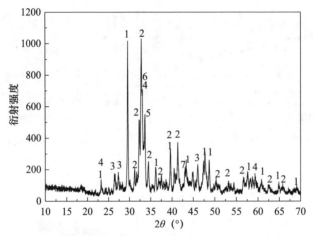

1—方解石 $(CaCO_3)$；2—β-硅酸二钙 (Ca_2SiO_4)；3—文石$(CaCO_3)$；
4—钙钛矿 $(CaTiO_3)$；5—水化石榴石$[3CaO·Al_2O_3·xSiO_2·(6-2x)H_2O]$；
6—水化铝酸钙 $(3CaO·Al_2O_3·nH_2O)$

图 6-5　烘干后硅钙渣的 XRD 图

表 6-4　烘干后硅钙渣化学成分　　　　　　　　　　（%）

化学成分	CaO	MgO	Fe$_2$O$_3$	Al$_2$O$_3$	SiO$_2$	Na$_2$O
质量分数	42～55	1.7～3.5	1.5～3.5	6.5～12.0	25.5～33.5	1.0～5.3

现排放出的硅钙渣水分含量约为 35%～40%，呈湿黄泥状，自然堆存 3 个月以后便水化结硬，呈灰白块状，如图 6-6 所示。

图 6-6　自然堆存 3 个月以后的硅钙渣形貌

硅钙渣中可浸出重金属含量见表 6-5，重金属的浸出值均远低于国家标准《危险废物鉴别标准-浸出毒性鉴别》（GB 5085.3—2007）中的允许值。

表 6-5　硅钙渣浸出毒性测试结果

试样	总 Cu	总 Zn	总 Gd	总 Pb	总 Cr	Cr⁶⁺	总 Hg	总 Be	总 Ba	总 Ni	总 Ag	总 As	无机氟化物（不包括 CaF_2）
GB 5085.3—2007 规定	≤100	≤100	≤1	≤5	≤15	≤5	≤0.1	≤0.02	≤100	≤5	≤5	≤5	≤100
硅钙渣	<0.010	0.042	<0.003	0.031	<0.010	<0.004	<0.001	<0.005	<0.003	<0.010	0.013	<0.10	0.082

硅钙渣放射性指标检测结果见表 6-6，根据《建筑材料放射性核素限量》（GB 6566）内放射性指标 I_{Ra} 和外放射性指标 I_r 分别为 0.56 和 0.73，满足用作建材原料标准。

表 6-6　硅钙渣的放射性指标测试

测试项目	镭—266，钍—232，钾—40		测试依据 GB 6566
C_{Ra266}（Bq/kg）	111.70		
C_{Th232}（Bq/kg）	96.35		
C_{K40}（Bq/kg）	228.79		
I_{Ra}（Bq/kg）	0.56		
I_r（Bq/kg）	0.73		
产品类型标准	I_{Ra}（Bq/kg）	I_r（Bq/kg）	适用范围
A 类装饰材料	≤1.0	≤1.3	使用范围不受限制
B 类装饰材料	≤1.3	≤1.9	可用于 I 类民用建筑外饰面其他一切建筑的内外装饰
C 类装饰材料	—	≤2.8	可用于建筑外墙装饰
备注	内放射性指数 $I_{Ra} = \dfrac{C_{Ra}}{200}$（Bq/kg） 外放射性指数 $I_r = \dfrac{C_{Ra}}{370} + \dfrac{C_{Th}}{260} + \dfrac{C_K}{4200}$（Bq/kg）		

硅钙渣不同放大倍数下的显微形貌如图 6-7 所示，放大 5000 倍时，呈不规则的颗粒状。放大至 1.4 万倍时，呈网状连接的片状结构，继续放大至 2 万倍时，有大量短棒状形貌的物质出现，再次放大至 3 万倍时，可清晰地观察到这些短棒状物质呈规则的四棱柱或立方体状，经能谱测试，证实这些物质为碳酸钙。

图 6-8 为硅钙渣的热重-差热（TG-DSC）分析结果，硅钙渣在室温～1000℃之间的加热过程中，失重曲线可以分为 3 个区域，即室温 0～400℃、400～750℃ 和 750～1000℃。在室温 0～400℃，硅钙渣主要表现为连续的质量损失，损失率达 7.87%，这意味着硅钙渣中有一部分含水矿物，而且这些水在含水矿物中的结合状态及牢固程度并不完全相同，也就是说这些水可能以各种不同的状态和结合牢固程度存在于含水矿物之

中。在 400~750℃温度范围内，硅钙渣失重速度略有加快，失重率达 9.8%，尤其在 600~750℃之间，质量陡降。而在温度高于 750℃之后，硅钙渣质量基本不发生变化，表现在失重曲线上为一水平直线。

(a) 5000倍   (b) 1.4万倍

(c) 2万倍   (d) 3万倍

图 6-7 硅钙渣的显微形貌

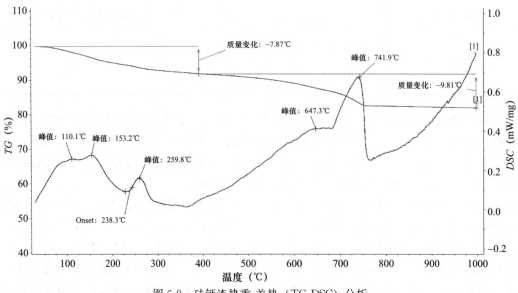

图 6-8 硅钙渣热重-差热（TG-DSC）分析

由差热曲线明显看到，在温度为 110.1℃ 和 153.2℃ 时存在两个吸热峰，这是由于硅钙渣试样中游离水的脱除造成的。在温度为 259.8℃ 处存在一吸热峰，这是由于硅钙渣中水铝矿吸热脱水造成的。发生于 680～750℃ 之间的集中式质量损失和吸热效应，显然是由方解石的分解所致。

6.3　本章小结

硅钙渣是预脱硅-碱石灰烧结法粉煤灰提取氧化铝工艺中产生的一种固体废弃物，每生产 1t Al_2O_3 可产生 2.2～2.5t 的硅钙渣。每年约有 60 万吨的硅钙渣被排放，关于它的利用各大科研院所及企业已开展了大量的研究，主要包括硅钙渣用作水泥混合材、混凝土掺和料、水泥熟料原料、路面和路基材料、地质肥料制备硅酸钙板、墙体保温材料及代替矿粉用作沥青混凝土掺和料等。但大部分技术还处于开发阶段，未形成大规模的应用，利用率仅为 10% 左右，其余大部分被堆存。不仅占用了大量的耕地，每年还需投入数百万元用于堆场的维护和管理，而且还给周边环境带来了严重的粉尘污染，影响了当地居民的生产生活。故硅钙渣的处理和利用已经成为制约粉煤灰提取氧化铝产业发展的关键环节，直接影响着具有内蒙古自治区特色的煤—电—灰—铝循环经济产业的发展。

第7章 硅钙渣预处理技术

硅钙渣的主要化学成分为 SiO_2、CaO，且主要以硅酸二钙形式存在，完全能够满足水泥生产要求。但是其碱含量较高（约 $2.0\%\sim8.0\%$），这会给水泥生产及水泥品质造成显著不利的影响。水泥新型干法生产工艺中因碱的循环、富集会造成上升烟道结皮、堵塞；水泥中因碱含量超标会给混凝土结构带来安全隐患。因此，若要使硅钙渣能够用于水泥生产，则必须对其进行脱碱处理。

7.1 硅钙渣脱碱

硅钙渣的物相组成及化学成分与传统铝土矿碱石灰烧结法排放的赤泥相似，赤泥的脱碱工艺可为硅钙渣所借鉴。目前赤泥脱碱方法大约有以下几种：石灰水热法、常压石灰法、石灰纯碱烧结法、盐浸出法、酸浸出法、工业三废中和法、细菌浸出法和膜脱钠法。无论是烧结法赤泥还是拜耳法赤泥，目前可应用于工业化实践的脱碱工艺仅为常压石灰法。该法以生石灰或石灰乳为脱碱剂，在水热条件下与赤泥中的碱性物质发生钙钠置换反应，赤泥中的碱性物质被转化为不同形态的钠盐进入溶液，石灰乳则转化为难溶性钙盐进入赤泥。

针对硅钙渣的特点及周边可供利用的原料资源状况，本着可行性与经济性原则，采取常压脱碱工艺，利用石灰乳与电石渣作为脱碱剂在常压条件下进行硅钙渣脱碱工艺的对比研究。详细研究了反应温度、反应时间、脱碱剂添加量、液固比、液相成分变化、硅钙渣粒度分布等条件对硅钙渣脱碱效果的影响，并提出最佳脱碱工艺条件。与传统的脱碱工艺相比，采用电石渣进行硅钙渣脱碱，具有反应温度低、脱碱率适中、无新的废弃物排放等优点。获得的脱碱硅钙渣不仅满足水泥生产要求，而且回收的碱液可再次利用于氧化铝提取工艺。

7.1.1 硅钙渣脱碱工艺

试验用原料为现场取得的硅钙渣。为使试验结果具有代表性，选取了 3 种不同时段和出料点的硅钙渣，分别是：3 号棒磨机出口二段溶出浆液过滤洗涤分离后所得固相，记为硅钙渣-1；内蒙古大唐国际再生资源开发有限公司 100% 产能试运行期洗涤沉降槽底流浆液过滤洗涤分离后所得固相，记为硅钙渣-2；1 号棒磨机出口二段溶出浆液过滤洗涤分离后所得固相，记为硅钙渣-3。电石渣脱碱剂的主要化学成分为 CaO、Na_2O，有效钙含量 52.93%；试验用石灰乳脱碱剂为现场取生石灰，其经 40℃ 以上、水灰比为 5 的温水中消解 24h 后，过 120 目筛，取乳液。硅钙渣脱碱主要原料的化学成分见表 7-1。

表 7-1　硅钙渣脱碱主要原料的化学成分　　　　　　　　　　　　　（%）

样品号	Al_2O_3	SiO_2	Fe_2O_3	CaO	MgO	TiO_2	Na_2O
硅钙渣-1	6.04	26.52	3.10	47.25	5.67	1.57	2.31
硅钙渣-2	7.05	26.81	2.03	47.24	3.72	1.46	3.14
硅钙渣-3	6.93	26.50	3.01	47.11	4.41	1.38	2.37
电石渣	1.51	4.49	0.36	66.78	0.0	0.68	0.086

注：因硅钙渣中 K_2O 含量均在 0.1% 左右，在此不对其进行分析，电石渣有效钙含量为 52.93%。

　　用 X 射线衍射仪（XRD，型号 D/max-RB，Rigaku）分析原料的物相组成，试验条件：40kV，100mA，Cu 靶，扫描速度 4°/min，扫描范围 5～70 扫（下同）。电石渣的物相组成如图 7-1 所示，电石渣的主要矿物为羟钙石 $[Ca(OH)_2]$ 和少量的磷石膏。

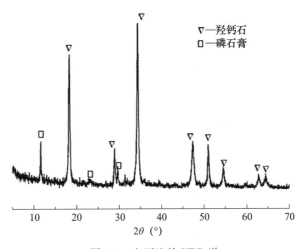

图 7-1　电石渣的 XRD 谱

　　3 种硅钙渣的物相组成如图 7-2 所示。硅钙渣中的主要矿物均为 β-$2CaO \cdot SiO_2$，氧化铝主要以 $3CaO \cdot Al_2O_3 \cdot nH_2O$ 的形式存在，X 射线衍射结果还发现有少量的 $CaO \cdot TiO_2$；由于硅钙渣中的氧化钠相对于其他物质含量较少，并且其对应的物相在该衍射图上与其他峰叠加，因此在该衍射图上无法辨识；由于不同时期熟料烧成质量、溶出工艺条件的差异，导致不同时间段的硅钙渣衍射强度稍有差异，表现为 3 种硅钙渣主晶相衍射强度各不相同。各物料的粒度分布见表 7-2。

　　在硅钙渣的预处理方面，称取一定量的硅钙渣，按照脱碱工艺参数要求的液固比配入适量自来水。混合均匀后倒入烧杯中，在机械搅拌下加热至工艺要求的温度。加入适当脱碱剂反应至所需时间，过滤，滤饼用热水（90℃ 以上）充分洗涤，以除去硅钙渣中的附碱，在 105℃ 条件下烘干，所得硅钙渣进行相应的化学成分分析和物相分析。

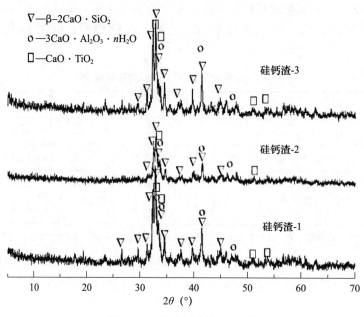

图 7-2　3 种硅钙渣的 XRD 谱

表 7-2　试验原料的平均粒度　　　　　　　　　　　　　　　（μm）

试验原料	$D10$	$D50$	$D90$
硅钙渣-1	6.700	140.040	572.689
硅钙渣-2	8.960	163.125	590.321
硅钙渣-3	6.417	64.985	398.651
电石渣	3.899	23.760	91.235

1. 反应温度对硅钙渣脱碱效果的影响

反应温度对赤泥脱碱效果的影响在很多文献中均有报道。在工艺参数相同的条件下，脱碱效果随反应温度的升高而提高。试验结合生产中硅钙渣脱碱流程，在液固比4.0、脱碱剂添加量10.0％条件下，观察不同反应温度对硅钙渣脱碱效果的影响。试验结果如表7-3、表7-4及图7-3、图7-4所示。

表 7-3　反应温度对硅钙渣-1 脱碱效果的影响

反应温度（℃）	硅钙渣经历不同脱碱时间后 Na_2O 含量（％）				
	0.5h	1.0h	2.0h	4.0h	8.0h
40	1.36	1.21	1.09	0.87	0.84
50	1.20	1.11	0.98	0.85	0.82
60	1.20	1.08	0.81	0.72	0.73
70	1.19	0.92	0.66	0.64	0.68
80	1.05	0.80	0.61	0.60	—
90	0.94	0.56	0.52	0.51	—

表 7-4　反应温度对硅钙渣-2、硅钙渣-3 脱碱效果的影响

反应温度（℃）	硅钙渣-2		硅钙渣-3	
	电石渣脱碱后 Na_2O 含量（%）	石灰乳脱碱后 Na_2O 含量（%）	电石渣脱碱后 Na_2O 含量（%）	石灰乳脱碱后 Na_2O 含量（%）
50	2.36	1.77	1.44	1.40
60	2.37	1.38	1.26	1.42
70	1.80	1.54	1.21	1.03
80	1.72	1.38	1.02	0.98
90	1.21	1.06	0.91	0.81

注：脱碱时间为 1h。

　　从表 7-3 和表 7-4 可知，随着反应温度的提高，脱碱后硅钙渣中 Na_2O 含量逐渐降低，脱碱效果提高，这是因为随着温度升高，化学反应速率加快。在相同的反应时间条件下，反应温度为 90℃时，脱碱效果最好，因此后续试验的脱碱反应温度定为 90℃。

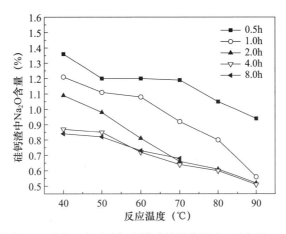

图 7-3　反应温度对硅钙渣脱碱效果的影响（硅钙渣-1）

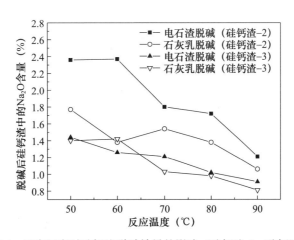

图 7-4　反应温度对硅钙渣脱碱效果的影响（硅钙渣-2、硅钙渣-3）

从图 7-3 和图 7-4 可知，在相同工艺条件下进行脱碱，硅钙渣-1 脱碱后的 Na_2O 含量为 0.56%，硅钙渣-2 脱碱后的 Na_2O 含量为 1.06%，硅钙渣-3 脱碱后的 Na_2O 含量为 0.81%，表明脱碱效果的好坏与脱碱前硅钙渣中碱的含量与碱的存在形式关系密切，控制脱碱前碱含量是使脱碱后硅钙渣的碱含量合格的重要手段。

2. 反应时间对硅钙渣脱碱效果的影响

在液固比 4.0、脱碱剂添加量为 10.0% 条件下，考察了不同反应时间对硅钙渣脱碱效果的影响，结果如表 7-5 及图 7-5、图 7-6 所示。

表 7-5　反应时间对硅钙渣脱碱效果的影响

反应时间	硅钙渣-2		硅钙渣-3	
	电石渣脱碱后 Na_2O 含量（%）	石灰乳脱碱后 Na_2O 含量（%）	电石渣脱碱后 Na_2O 含量（%）	石灰乳脱碱后 Na_2O 含量（%）
20min	1.90	1.65	0.96	0.89
40min	1.56	1.55	0.93	0.86
1.0h	1.21	1.06	0.91	0.81
1.5h	1.14	1.02	0.72	0.80
2.0h	1.12	0.99	0.69	0.75
3.0h	1.01	0.93	0.68	0.73
4.0h	0.98	0.94	0.71	0.78

从表 7-5 可知，随着反应时间的延长，脱碱后硅钙渣中 Na_2O 含量逐渐降低，脱碱效果提高，这是因为反应时间越长，体系中的化学反应程度越完全。在相同反应温度下，反应时间大于 1.0h 以后，脱碱率提高不明显，从实际生产运行角度与经济性考虑，选择脱碱反应时间为 1.0h。

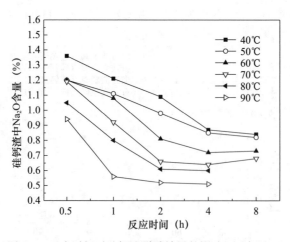

图 7-5　反应时间对硅钙渣脱碱效果的影响（硅钙渣-1）

从图 7-5 可知，反应温度越低达到脱碱要求需要的反应时间越长，在反应温度小于

80℃时，即使反应时间长达 8.0h，反应后硅钙渣中的碱含量也无法达到反应温度是 90℃时反应 1.0h 后硅钙渣中碱含量的指标。从图 7-6 可知，硅钙渣-2 反应时间为 1.5h 后曲线趋于平缓，脱碱效果提高不明显，表明硅钙渣-2 最佳反应时间应控制在 1.5h 左右；硅钙渣-3 反应时间为 40min 后脱碱效果提高不明显，表明硅钙渣-3 最佳反应时间应控制在 40min 左右。随着硅钙渣物相与成分的变化，在同等脱碱条件下，其脱碱时间应根据实际情况在 40min~1.5h 之间进行调整。

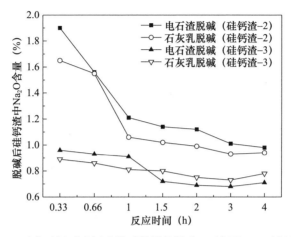

图 7-6 反应时间对硅钙渣脱碱效果的影响（硅钙渣-2、硅钙渣-3）

3. 不同脱碱剂及其掺量对硅钙渣脱碱效果的影响

反应温度 90℃、反应时间 1.0h、液固比 3.0 条件下，考察不同脱碱剂添加量对硅钙渣脱碱效果的影响，结果如表 7-6 和图 7-7 所示。

表 7-6 脱碱剂添加量对硅钙渣脱碱效果的影响

脱碱剂添加量（%）	硅钙渣-1	硅钙渣-2		硅钙渣-3	
	石灰乳脱碱后 Na_2O 含量（%）	电石渣脱碱后 Na_2O 含量（%）	石灰乳脱碱后 Na_2O 含量（%）	电石渣脱碱后 Na_2O 含量（%）	石灰乳脱碱后 Na_2O 含量（%）
0	1.18	2.08	2.11	1.35	1.37
2.0	1.12	1.72	1.81	1.29	1.16
4.0	1.01	1.70	1.57	1.13	1.15
6.0	0.89	1.39	1.36	0.97	0.85
8.0	0.84	1.31	1.20	0.90	0.82
10.0	0.82	1.21	1.06	0.91	0.81
12.0	0.72	1.01	0.97	0.72	0.79
14.0	0.69	0.94	0.95	0.76	0.77
16.0	0.64	0.88	0.87	0.73	0.76

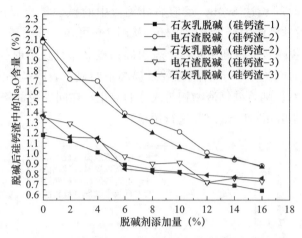

图 7-7　脱碱剂添加量对硅钙渣脱碱效果的影响

从表 7-6 和图 7-7 可知，随着脱碱剂添加量的逐渐增大，脱碱后硅钙渣中 Na_2O 含量逐渐降低，脱碱效果提高，这是因为硅钙渣与氢氧化钙的脱碱反应理论配比（CaO 与 Na_2O 物质的量比）约为 3.0。当脱碱剂加入量小于钙钠比（3.0）时，硅钙渣中的钠未完全反应仍残留在硅钙渣中，随着脱碱剂添加量增大，钠在固相中的残留量减小；当脱碱剂加入量大于钙钠比（3.0）时，脱碱剂过量并在过滤分离过程中残留在滤饼中，进一步"稀释"了硅钙渣中的碱含量。

从图 7-7 可知，硅钙渣-1 在脱碱剂添加量达到 6%～8% 后，继续添加脱碱剂脱碱效果提高不明显，表明硅钙渣-1 最佳脱碱剂添加量应控制在 8% 左右；硅钙渣-2 在采用电石渣及石灰乳脱碱时，添加量分别高达 14%、12% 以上时碱含量才满足硅钙渣脱碱要求，这表明硅钙渣中碱含量的多少及钠的存在形式对脱碱效果影响很大；硅钙渣-3 在脱碱剂添加量达到 8%～10% 后脱碱效果提高不明显，表明硅钙渣-3 最佳脱碱剂添加量应控制在 10% 左右。随着硅钙渣物相与成分的变化，在同等脱碱条件下，其脱碱剂添加量应根据实际情况在 6%～10% 之间进行调整。

对比分析两种脱碱剂的硅钙渣脱碱效果可知，石灰乳脱碱效果在同等条件下好于电石渣脱碱效果，这是因为石灰乳反应活性较高，而电石渣需在溶液体系中其有效钙溶解后才能参与反应。但是随着反应时间的延长，两者的差异并不明显。

4. 液固比对硅钙渣脱碱效果的影响

在反应温度 90℃、反应时间 1.0h、脱碱剂加入量 10.0% 的条件下，考察不同液固比对硅钙渣脱碱效果的影响，结果如表 7-7 和图 7-8 所示。

表 7-7　液固比对硅钙渣脱碱效果的影响

液固化	硅钙渣-1	硅钙渣-2		硅钙渣-3	
	石灰乳脱碱后 Na_2O 含量（%）	电石渣脱碱后 Na_2O 含量（%）	石灰乳脱碱后 Na_2O 含量（%）	电石渣脱碱后 Na_2O 含量（%）	石灰乳脱碱后 Na_2O 含量（%）
2.0	0.98	1.38	1.46	1.05	1.06
3.0	0.93	1.29	1.15	0.84	0.99

续表

液固化	硅钙渣-1	硅钙渣-2		硅钙渣-3	
	石灰乳脱碱后 Na_2O 含量（％）	电石渣脱碱后 Na_2O 含量（％）	石灰乳脱碱后 Na_2O 含量（％）	电石渣脱碱后 Na_2O 含量（％）	石灰乳脱碱后 Na_2O 含量（％）
4.0	0.94	1.21	1.06	0.91	0.81
5.0	0.92	1.24	1.08	0.84	0.79
6.0	0.91	1.22	1.12	0.83	0.84

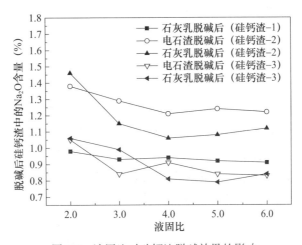

图 7-8　液固比对硅钙渣脱碱效果的影响

从表 7-7 可知，随着液固比逐渐增大，脱碱后硅钙渣中 Na_2O 含量逐渐降低，脱碱效果随着液固比的增大而提高，尤其是液固比从 2.0 到 3.0 时，脱碱效果提高幅度较大，这是因为液固比增大，有利于反应物相组分的扩散。从图 7-8 可知，硅钙渣-1、硅钙渣-2 和硅钙渣-3 在液固比达到 3.0 后脱碱效果提高不明显。考虑到脱碱效果与经济成本及浆液的可输送性，硅钙渣脱碱比较适宜的液固比应为 3.0 左右。

5. 硅钙渣粒度对硅钙渣脱碱效果的影响

从硅钙渣-3 中筛选出不同粒度范围的硅钙渣，在反应温度 90℃、反应时间 1.0h、脱碱剂加入量 10.0％、液固比 3.0 条件下，考察不同粒度范围对硅钙渣脱碱效果的影响，结果如表 7-8 和图 7-9 所示。

表 7-8　硅钙渣粒度对硅钙渣脱碱效果的影响

粒度范围	反应温度（℃）	反应时间（h）	液固比	脱碱剂添加量（％）	各粒度范围内脱碱前 Na_2O 含量（％）	电石渣脱碱后渣中 Na_2O 含量（％）	石灰乳脱碱后渣中 Na_2O 含量（％）
80 目筛上	90	1.0	3.0	10.0	2.82	0.96	1.06
80～120 目	90	1.0	3.0	10.0	2.53	0.94	0.97
120～160 目	90	1.0	3.0	10.0	2.48	0.83	0.76
160～200 目	90	1.0	3.0	10.0	2.35	0.65	0.68
200 目筛下	90	1.0	3.0	10.0	2.23	0.78	0.83

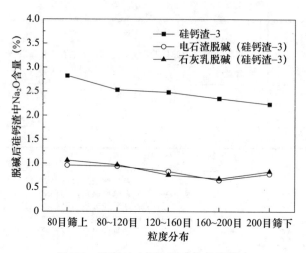

图 7-9　粒度对硅钙渣脱碱效果的影响

从表 7-8 和图 7-9 可知，硅钙渣粒度越细，渣中碱含量越小，这是因为在没有发生二次反应的前提下，粒度越细固相中的铝酸钠溶出越充分，则渣中相应的钠含量越小。不同粒度的硅钙渣在同一条件下脱碱，脱碱后硅钙渣中的碱含量与脱碱前硅钙渣中的碱含量大致呈对应关系，即脱碱前碱含量高，则脱碱后碱含量也相对较高。但是当粒度小于 200 目时，硅钙渣脱碱后渣中的残碱量反而比 160～200 目时的高。石灰乳脱碱与电石渣脱碱均具有同样的特征。其原因可能是 200 目筛下的硅钙渣颗粒过细，内部孔道结构发育较好，在脱碱反应过程中由于其发达的网状结构吸附少量碱化合物 $Na_2O \cdot Al_2O_3$、Na_2CO_3、$NaOH$、Na_2SO_4 而不能有效脱去。石灰乳脱碱比电石渣脱碱后碱含量高，原因为石灰乳有效钙高，而电石渣有效钙低，折合成有效钙加入量时，电石渣干基加入量要比石灰乳大，电石渣将不溶性物质带入到硅钙渣中，从而"稀释"了硅钙渣中的碱含量。

6. 液相成分变化对硅钙渣脱碱效果的影响

硅钙渣通常在浆液环境下进行脱碱，而浆液中液相成分的变化对硅钙渣的脱碱效果将产生明显的影响。为了解浆液成分的波动对脱碱效果的影响，在反应温度 90℃、反应时间 1.0h、脱碱剂加入量 10.0%、液固比 4.0 的条件下，考察了浆液成分对硅钙渣脱碱效果的影响。采用正交试验表 L_{25}（5^6）对整个试验过程进行设计，着重考察碳碱浓度 N_c、氧化铝浓度 N（Al_2O_3）和苛性比值 α_k 三个因素对脱碱效果的影响。试验的因素水平设计见表 7-9。具体试验结果与极差分析见表 7-10～表 7-12。

表 7-9　因素水平表

水平	因素		
	N_c（g/L）	N（Al_2O_3）（g/L）	α_k
1	10	10	1.1
2	20	20	1.3
3	30	30	1.5
4	40	40	1.7
5	50	50	1.9

表 7-10 液相成分对硅钙渣脱碱效果的影响

序号	N_c (g/L)	N (Al_2O_3) (g/L)	α_k	硅钙渣-2		硅钙渣-3	
				电石渣脱碱后硅钙渣中 Na_2O 含量（%）	石灰乳脱碱后硅钙渣中 Na_2O 含量（%）	电石渣脱碱后硅钙渣中 Na_2O 含量（%）	石灰乳脱碱后硅钙渣中 Na_2O 含量（%）
1	10	10	1.1	1.65	1.71	0.90	1.20
2	10	20	1.3	1.72	1.57	1.03	1.20
3	10	30	1.5	1.74	1.52	1.01	1.17
4	10	40	1.7	1.94	1.56	1.17	1.44
5	10	50	1.9	2.40	1.66	1.55	1.67
6	20	10	1.3	1.94	1.39	1.83	1.24
7	20	20	1.5	1.75	1.72	1.10	1.20
8	20	30	1.7	1.94	1.85	1.42	1.95
9	20	40	1.9	2.44	1.78	1.64	1.49
10	20	50	1.1	2.05	2.83	1.83	1.38
11	30	10	1.5	1.83	1.90	1.36	1.28
12	30	20	1.7	2.22	1.83	1.12	1.38
13	30	30	1.9	1.77	1.98	1.52	1.78
14	30	40	1.1	2.12	2.15	2.03	1.77
15	30	50	1.3	2.37	2.27	2.06	1.99
16	40	10	1.7	1.77	2.08	1.29	1.67
17	40	20	1.9	1.97	2.08	1.22	1.63
18	40	30	1.1	2.25	2.64	0.84	2.21
19	40	40	1.3	2.56	2.64	1.97	2.53
20	40	50	1.5	2.90	2.22	1.92	2.69
21	50	10	1.9	2.25	2.18	1.72	1.70
22	50	20	1.1	2.33	2.46	1.48	2.26
23	50	30	1.3	2.85	2.03	1.87	1.85
24	50	40	1.5	3.08	2.65	3.32	3.02
25	50	50	1.7	3.14	2.37	2.25	2.93

表 7-11 硅钙渣-2 正交试验结果极差分析

电石渣脱碱后正交试验分析结果				石灰乳脱碱后正交试验分析结果			
$k1$	1.890	1.888	2.080	$k1$	1.604	1.852	2.358
$k2$	2.024	1.998	2.288	$k2$	1.914	1.932	1.980
$k3$	2.062	2.110	2.260	$k3$	2.026	2.004	2.002

续表

电石渣脱碱后正交试验分析结果				石灰乳脱碱后正交试验分析结果			
$k4$	2.290	2.428	2.202	$k4$	2.332	2.156	1.938
$k5$	2.730	2.572	2.166	$k5$	2.338	2.270	1.936
R	0.840	0.684	0.208	R	0.734	0.418	0.422
主次水平	$N_c > N(Al_2O_3) > \alpha_k$			主次水平	$N_c > \alpha_k > N(Al_2O_3)$		

表 7-12　硅钙渣-3 正交试验结果极差分析

电石渣脱碱后正交试验分析结果				石灰乳脱碱后正交试验分析结果			
$k1$	1.132	1.420	1.416	$k1$	1.336	1.418	1.764
$k2$	1.564	1.190	1.752	$k2$	1.452	1.534	1.762
$k3$	1.618	1.332	1.742	$k3$	1.640	1.792	1.872
$k4$	1.448	2.026	1.450	$k4$	2.146	2.050	1.874
$k5$	2.128	1.922	1.530	$k5$	2.352	2.132	1.654
R	0.996	0.836	0.336	R	1.016	0.714	0.220
主次水平	$N_c > N(Al_2O_3) > \alpha_k$			主次水平	$N_c > N(Al_2O_3) > \alpha_k$		

从表 7-10～表 7-12 可知，浆液中碳碱浓度越大，硅钙渣脱碱效果也随之越差；浆液中氧化铝浓度越大，硅钙渣脱碱效果也随之越差。根据极差的大小，影响脱碱效果的三个因素按其重要性排列如下：碳碱浓度 > 氧化铝浓度 > 苛性比值。根据极差分析结果，在生产控制过程中应优先控制好浆液中碳碱浓度，其次是氧化铝与氧化钠浓度。

氧化铝生产过程中，经过洗涤沉降槽洗涤后的硅钙渣浆液中液相的碳碱浓度、氧化铝浓度和苛碱浓度不可能为零。为了更加贴近生产实际，试验中考虑液相中的碳碱、氧化铝与加入的脱碱剂电石渣或石灰乳发生反应，将该部分反应所需的电石渣与石灰乳量扣除后在反应温度 90℃、反应时间 1.0h、液固比 4.0、脱碱剂添加量 10.0% 的条件下进行脱碱反应，试验结果见表 7-13。

表 7-13　扣除电石渣与石灰乳量后液相成分对硅钙渣脱碱效果的影响

序号	N_c (g/L)	$N(Al_2O_3)$ (g/L)	α_k	硅钙渣-3	
				电石渣脱碱后硅钙渣中 Na_2O 含量（%）	石灰乳脱碱后硅钙渣中 Na_2O 含量（%）
试验 1	10	10	1.1	0.79	0.85
试验 7	20	20	1.5	0.70	0.75
试验 13	30	30	1.9	0.66	0.72
试验 19	40	40	1.3	0.54	0.65
试验 25	50	50	1.7	0.42	0.59

从上述试验结果可知，不同的碳碱浓度、氧化铝浓度和苛碱浓度脱碱后氧化钠含量随着液相中碳碱浓度、氧化铝浓度的升高而降低，这是因为随着液相中碳碱浓度、氧化

铝浓度的升高，需添加的脱碱剂电石渣或石灰乳的量增大，反应后生成的固相留在硅钙渣中，从而"稀释"了碱的含量；而电石渣脱碱后硅钙渣中的氧化钠含量比石灰乳脱碱后的氧化钠含量低是因为电石渣有效钙较少，在需同等有效钙的条件下，加入电石渣的固相质量较石灰乳大。如果将液相可能发生反应的碳碱与氧化铝计算在内，通过添加脱碱剂可以使脱碱后硅钙渣中氧化钠达到指标要求，但是这会增加额外的电石渣或石灰乳的消耗量。

上述浆液液相成分试验结果表明，一旦浆液中碳碱浓度、氧化铝与氧化钠浓度升高，将导致脱碱效果迅速降低，因此在生产过程中应该将浆液中的碳碱、氧化铝、氧化钠控制在尽可能低的范围内，才能保证脱碱效率的提高。

7.1.2　硅钙渣脱碱反应机理

在正常生产情况下，粉煤灰碱石灰烧结法硅钙渣中的碱 R_2O（即 $Na_2O + K_2O$）一般在 2.0%～3.0%范围内，可分为化合碱和附着碱，化合碱主要来源于熟料烧结过程生产的碱不溶性三元化合物（$Na_2O \cdot CaO \cdot SiO_2$）和熟料溶出及分离洗涤过程中发生的二次反应生成的含碱化合物即含水铝硅酸钠（$Na_2O \cdot Al_2O_3 \cdot 2SiO_2 \cdot nH_2O$）。此外，由于硅钙渣颗粒的网状结构发达，吸附少量碱化合物 $Na_2O \cdot Al_2O_3$、Na_2CO_3、$NaOH$、Na_2SO_4 和进入晶格孔穴 Na^+ 构成的物理性结合，其中 70%属于钠碱化合物。硅钙渣脱碱系脱除硅钙渣中的结合碱，脱碱反应是在常压低浓度液相成分碳酸碱、苛性碱、Al_2O_3、硫酸碱中进行的液—液、液—固相间复杂的物理化学反应。试验证明，在低碱液中达到最高 CaO 浓度是取得较高脱碱效率的先决条件。原硅钙渣附液中 CaO 含量低于 0.02g/L，随着大量 CaO 的加入，低碱液中 CaO 溶解度逐渐达到饱和状态。液相中的有效钙在水热条件下迅速与 $Na_2O \cdot Al_2O_3$、Na_2CO_3、$NaOH$、Na_2SO_4、Na_2SiO_3 反应生成低碱相中稳定化合物 $3CaO \cdot Al_2O_3 \cdot 6H_2O$、$CaO \cdot SiO_2 \cdot nH_2O$、$CaCO_3$ 等进入硅钙渣中。有效钙与液相成分间的反应方程式见式（7-1）～式（7-4）。

$$Na_2O \cdot Al_2O_3 + 3Ca(OH)_2 + 4H_2O = 3CaO \cdot Al_2O_3 \cdot 6H_2O + 2NaOH \tag{7-1}$$

$$Na_2CO_3 + Ca(OH)_2 = CaCO_3 + 2NaOH \tag{7-2}$$

$$Na_2SO_4 + Ca(OH)_2 + 2H_2O = CaSO_4 \cdot 2H_2O + 2NaOH \tag{7-3}$$

$$Na_2SiO_3 + Ca(OH)_2 + nH_2O = CaSiO_3 \cdot nH_2O + 2NaOH \tag{7-4}$$

常压硅钙渣脱碱或石灰乳脱碱法之所以达到较高脱碱深度，其主要原因在于有效钙对不同性质碱化物有着不同的脱碱效能。主要分为以下三类。

1. 置换反应

在熟料溶出分离过程中由二次反应造成的 Na_2O 损失的生产物含水铝硅酸钠（$Na_2O \cdot Al_2O_3 \cdot 2SiO_2 \cdot nH_2O$），其中的 Na_2O 可以被 CaO 置换，生产溶解度更低的含水铝硅酸钙，如式（7-5）所示。

$$Na_2O \cdot Al_2O_3 \cdot 2SiO_2 \cdot nH_2O + Ca(OH)_2 = CaO \cdot Al_2O_3 \cdot 2SiO_2 \cdot nH_2O + 2NaOH$$

$$\tag{7-5}$$

一般赤泥的钠硅渣含量低于 5%，通过置换反应脱出碱 Na_2O 含量不高于 1.0%，占脱出碱量的 50%～55%。

2. 催化反应

硅钙渣经过水热处理后，网状结构十分发育，由毛细孔吸附的少量碱和钠硅渣生成时进入晶体孔穴中的 Na^+ 和分子共同构成硅钙渣中的物理性结合碱，这部分碱在 Ca^{2+} 活性催化作用下，通过二次生成物的重结晶及解析得以扩散析出，并与 CaO 反应生成稳定化合物，如式（7-6）所示。

$$2NaAlO_2 + nCa(OH)_2 + yH_2O === nCaO \cdot Al_2O_3 \cdot yH_2O + 2NaOH \qquad (7\text{-}6)$$

由 CaO 活性作用而脱出的碱约占脱出碱量的 $20\% \sim 30\%$。

3. 水化反应

烧结法熟料的主要矿物组分为 $Na_2O \cdot Al_2O_3$ 和 $\beta\text{-}2CaO \cdot SiO_2$，二者平衡共存。$Na_2O \cdot Al_2O_3 \cdot Na_2O \cdot Fe_2O_3$ 又可与 $\beta\text{-}2CaO \cdot SiO_2$ 形成有一定极限浓度的稳定固溶体。根据研究结果，这种固溶体中 Na_2O 的最大溶解度达 1.3%，但固溶碱溶出速度缓慢，大部分进入硅钙渣中。从生料烧结过程形成的 $Na_2O \cdot CaO \cdot SiO_2$、$3CaO \cdot Na_2O \cdot 3Al_2O_3$、$K_2O \cdot 23CaO \cdot 12SiO_2$ 等可水化的碱的三元化合物，亦将少量 Na_2O 损失于硅钙渣中，构成硅钙渣又一类型结合碱。这部分随着矿物水化可析出的碱，在 CaO 促进水化的作用下，脱碱时得以析出，如式（7-7）所示。

$$2CaO \cdot SiO_2 + Na_2O \cdot Al_2O_3 + H_2O \longrightarrow$$
$$3CaO \cdot Al_2O_3 \cdot 6H_2O + 2NaOH + CaO \cdot SiO_2 \cdot H_2O \qquad (7\text{-}7)$$

矿物继续水化析出的碱量为脱出碱量的 $15\% \sim 20\%$。

硅钙渣脱碱后剩余的 Na_2O 以稳定的霞石结构存在，含量约为 $0.4\% \sim 0.7\%$，该部分碱是采用常压脱碱法不可脱出的碱。

根据前人总结的脱碱过程机理分析，结合内蒙古大唐国际再生资源开发有限公司现有脱碱工艺原理与生产操作流程，主要针对脱碱剂的种类选择与添加量进行分析。为了解电石渣脱碱与石灰乳脱碱的异同点，分别针对硅钙渣-2 和硅钙渣-3 两种硅钙渣进行同一脱碱条件下脱碱后的物相对比分析，如图 7-10 和图 7-11 所示。

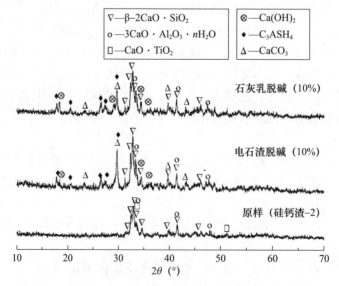

图 7-10　脱碱剂种类对硅钙渣-2 脱碱物相组成的影响

从图 7-10 可知，硅钙渣-2 经过电石渣脱碱和石灰乳脱碱后，主要物相除了原有的主晶相 β-2CaO·SiO₂ 和 3CaO·Al₂O₃·nH₂O 外，还有水化石榴石（C₃ASH₄）、少量方解石（CaCO₃）和少量羟钙石生成。之所以出现方解石衍射峰，是因为硅钙渣中可溶性碳碱与脱碱剂发生了式（7-2）的反应；少量羟钙石的存在说明该体系中加入的有效钙含量偏大，而电石渣脱碱后羟钙石的衍射峰强度相对于石灰乳脱碱后羟钙石的衍射峰强度低，是因为电石渣有效钙含量的波动及游离钙浓度相对于计算值低。

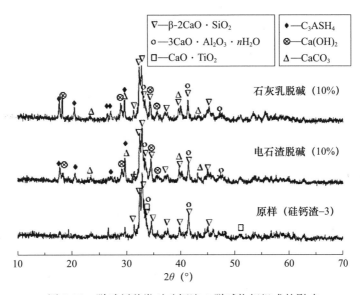

图 7-11　脱碱剂种类对硅钙渣-3 脱碱物相组成的影响

从图 7-11 可知，硅钙渣-3 经过电石渣脱碱和石灰乳脱碱后主要物相组成与硅钙渣-2 的主要物相组成相似，两者的主要区别是硅钙渣-3 中的水化石榴石衍射峰比硅钙渣-2 的衍射峰强，说明由二次反应造成 Na₂O 损失的产物——含水铝硅酸钠（Na₂O·Al₂O₃·2SiO₂·nH₂O）在该脱碱工艺条件下反应较为充分，这与硅钙渣-3 在同样脱碱工艺条件下脱碱后钠含量（电石渣脱碱后为 0.91、石灰乳脱碱后为 0.81）比硅钙渣-2 低（电石渣脱碱后为 1.21、石灰乳脱碱后为 1.06）相吻合。两者的另一区别是硅钙渣-3 中羟钙石的衍射峰强度相对于硅钙渣-2 脱碱后羟钙石的衍射峰强度高，是因为硅钙渣-3 所需有效钙较硅钙渣-2 少，在加入量相同条件下，富余的羟钙石就会相对较高。

为了进一步了解多余氢氧化钙的加入对脱碱反应的影响，针对硅钙渣-3 在不同的脱碱剂及不同的添加量（10.0% 或 16.0%）下脱碱后的硅钙渣进行 XRD 分析，具体如图 7-12 所示。

从图 7-12 可知，脱碱剂添加量增大后的一个显著特点是羟钙石的衍射峰明显增强，说明在脱碱反应过程中，当有效钙加入量达到脱碱所需的钙钠比后，继续增加脱碱剂对于脱碱效果不会有明显改善。因此在生产过程中，脱碱剂添加量应控制在脱碱所需钙钠比稍偏高水平，保证溶液中的有效钙浓度即可。

电石渣脱碱与石灰乳脱碱效率不仅与反应温度、反应时间、脱碱剂添加量、液固比、粒度等有关，亦与溶液组成及硅钙渣中碱的存在形式有关。脱碱实质上是液—液、液—固相互之间综合性的复杂的物理化学反应过程。单纯的置换反应尚不足以达到深度脱碱，只有溶液中保持一定的 CaO 浓度，加速含碱化合物的水化析出，脱碱反应才能充分进行。

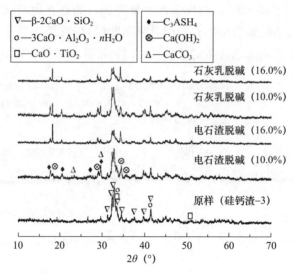

图 7-12　脱碱剂添加量对硅钙渣-3 脱碱物相组成的影响

7.1.3　硅钙渣脱碱中试试验

根据实验室硅钙渣脱碱试验所获知的工艺和参数，在研发中心的粉煤灰提铝中试生产进行了硅钙渣脱碱中试试验，其工艺流程如图 7-13 所示。

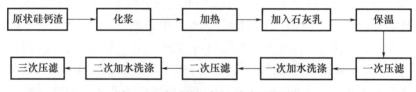

图 7-13　中试线硅钙渣脱碱工艺流程

1. 试验工艺控制条件

（1）液固比 4.0，硅钙渣用量 1.1t/次（硅钙渣含水量约 50％），水 2.4m³/次。

（2）石灰乳加入量物质的量比：n（CaO）：n（Na₂O）＝3.5:1，石灰乳 1m³/次。

（3）加热温度为 85～95℃。

（4）保温时间为 1.5h。

（5）水洗：水洗 2 次，加清水 3m³/次。

2. 试验过程

（1）将 1.1t 的原状硅钙渣加入到化浆池中，如图 7-14 所示。加入 2.4m³ 的清水，同时开启蒸汽加热和搅拌，使浆液成乳浊液且温度达到 90℃。

（2）向硅钙渣浆液中加入 1m³ 的石灰乳，继续加热到 90℃，保温 1.5h。

（3）待脱碱反应结束后利用泥浆泵将浆液输送到洗涤罐中，如图 7-15 所示。

（4）将洗涤罐中的硅钙渣浆液泵送至板框压滤机内，进行压滤脱水（压力为 0.7MPa），如图 7-16 所示。

（5）将板框压滤机内的滤饼通过料槽卸至洗涤罐内，并向罐内加入 $3m^3$ 的清水，搅拌 30min 后再次泵送到板框压滤机内进行二次压滤脱水。

（6）按步骤（3）、（4）、（5）对硅钙渣进行三次压滤脱水。

图 7-14　硅钙渣化浆池

图 7-15　反应槽

图 7-16　板框压滤机

3. 试验结果

硅钙渣脱碱试验共进行了 40 多天，共产出脱碱硅钙渣（湿基）40t 左右。不同阶段硅钙渣成分见表 7-14（多次试验的平均值）。经过二次水洗、三次压滤后硅钙渣中的 Na_2O 含量可降低至 0.6％以下，基本可以满足水泥行业对硅钙渣中碱含量的要求。

表 7-14　硅钙渣成分随脱碱过程的变化　　　　　　　　　　（％）

原料	Na_2O 含量	Al_2O_3 含量	CaO 含量	水分
原状硅钙渣	4.50	6.2	48.0	43.00
一次压滤滤饼	1.59	4.2	57.5	52.29
二次压滤滤饼	1.36	3.9	56.3	57.68
三次压滤滤饼	0.55	3.8	56.0	63.68

7.1.4 硅钙渣脱碱工业生产

氧化铝生产线硅钙渣脱碱流程为：四洗沉降槽底流液至硅钙渣脱碱2号反应槽，2号反应槽加石灰乳，经过2号、3号、5号、6号、7号五个反应槽脱碱完成后，通过脱碱反应泵分别出料至硅钙渣1号、2号、3号翻盘，硅钙渣1号、2号、3号翻盘滤液返回四洗沉降槽。流程图如图7-17所示。

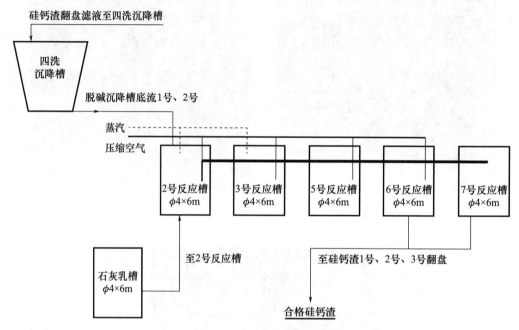

图 7-17 大唐国际再生资源硅钙渣脱碱工艺流程

1. 脱碱生产过程中各设备运行控制

（1）硅钙渣翻盘：1~3号硅钙渣翻盘运行正常，盘面吸滤效果很好，滤饼表面开裂，盘面加冲洗水。

（2）皮带：1~3号输送皮带上观察硅钙渣水分较高，呈团状，皮带表面由于水量大，容易打滑，导致干渣斗经常堵塞。从化验数据看出，硅钙渣水分较不加石灰乳时高，对皮带腐蚀较大。

（3）脱碱反应槽：2号、3号、5号、6号、7号脱碱反应槽加入石灰乳脱碱时间控制在50min左右，脱碱反应槽通新蒸汽，脱碱首槽温度控制在95℃以上，末槽温度在80℃以上。

（4）洗涤沉降槽：二洗沉降槽、四洗沉降槽温度控制在70℃以上，运行稳定。3月28日零点班溶出熟料下料量60t，由于硅钙渣皮带带料后打滑，大量硅钙渣停留在4号沉降槽，致使沉降槽底流固相含量过高，小底流出料困难。

（5）石灰乳泵：石灰乳泵使用盘根密封，泵长时间运行，盘根漏料严重，因没有备用泵，盘根无法更换，需增加备用泵。

（6）洗涤硅钙渣翻盘洗水添加量：1~3号硅钙渣翻盘盘面冲洗水加入量各约

25m³/h 以上。

（7）洗涤沉降槽洗水添加量：洗涤沉降槽洗水添加量受溶出调整液槽液位影响，一次洗液流量波动较大，洗水泵流量波动较大。系统液量不易平衡，导致洗涤沉降槽冒槽。

2. 预期达标情况

脱碱前硅钙渣氧化钠含量≤3.0%；脱碱前硅钙渣氧化铝含量≤8.0%；石灰乳中 f-CaO 含量≥170g/L、固相含量为 200～300g/L；脱碱条件：温度 90～100℃、石灰乳添加量为硅钙渣干基的 8%～10%；时间 30～60min；沉降槽溢流浮游物≤0.5g/L；硅钙渣滤饼附水≤35%；干基硅钙渣附碱 N_T≤1.0。

3. 完成情况

指标完成情况见表 7-15 和表 7-16。

表 7-15 四洗沉降槽指标变化

日期	时刻	N_K（g/L）	N_c（g/L）	N（Al₂O₃）（g/L）	α_k	固含（g/L）
2013-03-25	14：00	7	2.8	7.56	1.52	124.86
2013-03-25	16：00	7	1.9	8.08	1.42	48.64
2013-03-25	18：00	8	1.2	7.76	1.69	96.76
2013-03-25	20：00	7	2.1	7.82	1.47	284.32
2013-03-25	22：00	8	1.6	7.69	1.71	325.14
2013-03-26	00：00	8.3	0.98	7.62	1.79	299.19
2013-03-26	02：00	8.2	0.46	6.63	2.03	132.43
2013-03-26	04：00	7.6	1.34	6.5	1.92	153.78
2013-03-26	06：00	7.8	1.2	6.37	2.01	126.22
2013-03-26	08：00	8.9	0.52	9.34	1.56	74.05
2013-03-26	10：00	10	0.24	6.84	2.40	100.54
2013-03-26	12：00	10.4	1.96	7.47	2.29	169.46
2013-03-26	14：00	10.8	1.24	8.33	2.13	451.89
2013-03-26	16：00	11	2.1	7.88	2.29	273.51
2013-03-26	18：00	10	2.4	8.33	1.97	297.03
2013-03-26	20：00	12	0.8	8.99	2.19	308.11
2013-03-26	22：00	10	2.1	8.23	1.99	192.97
2013-03-27	00：00	10.2	0.92	7.85	2.13	267.84
2013-03-27	02：00	10	1.1	7.13	2.30	191.89
2013-03-27	04：00	9.1	0.6	5.59	2.67	210.81
2013-03-27	06：00	3	0.9	2.95	1.67	89.19

续表

日期	时刻	N_K (g/L)	N_c (g/L)	N (Al_2O_3) (g/L)	α_k	固含 (g/L)
2013-03-27	08:00	3.9	0.46	3.52	1.82	77.03
2013-03-27	10:00	11	1.34	8.16	2.21	204.59
2013-03-27	12:00	10.8	0.36	7.1	2.50	219.19
2013-03-27	14:00	12.5	0.66	9.12	2.25	144.05
2013-03-27	16:00	10.9	0.32	8.02	2.23	113.78
2013-03-27	18:00	12.2	1.24	8.99	2.23	384.05
2013-03-27	20:00	10	4	10.52	1.56	113.78
2013-03-27	22:00	12	1.1	10.49	1.88	141.62
2013-03-28	00:00	12	2.2	7.14	2.76	189.46
2013-03-28	02:00	13	1.2	5.75	3.71	421.89
2013-03-28	04:00	13	1.9	5.57	3.83	427.3
2013-03-28	06:00	13	1.1	2.97	7.20	220.27
2013-03-28	08:00	13.4	0.22	1.78	12.38	412.43
2013-03-28	10:00	13.5	0.16	2.04	10.88	274.59
平均值		9.87	1.27	7.03	2.81	216.0

表 7-16 脱碱硅钙渣指标

时间编码	翻盘号	水分（%）	Al_2O_3（%）	Na_2O（%）	CaO+MgO（%）
3-25 20:00	1	58.97	8.89	2.12	52.26
3-25 20:00	3	56.67	8.12	1.89	51.39
3-25 22:00	2	56.67	8.8	1.04	52.05
3-25 22:00	3	59.52	8.54	0.71	52.92
3-26 00:00	2	55.56	8.38	1.11	51.61
3-26 0:00	3	56.2	8.15	1.04	51.83
3-26 0:00	1	—	7.84	2.83	50.07
3-26 0:00	3	—	8.27	2.46	48.97
3-26 2:00	2	56.99	7.41	1.72	54.24
3-26 2:00	3	58.06	7.19	1.72	54.68
3-26 3:00	2	—	—	1.45	—
3-26 3:00	3	—	—	1.11	—
3-26 6:00	2	59.09	7.83	1.08	54.46
3-26 6:00	3	58.16	7.62	1.01	54.79
3-26 8:00	2	48.1	7.55	1.11	53.58

续表

时间编码	翻盘号	水分（%）	Al$_2$O$_3$（%）	Na$_2$O（%）	CaO＋MgO（%）
3-26 8：00	3	47.76	6.4	1.18	52.26
3-26 10：00	2	48.15	—	—	—
3-26 10：00	3	50	—	—	—
3-26 14：00	2	42.11	—	—	—
3-26 16：00	2	—	6.8	1.04	54.02
3-26 16：00	3	—	8.41	1.08	53.69
3-26 18：00	2	38.6	—	—	—
3-26 22：00	2	41.67	—	—	—
3-27 0：00	2	—	7.13	1.82	52.05
3-27 2：00	2	32.18	—	—	—
3-27 2：00	3	29.67	—	—	—
3-27 4：00	2	55.56	—	1.95	—
3-27 4：00	3	54.7	—	1.92	—
3-27 6：00	2	56.41	5.89	1.15	49.63
3-27 6：00	3	57.53	5.68	0.94	49.85
3-27 8：00	2	50	—	0.81	—
3-27 8：00	3	49.14	—	0.67	—
3-27 8：00	2	—	7.93	2.76	50.29
3-27 8：00	3	—	7.15	2.53	50.95
3-27 10：00	2	49.39	—	1.79	—
3-27 10：00	3	50.47	—	1.92	—
3-27 12：00	2	48.48	—	1.75	—
3-27 12：00	3	48.12	—	1.75	—
3-27 10：00	2	—	—	1.01	—
3-27 10：00	3	—	—	1.28	—
3-27 14：00	2	47.52	—	1.69	—
3-27 14：00	3	49.07	—	1.72	—
3-27 16：00	2	48.68	—	1.79	—
3-27 16：00	3	50	—	1.72	—
3-27 16：00	2	—	—	1.79	—
3-27 16：00	3	—	—	1.89	—
3-27 16：00	2	—	8.34	1.76	55.12
3-27 16：00	3	—	8.34	1.78	54.9
3-27 18：00	2	50	—	2.16	—

时间编码	翻盘号	水分（%）	Al₂O₃（%）	Na₂O（%）	CaO+MgO（%）
3-27 18：00	3	50.75	—	2.06	—
3-27 22：00	2	48.86	—	1.69	—
3-27 22：00	3	49.45	—	1.65	—
3-28 0：00	2	—	9.12	1.93	54.9
3-28 0：00	3	—	8.29	1.86	56.66
3-28 2：00	2	54.92	—	1.18	—
3-28 2：00	3	55.17	—	1.15	—
3-28 6：00	2	48.99	—	0.71	—
3-28 6：00	3	49.07	—	0.74	—
3-28 8：00	2	—	8	0.95	55.56
3-28 8：00	3	—	9.64	0.95	55.12
3-28 10：00	2	54.47	—	2.12	—
3-28 10：00	3	54.63	—	2.16	—
平均值	—	50.8	7.8	1.54	—

根据表 7-15 和表 7-16 可知，随着石灰乳的添加，硅钙渣附碱降低，在保证石灰乳的有效钙和石灰乳量的情况下，附碱可降至 1% 以下，最低降至 0.71%。随着脱碱反应的进行，翻盘的物料也发生变化，从现场观察，脱碱硅钙渣呈团状，指标分析硅钙渣含水量较高。四洗 α_k，随着脱碱反应的进行而逐渐增大，最高上升至 12，对沉降槽的稳定运行构成威胁。

2013 年 3 月 25 日 15：43 开始进行硅钙渣脱碱试验，3 月 28 日零点班由于 2 号、3 号吸滤性能较差，造成皮带打滑，硅钙渣翻盘进料量减少，导致洗涤沉降槽底流硅钙渣输出量减少，沉降槽底流出料固含逐渐升高，耙机扭矩升高。3 月 28 日 07：15 工段被迫申请调度室终止硅钙渣脱碱试验。共计运行 64h，下料量共计 3679t，平均下料量为 57.4t/h。四洗底流流量平均值 190m³/h，固含平均值为 189g/L，硅钙渣产量共计约 2298t，平均硅钙渣量 35.9t/h。在此过程中，硅钙渣翻盘滤液回到洗涤沉降槽，导致沉降槽苛性比值升高，二次反应加剧，硅钙渣变细，黏度增大，硅钙渣沉降困难。

7.2 硅钙渣烘干活化

7.2.1 热活化对硅钙渣胶凝活性的影响

将 105℃ 干燥后的硅钙渣分别在 200℃、300℃、400℃、500℃、600℃、700℃、800℃、900℃ 下煅烧 2h，空冷至室温后球磨 20min，将简单热活化处理后的硅钙渣进行胶砂试验，并与 32.5R 复合硅酸盐水泥进行对比。

只进行 105℃ 烘干的硅钙渣胶砂试块的 3d 抗折强度和抗压强度分别为 4.5MPa 和

14.17MPa，28d 抗折强度和抗压强度分别为 7.1MPa 和 22.98MPa。与 32.5R 复合硅酸盐水泥强度标准对比可知，105℃烘干硅钙渣掺量为 35％时，胶砂试块的 3d 抗折强度和抗压强度及 28d 抗折强度都达到了 32.5R 复合硅酸盐水泥强度标准。但 28d 抗压强度仅为 22.98MPa，远低于 32.5R 复合硅酸盐水泥 28d 抗压强度标准。这说明 105℃烘干的硅钙渣活性不高，早期的强度主要是由于其中熟料发挥的作用，后期熟料逐渐反应完全，导致后期强度增长缓慢，最终无法达到要求。

　　由图 7-18 和图 7-19 可知，硅钙渣胶砂试块各龄期的抗折强度和抗压强度随硅钙渣煅烧温度的升高呈先升高后降低的变化趋势，大约在硅钙渣煅烧温度为 600℃时，硅钙渣胶砂试块各龄期的抗折强度和抗压强度达到最大，3d 的抗折强度、抗压强度分别为 5MPa、16.93MPa，28d 的抗折强度、抗压强度分别为 8.2MPa、31.92MPa。与只经过烘干的硅钙渣胶砂试块相比，抗折强度和抗压强度得到了显著提高。因此，通过适当的煅烧处理，能够改善硅钙渣的胶凝活性，但当煅烧温度过高时，硅钙渣的胶凝活性则快速地降低。

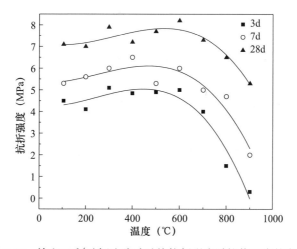

图 7-18　掺和 35％硅钙渣胶砂试块抗折强度随煅烧温度的变化

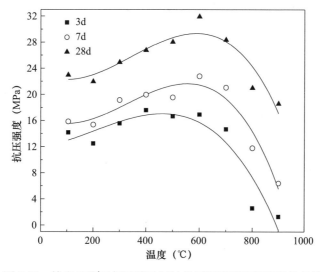

图 7-19　掺和 35％硅钙渣胶砂试块抗压强度随煅烧温度的变化

采用 NETZSCH STA 409 C/CD 热分析仪对硅钙渣进行热分析，结果如图 6-8 所示。由图可见，硅钙渣在室温～1000℃之间的加热过程中，失重曲线可以分为 3 个区域，即室温～400℃、400～750℃和 750～1000℃。在室温～400℃之间，硅钙渣主要表现为连续的质量损失，损失率达 7.87%，这意味着硅钙渣中有一部分含水矿物，而且这些水在含水矿物中的结合状态及牢固程度并不完全相同，也就是说这些水可能以各种不同的状态和不同的结合牢固程度存在于含水矿物之中。在 400～750℃温度范围内，硅钙渣失重速度略有加快，失重率达 9.8%，尤其在 600～750℃之间，质量陡降。而在温度高于 750℃之后，硅钙渣质量基本不发生变化，表现在失重曲线上为一水平直线。

由差热曲线明显看到，在温度为 110.1℃和 153.2℃时存在两个吸热峰，这是由于硅钙渣试样中游离水的脱除造成的。在温度为 259.8℃处存在一个吸热峰，这是由于硅钙渣中水化产物热脱水造成的。发生于 680～750℃之间的集中式质量损失和吸热效应，可能是由方解石的分解所致。天然石灰石矿床中的方解石，因为生长年代久远，晶体尺寸粗大，结晶度高，分解温度一般在 850～1000℃之间。但是硅钙渣中的碳酸钙与硬化浆体中的碳酸钙非常相似，都是由 C—S—H 凝胶被空气中的二氧化碳碳化后形成的，颗粒极其细小，结晶度极低，所以分解温度相应较低，一般在 400～800℃之间。而分解得到的 CaO 可提高胶凝材料中的 CaOH 浓度，从而使胶凝材料的胶凝性得到提高。由图 7-20 可知，方解石的衍射峰在 600～700℃时逐渐变弱直至消失，证明了在 600～700℃时硅钙渣中方解石的分解是硅钙渣胶凝材料活性提高的主要因素。

7.2.2　不同煅烧温度硅钙渣的 XRD 分析

由图 7-20 中 105℃干燥后的硅钙渣的 XRD 可知，硅钙渣的主要组成为 β-C_2S、方解石、文石、钙钛矿、C_3A、钙铝榴石等。由于含有一定量的能够发生水化反应的 β-C_2S、C_3A 及一些无定形硅铝酸盐物质，从而使硅钙渣有一定水硬活性。随着煅烧温度的提高，含结晶水的一些矿物逐渐失去结晶水，生成胶凝性物质；当温度升高到 600℃后，方解石衍射峰逐渐变弱直至 800℃时完全消失，与 DTA 曲线中 580℃出现吸热峰符合。方解石在 600～700℃期间的分解产生了活性不稳定的 CaO，使得 600℃煅烧处理的硅钙渣胶凝材料强度最好。C_3A 号峰从 700℃开始减弱，钙铝榴石衍射峰逐渐加强，说明活性 CaO 与 C_3A 及硅钙渣中的其他物质反应生成了钙铝榴石。由于活性 CaO 和 C_3A 具有水化胶凝性，因而硅钙渣中其含量的降低，导致硅钙渣的胶凝活性降低。故当温度高于 700℃后，硅钙渣的胶凝活性有所降低。

7.2.3　硅钙渣烘干活化工艺

硅钙渣的含水量较大、粒度细，容易粘堵结块，如果不能将其所含水分都去除，将严重影响它的储存、输送及综合利用。因此有必要设计一套性能良好的烘干系统，满足生产的需要。

节煤型高温沸腾炉供热稳定、煤耗低，该炉型具有强氧燃烧的性能，对煤质要求不高，无论是一般烟煤、无烟煤或低热质煤矸石、劣质煤均能燃烧，燃尽率近 95%。热值在 12558～29300kJ/kg 均可。节煤型高温沸腾炉的结构设计合理，使用可靠，供热温度高（一般在 700～1100℃），比一般型沸腾炉节煤 1/3，比手烧炉节煤 2/3，并可较长时间焖火。生产中可采用夜班生产，避开用电高峰，从而降低电耗成本。炉体设计采用耐热混凝土框架结构，加强炉体自身强度，使其能在 3～4 年内不需大修，能够为烘干机提供稳定的高温热源。该沸腾炉采用仪表控制，减轻了工人劳动强度。

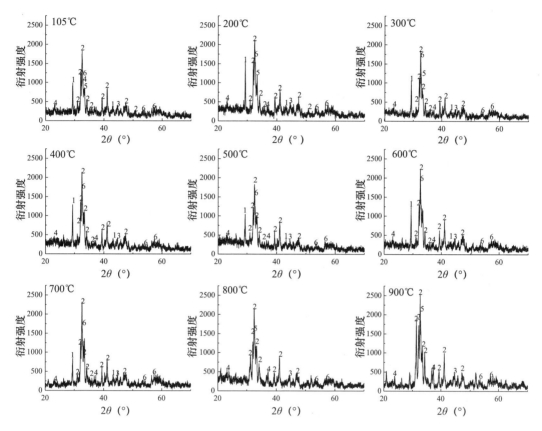

1—方解石（$CaCO_3$）；2—硅酸二钙（β-Ca_2SiO_4 β-C_2S）；3—文石（$CaCO_3$）；4—钙钛矿（$CaTiO_3$）；

5—钙铝榴石（$Ca_3Al_2Si_3O_{12}$）；6—铝酸三钙（$Ca_3Al_2O_6$ C_3A）

图 7-20　不同温度下煅烧后的硅钙渣物相

为使该烘干系统产量得到大幅提高，应将现有烘干机内部的扬料装置采用获得国家发明专利的新型组合式扬料装置。该套装置具有独特新颖的结构，能够使进入烘干机内的物料在横断面上呈"瀑布"状下落，沿轴向呈"波浪"形向前"蠕动"，物料基本上可呈"沸腾"状态。整套扬料装置具有一定导向、均流、阻料等多种性能，从而大大改善了物料与热风的接触方式与效果，避免了"风洞"的影响，使物料能够充分地扬起并且最大限度地与热烟气进行广泛的热交换。烘干机内部扬料的阻尼系数是原扬料板的 3倍，物料分散率是原有形式的 4 倍。采用该种新型组合式扬料装置能够使烘干系统产量、质量得到大幅度提高，而且能够避免物料对筒体的磨损，其使用寿命可延长到6～8 年。

由于所烘物料的性质较特殊，产品干燥度要求较高，特别是地处市郊，该烘干系统对环保要求更高，因此必须按达标排放来处理废气问题。建议采用抗结露袋式收尘器，使用后其废气排放的质量浓度低于 $50mg/m^3$。许多水泥企业烘干系统的通风量、负压值均满足系统要求，但由于通风管道布置不合理，弯头较多，使其压力损失较大，加之机尾出料端大量漏入冷风，产生冷风"短路"，无法抽入热风炉内的高温热烟气，造成烘干系统供热不足，使其产量及烘干质量下降，因此工艺设计时通风管道应顺畅紧凑并增加出料双层电动锁风阀，减少系统漏风，提高热风的利用率。

1. 高湿废渣烘干处理难点

高湿含量废渣进行综合治理时多数需要烘干处理后才能输送、储存及合理利用。但由于它们多采用湿排方式，一般排出时含量在 $30\%\sim80\%$，这对于干法利用时的烘干处理难度非常大。其主要难点如下：

（1）输送及喂料困难。由于物料水分过大（物料基本呈"泥浆"或"牙膏"状态），不易送入烘干机内，输送过程中无法储存及计量喂料，而落入烘干机后极易出现结块和粘堵现象，造成流动速度慢，产量无法提高。

（2）蒸发速率低、热耗高。由于物料 $30\%\sim40\%$ 的水分需在烘干机内蒸发产生水蒸气，才能使物料在干燥过程中逐步蒸发水分达到 3% 的要求。这样的干燥过程类似于湿法回转窑的生产工艺要求。物料烘干时需克服原有蒸发速率低、料温下降快及物料周围环境湿含量过大的缺点。因此需持续供给其高温干燥热烟气，用于保持物料具有较高的蒸发水分的"动力"，故热耗很高。图 7-21 为物料水分与热耗之间的关系。

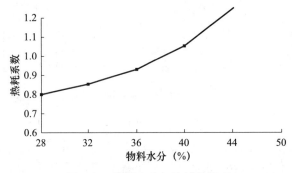

图 7-21　物料水分与热耗的关系

（3）收尘设备粘堵及收尘困难。由于物料中 $30\%\sim40\%$ 的水分需在烘干机内蒸发产生水蒸气后再经收尘器、风机排入大气中，因此其收尘器必须满足"先收水""后收尘"的原则。这无疑是对收尘器形式及相关材料的一种挑战，其中对于轻质材料 90% 以上的烘干产品需从收尘器产生，因此对收尘设备及工艺参数提出了更高的要求。

（4）供热温度及系统风速高。由于物料的物化特点，需要供热系统提供持续高温烟气（$900\sim1100℃$），为使蒸发后的高湿含量气体迅速被干燥烟气更换并使烘干后物料及时排出，需适当增加热风温度和系统风速。

2. 主要采取的技术措施

（1）简化进料系统工艺。此类轻质物料由于细度高、粘堵性强，在运输过程中容易形成结块，所以工艺设计时简化流程，减少设备间的倒运，取消中间的储存环节。同时须在烘干机进料口加设拨料防堵装置，以避免在下料遇热时发生粘堵、结拱。

（2）配备高温热风炉提供稳定热介质。供热部分炉型要能够保持供热温度相对稳定，长时间温度控制在 900～1100℃，热熔强度高、穿透性强，能够穿透物料表面进入内里直接烘干；同时，能够最大限度地营造高温端长度。这就需要该炉型具有强氧燃烧的性能，燃烧充分、对撞激烈、流体性能好、阻力和涡流情况少。而要做到这一点，必须有足够的对热风炉和热工理论的把握和了解，尤其是对于供热量超过 2100 万 kJ/h 的大型热风炉而言。对于燃煤炉而言，炉膛面积大、风帽数多，要能够比较妥善地解决组合式风箱的制造及要求、分风状况、燃烧室的合理布局和结焦现象的发生，及时应对处理。同时在炉体设计时要能够兼顾到使用寿命的最大化、维修的方便性、抗开裂抗震动（有时会有下料管的断裂及更换产生的冲撞现象）；同时要能够考虑炉型的节煤性、对各煤质的广泛适应性和方便操作、可控制性等方面。对于燃气炉而言，要考虑到炉体的防爆性和空气系数。

（3）安装强化蒸发装置。此方法是将链条装置安装在烘干机的进料端（链条装置如图 7-22 所示）。链条装置在此处能够均匀传热、增加蒸发水分的表面积、推动并输送物料。

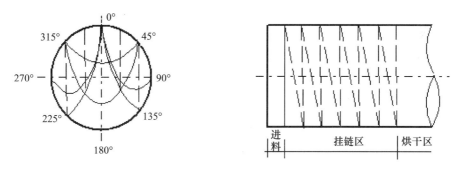

图 7-22　烘干机的链条装置示意

解决高水分物料在高湿含量废气环境下的蒸发速度及结露情况，首先对烘干机规格的选择力求其长径比较大（$L/D>8$），这样能使被烘干物料在其有效烘干区域内有较充裕的干燥时间，由于该物料含水量很高，物料进入烘干机内就会大量吸热，表层水分不断升温汽化，此时具有较高的蒸发速度。随着物料的前进，料温开始下降，周围气体湿含量增加，水分子移动速度减缓。如图 7-23 所示。

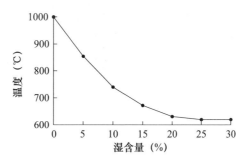

图 7-23　窑筒中气体湿度与进料温度的关系

如果要求较长时间地维持较高的蒸发速度，就必须具有良好的烘干环境。即物料应在持续供给的高温状态下，具有一定的低负压氛围，并且要求其风速适中。特别是烘干机尾部因为此段废气中湿含量较高，温度已下降较多，更易影响蒸发速度，所以负压及风速在此段非常重要。如图 7-24 所示。为使收尘器及风机保证能在不结露状态下工作，废气温度应控制在 90～110℃；另外，收尘器的处理风量较正常状态增加 35%～50%，过滤风速控制在 0.8～0.9m/min。而供热部分应选用高温沸腾炉，该炉型能够保持供热温度相对稳定。

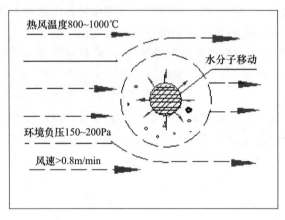

图 7-24　烘干参数示意

7.2.4　硅钙渣烘干活化工业化生产

根据硅钙渣烘干活化回转窑设计方案，投资建成了一条年产量为 12 万吨、尺寸为 $\phi 2.4m \times 22m$ 的硅钙渣烘干活化回转式窑，如图 7-25 所示。其主要由煤粉燃烧系统、上料系统、烘干系统、除尘系统和出料系统组成。本试验所使用煤的热值为 14009kJ/kg。所烘干的硅钙渣如图 7-26 所示。硅钙渣烘干前的平均水分含量为 45%，烘干后的水分含量为 0.12%。

图 7-25　回转式烘干机　　　　图 7-26　烘干活化后的硅钙渣

7.3　本章小结

（1）硅钙渣常压脱碱最佳工艺条件为：反应温度 90～95℃，反应时间 40min～

1.5h，脱碱剂添加量 6%～10%，液固比 3.0～4.0，硅钙渣最佳粒度分布为 160～200 目。在上述条件下脱碱硅钙渣中氧化钠含量在 0.5%～1.0%。

（2）硅钙渣浆液液相成分对硅钙渣脱碱效果的影响很大，生产过程中应将浆液中的碳碱、氧化铝、氧化钠控制在尽可能低的范围内，通过额外添加电石渣或石灰乳可消除液相成分对脱碱效果的影响。

（3）采用电石渣进行硅钙渣脱碱，其干基添加量较石灰乳高，在同等条件下产渣量大且反应活性不高。因此，利用电石渣脱碱应对添加量、脱碱率、反应速率、经济性等因素进行综合考虑。

（4）脱碱反应机理的初步探讨表明，液相中的碳碱与氧化铝参与了脱碱反应，硅钙渣中的化合碱通过钙钠置换反应得以脱除。

（5）采用液固比为 4、石灰乳掺量 $n(CaO)$: $n(Na_2O)$ 为 3.5：1、温度 85～95℃、保温时间 1.5h、水洗 2 次的工艺参数，硅钙渣经常压石灰乳脱碱后其碱含量可降低至 0.6% 以下，满足水泥生产对原料中碱含量的限制。

（6）硅钙渣热活化试验结果表明，对硅钙渣通过适当温度的煅烧处理，能够显著改善硅钙渣的胶凝活性，煅烧温度在 600～700℃时达到最佳，高于 700℃后效果恶化。通过对硅钙渣进行 TG-DSC 和 XRD 分析可知，在 600～700℃时硅钙渣中碳化形成的方解石的分解是硅钙渣活性得以提高的主要因素；高于 700℃时，C_3A 与 CaO 及硅钙渣中的其他物质反应生成了钙铝榴石，致使硅钙渣中具有水化胶凝性物质的含量降低，从而导致硅钙渣的活性降低。

（7）采用回转式烘干机对脱碱硅钙渣进行烘干，其水分可由 45% 降低至 0.12%。

第8章 硅钙渣烧制水泥熟料技术

由于硅钙渣的化学成分和矿物成分与水泥熟料成分都非常相似，且水泥建材行业也具备消纳掉大量硅钙渣的能力，因此硅钙渣代替石灰石烧制水泥熟料成为可能。1983年合肥水泥研究院对硅钙渣用作水泥原料进行了首次研究，得出由于硅钙渣具有良好的反应活性，在烧制熟料中具有烧成温度低、节能、熟料质量好等优点。华中理工大学利用90%的硅钙渣和10%的石灰石生产出合格的62.5级水泥。掺配硅钙渣后能够显著改善熟料的品质和易烧性，易烧性是对水泥原料和生料的一个重要评价标准，其反映固、液、气相环境下，在规定的温度范围内，通过复杂的物理、化学变化形成熟料的难易程度。对于正确选择原料、设计生料、确定生产工艺方法、设备选型及保证优质高产低耗的重要依据和参数。温平在利用硅钙渣烧制水泥的研究过程中发现，硅钙渣具有改善生料易烧性的特性。同时硅钙渣与烧结法赤泥的部分性质相近，而关于赤泥烧制水泥熟料在我国20世纪70年代就已有研究，但由于赤泥碱和MgO含量较高，且CaO、SiO_2含量低等原因一直没有成功产业化。

8.1 三率值对硅钙渣烧制水泥熟料的影响

采用石灰石、硅钙渣、砂岩和铁尾矿作为原料烧制水泥熟料，所用硅钙渣是经脱碱技术处理后的硅钙渣，碱含量（$Na_2O+0.658K_2O$）为0.65%，所用各原料化学组成见表8-1。

表8-1　原材料化学组成 （%）

原料	烧失量	SiO_2	Al_2O_3	Fe_2O_3	CaO	MgO	K_2O	Na_2O	合计
石灰石	40.38	5.96	1.18	0.70	48.98	2.38	—	—	99.58
硅钙渣	16.53	22.41	7.94	2.77	45.05	2.51	0.09	0.56	97.49
砂岩	2.46	88.52	4.40	2.15	2.04	0.29	—	—	99.86
铁尾矿	4.63	52.90	4.25	33.43	2.38	2.23	—	—	99.82

硅钙渣中CaO含量高达45.05%，可以用其替代石灰石烧制熟料。但由于其中SiO_2含量也较高，达到22.41%，因此硅钙渣只能替代部分石灰石烧制熟料。为保证能够设计出不同的铝率值的生料，配制生料时还添加了少量化学试剂氧化铝粉作为校正原料。

为验证不同石灰石饱和系数 KH、硅率 n、铝率 p 对硅钙渣配制生料的易烧性影响，其中 KH、n、p 的表达式如下。

$$KH = \frac{w(\text{CaO}) - w(\text{f-CaO}) - [1.65w(\text{Al}_2\text{O}_3) + 0.35w(\text{Fe}_2\text{O}_3) + 0.70w(\text{SO}_3)]}{2.8w(\text{SiO}_2)}$$

(8-1)

式中，KH 为 SiO_2 被 CaO 饱和成 C_3S 的程度；w 为质量分数。

$$n = \frac{w(\text{SiO}_2)}{w(\text{Al}_2\text{O}_3) + w(\text{Fe}_2\text{O}_3)}$$

(8-2)

式中，n 为熟料中生成硅酸盐矿物（硅酸三钙和硅酸二钙之和）与溶剂矿物（铝酸三钙与铁铝酸四钙之和）的相对含量。

$$p = \frac{w(\text{Al}_2\text{O}_3)}{w(\text{Fe}_2\text{O}_3)}$$

(8-3)

式中，p 为熟料中生成铝酸盐矿物和铁铝酸盐矿物相对含量。

生料配比见表 8-2，以 D0 的率值为各组配料的基础，探讨不同石灰石饱和系数 KH（0.90、0.92、0.94）、不同硅率 n（2.40、2.60、2.80）以及不同铝率 p（1.40、1.60、1.80）对生料易烧性能的影响，据此找出烧制硅钙渣熟料的最佳三率值。

表 8-2　硅钙渣配制生料时变率值的配料　　　　　　　　　（%）

编号	石灰石	砂岩	铁尾矿	硅钙渣	KH	n	p
D0	62.29	3.07	2.42	32.22	0.92	2.60	1.60
D1	60.33	2.92	1.75	35.01	0.92	2.60	1.80
D2	64.56	3.27	3.14	29.04	0.92	2.60	1.40
D3	65.27	4.09	2.14	28.50	0.92	2.80	1.60
D4	58.80	1.92	2.68	36.60	0.92	2.40	1.60
D5	61.33	3.19	2.44	33.03	0.90	2.60	1.60
D6	63.11	2.95	2.34	31.61	0.94	2.60	1.60

采用石灰石饱和系数 KH 为 0.92，硅率 n 为 2.60，铝率 p 为 1.60 作为第二次煅烧试验的基准率值，硅钙渣掺量分别为 0、10%、20%、30% 递增（实际略有偏差）。为保证率值的一致，配比中掺入了少量化学试剂 Al_2O_3 粉。另外，C5、C6 两组配比硅钙渣掺量分别为 40% 与 50%，此时 KH 均为 0.92，硅率 n 与铝率 p 与基准有所不同，这是因为采用的硅钙渣中 SiO_2 含量较高，已无法保证 n 与 p 与基准率值相同，硅钙渣变掺量的配料表如表 8-3 所示。

表 8-3　硅钙渣配制生料时变掺量的配料　　　　　　　　　（%）

编号	石灰石	砂岩	铁尾矿	硅钙渣	铝粉	KH	n	p
C1	86.42	7.81	3.86	0.00	1.91	0.92	2.60	1.60
C2	78.09	6.18	3.34	11.14	1.25	0.92	2.60	1.60
C3	69.43	4.48	2.84	22.69	0.57	0.92	2.60	1.60

续表

编号	石灰石	砂岩	铁尾矿	硅钙渣	铝粉	KH	n	p
C4	62.29	3.07	2.42	32.22	0.00	0.92	2.60	1.60
C5	54.60	0.52	3.03	41.84	0.00	0.92	2.20	1.60
C6	48.65	0.68	0.00	50.67	0.00	0.92	2.33	2.63

各生料试样按表 8-2、表 8-3 设定配合比配料（计量精度为 0.01g），配好的样品在振动混料机中混匀。将占生料质量 8.0% 的水均匀加入生料中，称取 5.5g 的湿生料，用专用模具，以 50~60kN 的压力压制成生料片，然后在（105±5）℃下充分烘 60min 以上。将烘干后的生料片置于铂金片上，放入温度为 950℃ 的马弗炉内恒温预烧 30min，然后将预烧完毕的试样随同铂金片立即转放到已恒温到实验温度（1300℃、1350℃、1400℃、1450℃、1500℃）的煅烧高温炉内，恒温煅烧 30min。煅烧完成后迅速取出熟料，并用风扇急冷。

8.1.1　石灰饱和系数 KH 对硅钙渣熟料烧成的影响

采用相同的硅率（$n=2.60$）和铝率（$p=1.60$），在不同饱和系数（$KH=0.90$、0.92、0.94）以及不同温度下（1300℃、1350℃、1400℃、1450℃、1500℃）烧制熟料。不同石灰饱和系数 KH 和煅烧温度下熟料游离钙的变化如图 8-1 所示，由图可知，在所有的煅烧温度下，KH 为 0.94 时的 f-CaO 含量高于 0.90 和 0.92 时的 f-CaO 含量，这说明石灰饱和系数为 0.94 时易烧性最差。根据表 8-2 可知，KH 为 0.94 时配方中的石灰石掺量较高，而其他原料相对较低，对应的配方中的 CaO 含量较高，而在硅酸盐熔体中 CaO 含量高于 30% 时可显著增高熔体黏度，因此 KH 为 0.94 时配方出现液相的温度较高，且液相黏度较大，导致离子迁移困难，f-CaO 含量较高，易烧性差。而在 KH 为 0.90、0.92 时，生料易烧性差别不大。同时如图 8-2 和图 8-3 所示，1300℃ 和 1450℃ 下熟料 XRD 的分析表明熟料矿物组成基本稳定，f-CaO 的衍射峰强度与滴定法保持一致，石灰饱和系数 KH 越高相同温度下的游离钙含量越高，相应 f-CaO 的衍射越强，因此在用硅钙渣烧制熟料时不适合采用过高的 KH，本研究认为 0.92 为适宜的石灰饱和系数。

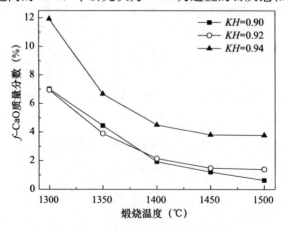

图 8-1　不同 KH 时的熟料易烧性

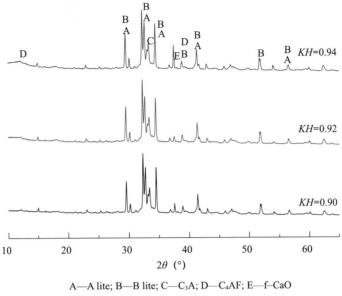

A—A lite; B—B lite; C—C₃A; D—C₄AF; E—f–CaO

图 8-2　1300℃时不同 KH 的熟料 XRD 分析

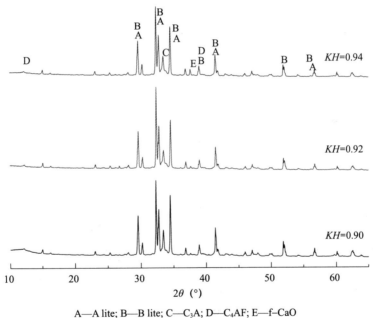

A—A lite; B—B lite; C—C₃A; D—C₄AF; E—f–CaO

图 8-3　1450℃时不同 KH 的熟料 XRD 分析

8.1.2　硅率 n 对易烧性的影响

保持石灰饱和系数（$KH=0.92$）和铝率（$p=1.60$）不变的情况下，研究硅率（$n=2.40$、2.60、2.80）变化对硅钙渣生料易烧性的影响。结果如图 8-4 所示。不同硅率下熟料中 f-CaO 含量的变化顺序为，硅率 2.8 时 f-CaO 含量最高，2.4 时 f-CaO 含量次之，2.6 时 f-CaO 含量最低，即硅率 2.6 时硅钙渣生料易烧性最好。特别在煅烧温度低于

1400℃时，硅率2.6的易烧性明显优于硅率2.8的易烧性。而当煅烧温度高于1450℃之后，易烧性逐渐趋于一致。结合图8-5和8-6不同硅率硅钙渣熟料的XRD图也可得出此结论。硅率2.8时f-CaO衍射峰最强，2.4时衍射峰次之，2.6时衍射峰最弱，且煅烧温度为1300℃不同硅率f-CaO衍射峰强度差异明显，而在1450℃时不同硅率f-CaO衍射峰强度之间差别甚微。这主要是由于对于石灰饱和系数和铝率一定的情况下，硅率较高者其成分中SiO_2含量较高，最低共熔点温度相对较高，结果在较低的煅烧温度1300℃下产生液相量较少，f-CaO含量较高，即其易烧性较差。而当煅烧温度高达1450℃以上时，由于温度较高熟料中SiO_2含量对出现的液相量影响较低。因而，此时不同硅率下熟料中的f-CaO含量差别不大，即升高煅烧温度可显著改善生料易烧性。

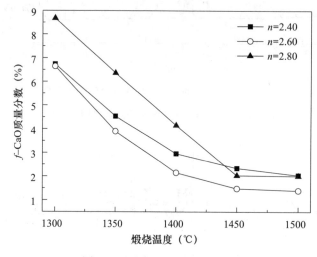

图8-4　不同n时的熟料易烧性

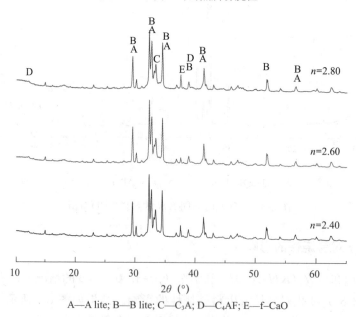

A—A lite; B—B lite; C—C_3A; D—C_4AF; E—f-CaO

图8-5　1300℃时不同n的熟料XRD分析

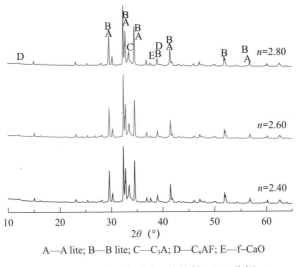

A—A lite; B—B lite; C—C$_3$A; D—C$_4$AF; E—f-CaO

图 8-6　1450℃时不同 n 的熟料 XRD 分析

8.1.3　铝率 p 对易烧性的影响

在相同的石灰饱和系数（KH＝0.92）和硅率（n＝2.60）下，研究铝率（p＝1.40、1.60、1.80）对硅钙渣生料易烧性的影响。由图 8-7 可知，在不同煅烧温度下铝率为 1.6 时，熟料中 f-CaO 含量最低，即易烧性最好。这主要是由于铝率较高时，熟料中生成的 C$_3$A 偏多，而相应的 C$_4$AF 就较少，则液相黏度较高质点不易扩散，对 C$_3$S 的形成不利，生料易烧性变差。铝率较低时，生料中石灰石掺量较高，硅钙渣产量较低，硅钙渣具有改善生料易烧性的功效，因此铝率 1.4 时硅钙渣掺量较低，易烧性相对较差。同时结合图 8-8 和图 8-9 可知，1300℃和 1450℃时不同铝率下都能生成组成稳定的熟料矿物，游离钙滴定结果与衍射分析中的游离钙衍射峰强度结果能保持一致。

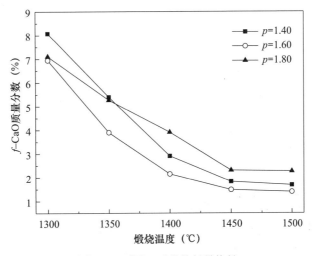

图 8-7　不同 p 时的熟料易烧性

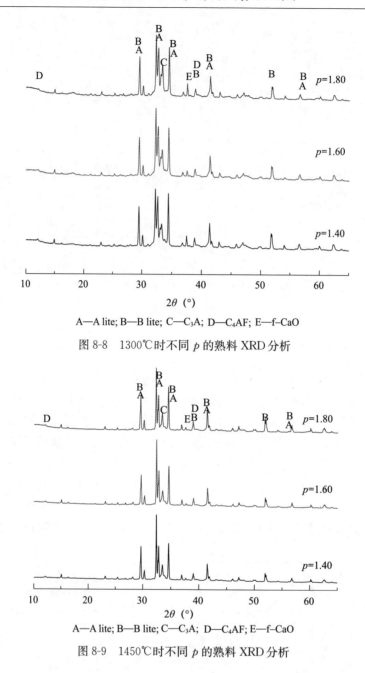

A—A lite; B—B lite; C—C₃A; D—C₄AF; E—f–CaO

图 8-8　1300℃时不同 p 的熟料 XRD 分析

A—A lite; B—B lite; C—C₃A; D—C₄AF; E—f–CaO

图 8-9　1450℃时不同 p 的熟料 XRD 分析

8.2　掺量对硅钙渣烧制水泥熟料的影响

8.2.1　硅钙渣掺量对熟料易烧性的影响

相同三率值不同硅钙渣掺量对生料易烧性的影响结果如图 8-10 所示。由图可知，在煅烧温度低于 1400℃时，熟料中 f-CaO 含量随硅钙渣掺入量的增加而降低，即随硅钙渣掺入量的增加，可显著改善生料易烧性。而在煅烧温度高于 1400℃，硅钙渣掺量小于 20％时，随硅钙渣掺入量的增加熟料中 f-CaO 含量变化甚微，即此时硅钙渣对水泥生料易烧性的改善作用较弱。在硅钙渣掺入量高达 30％时，熟料中 f-CaO 含量显著降低，其易烧性得到明显改善。同时当硅钙渣掺量高达 30％时，在不同煅烧温度下都可显著地改善生料易烧性。在 1400～1500℃时熟料中的 f-CaO 可以降低到 1.5％左右。

　　不同煅烧温度和硅钙渣掺量所制备出熟料的 XRD 结果如图 8-11～图 8-15 所示。由图可知，不同硅钙渣掺量下均能烧成稳定的熟料矿物，熟料中典型的四大矿物阿利特、贝利特、C_3A、C_4AF 的衍射峰都比较显著。且在不同煅烧温度下，掺 30％的硅钙渣与掺 0％、10％和 20％硅钙渣熟料的 XRD 相比，其 f-CaO 的衍射峰强度明显较弱，这说明掺 30％硅钙渣后熟料中的 f-CaO 含量得到了显著地降低。随着温度的增加，在 1300℃时，f-CaO 的衍射峰均比较明显，当温度升 1450℃和 1500℃时，f-CaO 衍射峰基本消失。显然，衍射分析的结果也表明，硅钙渣能降低熟料中游离钙含量，改善生料易烧性。

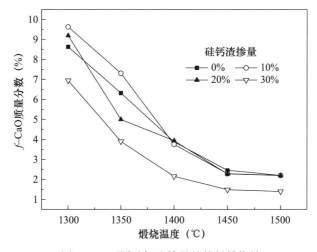

图 8-10　不同硅钙渣掺量的熟料易烧性

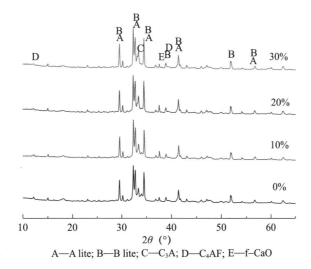

A—A lite；B—B lite；C—C_3A；D—C_4AF；E—f-CaO

图 8-11　1300℃时不同硅钙渣掺量的熟料 XRD 分析

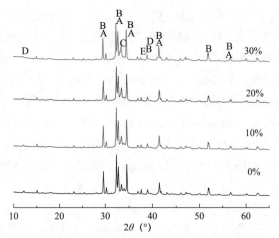

A—A lite; B—B lite; C—C₃A; D—C₄AF; E—f-CaO

图 8-12　1350℃时不同硅钙渣掺量的熟料 XRD 分析

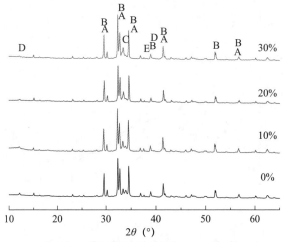

A—A lite; B—B lite; C—C₃A; D—C₄AF; E—f-CaO

图 8-13　1400℃时不同硅钙渣掺量的熟料 XRD 分析

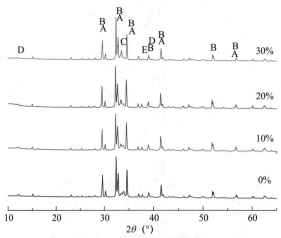

A—A lite; B—B lite; C—C₃A; D—C₄AF; E—f-CaO

图 8-14　1450℃时不同硅钙渣掺量的熟料 XRD 分析

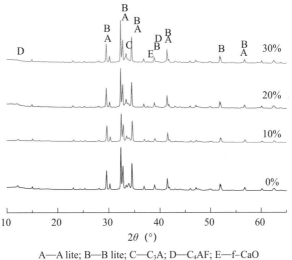

A—A lite; B—B lite; C—C_3A; D—C_4AF; E—f-CaO

图 8-15　1500℃时不同硅钙渣掺量的熟料 XRD 分析

8.2.2　高掺量硅钙渣熟料的烧制

为了进一步研究硅钙渣掺量对熟料烧成的影响，又设计了两组配比 C5、C6，对应的硅钙渣掺量分别为 40% 与 50%，此时石灰饱和系数 KH 仍保持为 0.92，但由于硅钙渣中硅含量较高，已无法再保持 n 与 p 与基准的一致。实验结果如图 8-16 所示，在保证 KH 一定的前提下提高硅钙渣量，硅钙渣掺量 40% 时的生料易烧性明显优于掺量 50% 时的易烧性，这是由于掺量 50% 时铝率过高所致，Al_2O_3 含量较高时在一定温度下产生液相量相对较少，抑制了 CaO 与 β-C_2S 反应的进行，同时，通过如图 8-17 的 XRD 衍射分析，在 1450℃时 50% 时 f-CaO 衍射峰强度明显强于 40% 时，这与熟料游离钙滴定结果一致。因此硅钙渣的品质直接影响其最大掺量，特别是其中 Al_2O_3 含量。

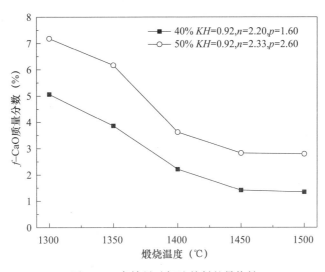

图 8-16　高掺量硅钙渣熟料的易烧性

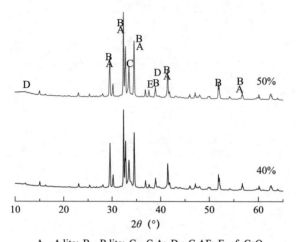

A—A lite; B—B lite; C—C$_3$A; D—C$_4$AF; E—f-CaO

图 8-17 1450℃高掺量硅钙渣熟料的 XRD 分析

8.3 硅钙渣水泥熟料物性分析

8.3.1 硅钙渣水泥熟料的 *TG/DSC* 分析

为了进一步深入研究硅钙渣对熟料的烧成影响，采用德国耐驰的 STA 449 F3 综合热分析仪对 C1、C2、C3、C4 四个样品进行 *TG/DSC* 分析。最高煅烧温度设为 1500℃，吹扫气为 N$_2$（流量为 80mL/min）。结果表明，各试样 *DSC* 曲线均在 770℃左右出现了吸热峰，对应 CaCO$_3$ 的分解阶段；在 1200～1350℃之间出现了放热峰与吸热峰，对应熟料矿物的形成阶段。

图 8-18 表明，相比 C1 而言，掺入 10％硅钙渣后（C2）CaCO$_3$ 分解温度基本相同，

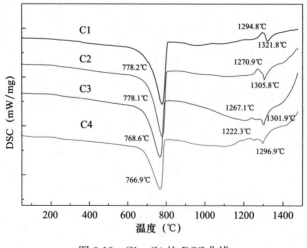

图 8-18 C1～C4 的 *DSC* 曲线

但熟料形成温度降低 16.0℃；掺入 20％硅钙渣后（C3）$CaCO_3$ 分解温度降低 9.6℃，同时熟料形成温度降低 19.9℃；掺入 30％硅钙渣后（C4）$CaCO_3$ 分解温度降低 11.3℃，同时熟料形成温度降低 24.9℃。由此可见，硅钙渣的掺入能显著降低 $CaCO_3$ 分解温度以及熟料形成温度。另外，通过比较 C1～C4 的 $CaCO_3$ 分解吸热峰，发现随着硅钙渣掺量增加，该吸热峰明显变小，这是因为硅钙渣替代的碳酸钙越来越多的缘故。

由图 8-19 所示的 *TG* 结果可知，掺入 10％硅钙渣后（C2）生料烧失量降低 2.97％，掺入 20％硅钙渣后（C3）生料烧失量降低 5.27％，掺入 30％硅钙渣后（C4）生料烧失量降低 7.97％，这说明硅钙渣的掺入能降低熟料烧成过程 CO_2 排放，这也是硅钙渣替代碳酸钙后其减排作用的直接体现。

由图 8-20 可知，C1～C4 样品的 DTG 峰值对应的碳酸钙分解温度也是随着硅钙渣掺量的增加逐渐降低，其中 C3 表现最明显，这同样说明硅钙渣的掺入能使促进 $CaCO_3$ 分解，这与 *TG* 分析观察到的结果是一致的。

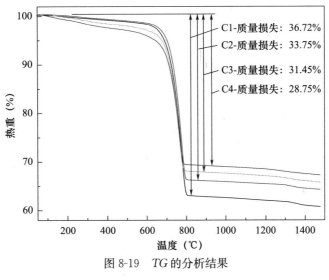

图 8-19　*TG* 的分析结果

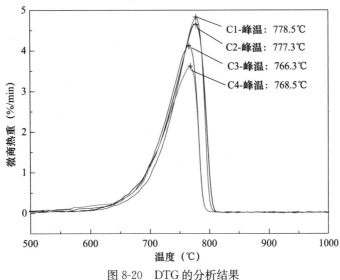

图 8-20　DTG 的分析结果

8.3.2 硅钙渣烧制熟料的显微形貌与结构

1. ESEM 分析

采用美国 FEI 公司生产的 Quanta 250 FEG 环境扫描电镜（ESEM）观察硅钙渣烧制熟料的微观形貌，放大倍数为 1500 倍左右。图 8-21 分别是 1300℃和 1450℃下不掺硅钙渣（C1）和掺 30％硅钙渣（C4）时烧制熟料样品的显微图片。

(a) C1 (不掺硅钙渣) 1300℃   (b) C1 (不掺硅钙渣) 1450℃

(c) C4 (掺30%硅钙渣) 1300 ℃   (d) C4 (掺30%硅钙渣) 1450 ℃

图 8-21 不同温度下熟料的 ESEM 图片

ESEM 分析表明，掺入 30％硅钙渣后，在 1300℃的煅烧温度下，熟料液相增多，孔隙明显减少，致密性增强；在 1450℃时形成晶体颗粒较大，尺寸均匀，棱角分明。因此，掺入硅钙渣能显著增加烧成时的液相含量，对熟料的烧成以及矿物晶体生成与长大是有利的。

2. 岩相分析

采用德国 Leitz ORTHOLUX－Ⅱ POL BK 透反射偏光显微镜对熟料进行相关岩相分析。图 8-22 分别是 1300℃和 1450℃下不掺硅钙渣（C1）和掺 30％硅钙渣（C4）时烧制熟料样品的岩相图片。

岩相分析结果表明，1300℃时 C4 相比 C1 而言，内部出现较多 B 矿团聚，产生这种现象的原因是硅钙渣中含有大量 $\beta\text{-}C_2S$，其发挥"晶种"作用，在 1300℃低温煅烧时大量聚合形成 Belite 晶簇。1450℃下 C4 样品中发现大量 C_3S 聚集，这是由掺硅钙渣熟料中 Belite 晶簇高温下吸收 CaO 而形成。

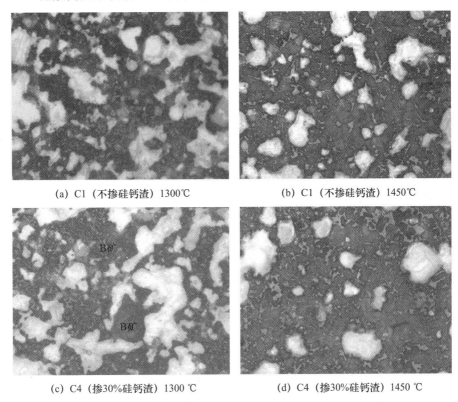

(a) C1 (不掺硅钙渣) 1300℃　　　　　(b) C1 (不掺硅钙渣) 1450℃

(c) C4 (掺30%硅钙渣) 1300 ℃　　　　(d) C4 (掺30%硅钙渣) 1450 ℃

图 8-22　不同温度下熟料的岩相图片

　　根据以上分析结果可知，掺入硅钙渣后熟料样品在1300℃生成更多液相，同时硅钙渣中大量 β-C_2S 聚集、长大成 Belite 晶簇，这有助于降低熟料矿物形成温度，节约能耗；在1450℃时，掺硅钙渣后物料中 Belite 晶簇高温下吸收 CaO 而形成 C_3S，其晶体颗粒较大，且大小均匀，棱角分明，这说明掺硅钙渣后促进了烧成，进而改善了熟料结构。

8.3.5　硅钙渣水泥熟料的力学性能

　　按《水泥胶砂强度检验方法（ISO 法）》（GB/T 17671）对硅钙渣掺量为30％的熟料进行力学性能检验。水灰比 0.50、水泥 450g、标准砂 1350g。砂浆试样在标准条件［温度（20±2）℃，相对湿度 95％±5％］下带模养护 1d 后拆模，试块置入水中（20±2）℃分别养护 3d 和 28d 后，进行强度试验，结果见表 8-4。硅钙渣烧制熟料 3d 抗压强度已超过 30MPa，28d 抗压强度超过 52.5MPa，满足《硅酸盐水泥熟料》（GB/T 21372—2008）中通用水泥熟料对力学性能的要求。由此可见，在实验室采用硅钙渣烧制的水泥熟料具有良好的力学性能。

表 8-4　硅钙渣水泥熟料的强度试验结果

龄期	抗折强度（MPa）	抗压强度（MPa）
3d	6.8	31.1
28d	9.2	58.5

8.4 硅钙渣烧制水泥熟料中试试验

8.4.1 硅钙渣掺量 30% 的试烧试验

按照水泥熟料生产惯例，在使用新的原材料之前，首先应进行水泥生料的易烧性试验，确定水泥熟料的三率值配比，以及水泥生料配料时各种原材料的比例。为此，首先进行了硅钙渣配制生料的易烧性试验。

本次试验用原材料中除硅钙渣外，所用石灰石、铁矿石粉末、硅废石、粉煤灰均采用内蒙古蒙西水泥股份有限公司经营中心生产用原材料。

各种原材料的化学组成见表 8-5。

表 8-5　原材料的化学成分　　　　　　　　　（%）

物料	烧失量	SiO_2	Al_2O_3	Fe_2O_3	CaO	MgO	SO_3	R_2O	合计
石灰石	41.2	3.99	0.67	0.3	51.76	1.24	0.10	0.23	99.49
硅废石	0.68	97.39	0.58	0.48	0.17	0.12	0.00	0.00	99.42
铁矿石粉末	3.35	44.89	5.58	34.36	3.66	4.51	1.10	0.42	97.87
粉煤灰	3.23	45.40	38.35	5.93	4.31	0.93	1.32	0.30	99.77
脱碱硅钙渣	17.59	18.59	9.78	2.89	44.99	2.61	—	0.75	99.47

硅钙渣掺量约为 30% 时，其原料配方及率值如表 8-6 所示。

表 8-6　硅钙渣掺量约为 30% 时的原料配比

序号	代替石灰石量（%）	石灰石（%）	硅废石（%）	铁矿石粉（%）	石灰饱和系数 KH	硅率值 n	铝率值 p
方案1	30.44	61.01	5.16	3.39	0.94±0.02	2.5±0.1	1.6±0.1
方案2	31.80	59.61	4.66	3.93	0.90±0.02	2.4±0.1	1.6±0.1
方案3	30.70	61.07	4.43	3.80	0.920±0.02	2.4±0.1	1.6±0.1

1. 配料方案 1

硅钙渣用量 30%，率值设定为 $KH=0.94\pm0.02$，$n=2.5\pm0.1$，$p=1.6\pm0.1$。水泥生料组成详见表 8-7。

表 8-7　方案 1 的水泥生料组成

化学组成	烧失量	SiO_2	Al_2O_3	Fe_2O_3	CaO	MgO	合计
含量（%）	31.28	14.09	3.83	2.51	46.02	1.68	99.41

方案 1 的易烧性试验结果详见表 8-8。可见在 1450℃时，该组配料方案的 f-CaO 远远超过水泥行业一般认可的接受值上限 1.5%，因此可以认为该方案的易烧性较差，不应进行窑炉中试。

表 8-8　方案 1 的易烧性结果

温度（℃）	f-CaO（%）
1300	14.90
1350	7.56
1400	4.70
1450	2.68

2. 配料方案 2

硅钙渣用量 30%，率值设定为 $KH=0.90\pm0.02$，$n=2.4\pm0.1$，$p=1.6\pm0.1$。水泥生料组成详见表 8-9。

表 8-9　方案 2 的水泥生料组成

化学组成	烧失量	SiO_2	Al_2O_3	Fe_2O_3	CaO	MgO	合计
含量（%）	31.63	14.73	4.00	2.46	45.07	1.73	99.62

方案 2 的易烧性试验结果详见表 8-10。在 1450℃时，该组配料方案的 f-CaO 低于水泥行业一般认可的可接受值上限 1.5%，因此可以认为该方案易烧性尚可，可以作为窑炉中试的备选方案之一。

表 8-10　方案 2 的易烧性结果

温度（℃）	f-CaO（%）
1300	6.3
1350	2.66
1400	2.97
1450	1.15

3. 配料方案 3

硅钙渣用量 30%，$KH=0.92\pm0.02$，$n=2.4\pm0.1$，$p=1.6\pm0.1$。水泥生料组成详见表 8-11。

表 8-11　方案 3 的水泥生料组成

化学组成	烧失量	SiO_2	Al_2O_3	Fe_2O_3	CaO	MgO	合计
含量（%）	31.62	14.48	3.90	2.37	45.16	1.63	99.16

方案 3 的易烧性试验结果详见表 8-12。可见在 1450℃时，该组配料方案的 f-CaO 低于水泥行业一般认可的可接受值上限 1.5%，因此可以认为该方案易烧性尚可，可以作为窑炉中试的备选方案之一。

表 8-12　方案 3 的易烧性结果

温度（℃）	f-CaO（%）
1300	9.12

续表

温度（℃）	f-CaO（%）
1350	4.65
1400	2.40
1450	1.23

上述试烧试验的结果表明，使用硅钙渣的水泥生料的易烧性对于饱和比（KH）比较敏感：KH 值较高的方案 1，易烧性均较差，这样将极大影响熟料的性能。因此，KH 不宜控制过高。KH 为 0.90 与 0.92 的方案 2 与方案 3 的易烧性差别不大。一般来说，KH 的提高有利于熟料的强度性能。因此，为了获得较好的熟料强度，可以选择 $KH=0.92$ 的方案 3 进行窑炉烧成中试。由于是首次进行硅钙渣制备水泥熟料的工作，因此中试方案的硅率和铝率选取最好与目前蒙西熟料大窑生产的控制值一致，以利于减少不确定因素，便于后期工业化生产。

4. 根据易烧性试验结果，确定本次窑炉中试时，按照方案 3 的率值数值进行原材料配比。

主要设备为如图 8-23 所示的 $\phi 600mm \times 4000mm$ 小型试验回转窑，其转速 0～20r/min 可调，倾角 3°，采用燃烧柴油的方式进行加热。

图 8-23　小型回转窑

试验方法为首先按比例称量各原料，并置于水泥试验磨中粉磨，每批料粉磨大约 40min。其次将磨好的物料加少量水在造粒机上进行造粒，造粒设备如图 8-24 所示，将造好的生料球在烘干箱中进行烘干。烘干后的生料球即可进窑烧制。最后将烧制好的熟料球在水泥磨中粉磨 60min，并掺入 5% 的石膏配制成水泥，并按国标对制得的水泥的各种物化性能进行测试。

由于中试小窑已长期未用，且经过一些改造，很多工艺控制参数需要重新摸索，中试试验主要经历了 4 个阶段，具体情况如下。

图 8-24 成球造粒设备

1）第一阶段

（1）主要工艺参数

①耗油量 10～15L/h。

②大排风机风门 100％全开，小排风机风门 50％开度。

③窑速为 2.5r/min。

④窑电流为 45A。

⑤喂料量为 10kg/h。

（2）煅烧过程

①油枪雾化效果较差，油枪头部密封不严，在小窑内部浇注料表面滴油现象严重。

②在点火煅烧过程中出现柴油不完全燃烧现象，烟囱冒黑烟。

③点火升温 8h 时，窑尾开始喂料。

④在 2.5r/min 的窑速下，物料在窑内停留时间为 20～30min。

⑤窑内火焰颜色为橘黄色、火焰不集中。

⑥加大柴油量时窑温不仅没有达到预期的起火燃烧温度，火焰反而热力强度不够。

⑦当生料传到烧成带时，窑皮温度的颜色逐渐发暗，这说明油枪控制窑温的效果未达到预期。

⑧出窑熟料表面呈灰白色，且手感较轻。

⑨熟料未形成特有的结晶体，明显属于煅烧温度不够的欠烧料。

表 8-13 中试第一阶段生料设计成分

成分	烧失量	SiO_2	Al_2O_3	Fe_2O_3	CaO	MgO	合计
含量（%）	31.63	14.73	4.00	2.46	45.07	1.73	99.62

表 8-14 中试第一阶段获得熟料的成分及率值

编号	SiO_2	Al_2O_3	Fe_2O_3	CaO	MgO	SO_3	合计	f-CaO	KH	n	p
S1	20.46	6.91	4.04	65.74	2.39	0.24	99.78	8.59	0.92	1.87	1.71

表 8-15　中试第一阶段获得熟料的物理性能

细度 0.08mm	比表面积 (m²/kg)	标稠	初凝 (min)	终凝 (min)	3d 强度（MPa）		28d 强度（MPa）		安定性	SO₃
					抗折	抗压	抗折	抗压		
3.7	352	23.0	68	100	4.6	20.6	—	—	不合格	2.2

（3）试烧试验小结

①由于油枪雾化效果较差，柴油在窑内未能完全燃烧，煅烧温度较低，出窑熟料存在欠烧现象，f-CaO 达到 8.59%，从而导致熟料的烧成状况较差，熟料强度较低、安定性不合格。

②下一阶段实验需着重在改造油枪雾化方面做工作，同时考虑到熟料有欠烧现象，尝试加大煅烧时的喷油量。

2）第二阶段

（1）根据第一阶段的经验教训，第二阶段着重进行了如下调整：

①改造油枪，加强雾化效果；

②提高喷油速率；

③减少单位时间的窑内喂料量。

（2）主要工艺参数

①耗油量 15~17L/h；

②大排风机风门 100% 全开、小排风机风门 80% 开度；

③窑速为 5r/min；

④窑电流为 40A；

⑤喂料量为 8kg/h。

（3）煅烧过程

①改造后油枪雾化效果明显提高，火焰的扩散角度加大，油喷头部无明显滴油现象。

②柴油不完全燃烧现象基本不再发生，烟囱无明显黑色烟气冒出。

③油量逐渐加大，点火升温 8h，观察可见窑皮发白发亮。

④由于油枪压力不能稳定控制，故窑内火焰出现不稳定现象，时长时短。

⑤火焰基本集中，窑前较为清亮，但依然存在飞砂现象，且出窑熟料有风化现象，煅烧不够完全。

表 8-16　中试第二阶段生料设计成分

成分	烧失量	SiO₂	Al₂O₃	Fe₂O₃	CaO	MgO	合计
含量（%）	31.62	14.48	3.90	2.37	45.16	1.63	99.16

表 8-17　中试第二阶段获得熟料成分及率值

编号	SiO₂	Al₂O₃	Fe₂O₃	CaO	MgO	SO₃	合计	f-CaO	KH	n	p
S2	19.99	5.68	4.4	67.1	2.28	0.15	99.94	5.76	1	1.98	1.29

表 8-18 中试第二阶段获得熟料的物理性能

细度	比表面积	标稠	初凝	终凝	3d 强度（MPa）		28d 强度（MPa）		安定性	SO₃
0.08mm	（m²/kg）		（min）	（min）	抗折	抗压	抗折	抗压		
2.5	349	23.5	78	112	3.6	18.8	—	—	合格	2.46

（4）试烧试验小结

①本阶段的油枪雾化效果有所改善，但是依然不能稳定控制，火焰不能稳定集中煅烧，煅烧温度虽有提高但不稳定，出窑熟料依然存在欠烧现象。f-CaO 含量依然达到 5.76%、偏高；凝结时间偏短，强度偏低。另外，水泥生料成分虽然经过调整，但仍未调整到位，计算率值与设定率值相差较大。

②下一阶段试验应继续改造油枪雾化，同时设法控制窑炉运转工艺的平稳性。

3）第三阶段

（1）根据第二阶段的经验教训，第三阶段着重进行如下调整：

①密封油枪，更换压缩空气泵，稳定油枪喷油压力；

②改变生料入窑时机，待窑体达到一定温度再进行水泥生料的投料煅烧。

（2）第三阶段主要工艺参数与第二阶段时完全一样。

（3）煅烧过程

①烟囱无黑色烟气冒出，柴油不完全燃烧现象基本不再发生。

②油量逐渐稳定加大，点火升温 8 h 时窑皮发白发亮。

③筒体的表面温度均衡达到了 230～280℃开始投料煅烧。

④窑内火焰颜色由浅黄色逐步过渡为白亮色。

⑤煅烧过程中火焰集中，窑前较为清亮、无明显飞砂现象。

⑥生料传输到烧成带时，窑皮温度的颜色逐渐发亮。

⑦出窑熟料呈乌黑色略带黄色，其内部出现结晶体，手感较重。

表 8-19 中试第三阶段生料设计成分

成分	烧失量	SiO₂	Al₂O₃	Fe₂O₃	CaO	MgO	合计
含量（%）	31.62	14.48	3.90	2.37	45.16	1.63	99.16

表 8-20 中试第三阶段获得熟料成分

编号	SiO₂	Al₂O₃	Fe₂O₃	CaO	MgO	SO₃	合计	f-CaO	KH	n	p
S3	20.87	5.7	3.57	66.69	2.3	0.25	99.38	3.6	0.92	2.25	1.6

表 8-21 中试第三阶段获得熟料的物理性能

细度	比表面积	标稠	初凝	终凝	3d 强度（MPa）		28d 强度（MPa）		安定性
0.08mm	（m²/kg）		（min）	（min）	抗折	抗压	抗折	抗压	
2.4	344	24.4	101	141	6.4	28.8	8.3	58.7	合格

（4）试烧试验小结

①烟囱无黑色烟气冒出，柴油不完全燃烧现象基本不再发生。

②油量逐渐稳定加大，点火升温 8h 时窑皮逐渐发白发亮。

③筒体的表面温度达到 230～280℃ 开始投料煅烧。

④窑内火焰颜色由浅黄色逐步过渡为白亮色。

⑤物料被窑带起的高度逐渐提高，物料颜色明显呈白亮色。

⑥火焰集中，窑前较为清亮、无明显飞砂现象。

⑦生料进入烧成带时，窑皮逐渐发亮。

⑧出窑熟料表面呈乌黑色，其内部有大量晶体，手感较重，结粒情况和大型回转窑煅烧熟料无区别，属于正常煅烧温度下的熟料。

4）第四阶段

本阶段烧制出的水泥熟料颗粒如图 8-25 所示。

图 8-25　中试第四阶段、硅钙渣掺量为 30% 时的水泥熟料颗粒

（1）本阶段进一步调整了水泥生料的配料成分，严格控制了入窑生料的化学组成，使得本阶段获取的水泥熟料基本达到设定率值范围。

（2）本阶段获得熟料的 f-CaO 基本趋于正常，安定性合格，凝结时间正常，3d、28d 强度正常。

通过硅钙渣掺量为 30% 的小窑试验可以得出，熟料的适宜率值为 $KH=0.92\pm0.02$，$n=2.4\pm0.1$，$p=1.6\pm0.1$。以该率值配制生料，其易烧性好。采用小型回转窑煅烧，所得熟料凝结时间正常，强度满足《硅酸盐水泥熟料》（GB/T 21372—2008）中通用水泥熟料的要求。

8.4.2　硅钙渣掺量 60% 的试烧试验

为了进行高掺量硅钙渣水泥熟料中试试验，在中试线所生产了一批 Al_2O_3 含量为 6% 左右的脱碱硅钙渣。在现有率值条件下可进行硅钙渣高掺量试验。本次试验拟利用 60% 硅钙渣替代石灰石，对 3 种配料方案进行易烧性试验，以确定合适的率值。根据易烧性试验结果，选取 1 种方案进行小窑试烧，以确定最佳工艺参数，为大窑工业试验奠定基础。

本次试验所用石灰石、铁矿石粉末、硅废石、粉煤灰均为内蒙古蒙西水泥股份有限公司经营中心现用原材料。各原材料的化学成分见表 8-22。

表 8-22　硅钙渣及各种原材料的化学成分　　　　　　　　　　（%）

物料	烧失量	SiO_2	Al_2O_3	Fe_2O_3	CaO	MgO	R_2O	SO_3	合计
脱碱硅钙渣	14.29	22.05	5.27	1.74	51.54	2.97	0.93	0.34	99.56
石灰石	42.00	2.78	0.58	0.29	53.06	0.52	—	—	99.68
铁矿石粉末	4.39	43.31	5.31	34.95	4.26	4.03	—	—	98.86
粉煤灰	4.24	45.54	38.54	5.17	3.25	0.69	—	0.97	98.40

由于此次熟料煅烧所使用的燃料为液体燃料，配料计算过程中不必考虑燃料成分所带来的组分影响。

1. 配料方案 1

熟料三率值按如下控制：$KH=0.91\pm0.02$、$n=2.50\pm0.10$、$p=1.6\pm0.10$。水泥生料配比、组成详见表 8-23 与表 8-24。

表 8-23　方案 1 的各种原材料配比

名称	配合比（%）
脱碱硅钙渣	60.00
石灰石	34.89
铁矿石粉末	3.81
粉煤灰	1.30

表 8-24　方案 1 的水泥生料组成

组成	烧失量	SiO_2	Al_2O_3	Fe_2O_3	CaO	MgO
含量（%）	23.23	16.36	4.03	2.52	49.37	2.12

表 8-25　方案 1 的易烧性结果

温度（℃）	f-CaO（%）
1350	6.73
1400	3.72
1450	2.11

方案 1 的易烧性试验结果详见表 8-25。在 1450℃时，该组配料方案的 f-CaO 含量与水泥行业一般认可值 1.5% 较接近，可考虑该配方作为小窑试烧试验的配方。

2. 配料方案 2

熟料三率值按如下控制：$KH=0.93\pm0.02$、$n=2.50\pm0.10$、$p=1.60\pm0.10$。水泥生料配比、组成详见表 8-26 与表 8-27。

表 8-26　方案 2 的各种原材料配比

名称	配合比（%）
脱碱硅钙渣	60.00
石灰石	35.34
铁矿石粉末	3.64
粉煤灰	1.02

表 8-27　方案 2 的水泥生料组成

组成	烧失量	SiO_2	Al_2O_3	Fe_2O_3	CaO	MgO
含量（%）	24.12	16.43	4.04	2.53	50.49	2.13

表 8-28　方案 2 的易烧性结果

温度（℃）	f-CaO（%）
1350	7.41
1400	4.01
1450	2.47

方案 2 的易烧性试验结果详见表 8-28。在 1450℃时，该组配料方案的 f-CaO 含量超过水泥行业一般认可的接受值上限 1.5%，因此可以认为该方案的易烧性较差，不应进行窑炉中试。

3. 配料方案 3

熟料三率值按如下控制：$KH=0.96\pm0.02$、$n=2.50\pm0.10$、$p=1.6\pm0.10$。水泥生料配合比、组成详见表 8-29 与表 8-30。

表 8-29　方案 3 的各种原材料配比

名称	配合比（%）
硅钙渣	60.00
石灰石	35.99
铁矿石粉末	3.40
粉煤灰	0.61

表 8-30　方案 3 的水泥生料组成

组成	烧失量	SiO_2	Al_2O_3	Fe_2O_3	CaO	MgO
含量（%）	25.48	16.53	4.07	2.54	52.20	2.15

表 8-31　方案 3 的易烧性结果

温度（℃）	f-CaO（%）
1350	7.53
1400	4.74
1450	2.76

方案 3 的易烧性试验结果详见表 8-31。在 1450℃时，该组配料方案的 f-CaO 含量超过水泥行业一般认可的接受值上限 1.5％，因此可以认为该方案的易烧性较差，不应进行窑炉中试。

根据试验结果可知，在硅钙渣的掺量为 60％时，采用高饱和系数（0.93、0.96）配料，生料的易烧性较差，不宜作为小窑试烧试验的配方。降低饱和系数，有利于生料易烧性改善。当采用饱和系数 0.92 配料时，f-CaO 虽然偏高，但在三个配方中是最低的，可以尝试用该配方进行小窑试烧试验。

根据易烧性结果判断，方案 1 为最佳方案。

硅钙渣、石灰石、硅废石、铁矿石粉末、粉煤灰等原料，按照配料方案的要求，准确称量配料混合后，经过 $\phi500mm \times 500mm$ 试验小磨粉磨至细度≤12.00％的生料。对该生料进行成球造粒，送入小型回转窑经高温煅烧后得硅酸盐水泥熟料。

具体操作要求如下。

（1）按照配料方案给出的配合比，生料至少制备 45kg，生料细度≤12.00％。

（2）经过中试线进行煅烧后，合格的出窑熟料量应不低于 15 kg。

试烧过程如下。

（1）第一阶段。点火试烧，调整工艺参数，计划试烧 16h。

回风太大，窑温控制不正常，熟料烧成不正常。需重新调试，拟控制风量。

（2）第二阶段。调整工艺参数，稳定操作手法，试烧 16h。

控制风量，窑温控制转好；但柴油燃烧不完全，烟囱黑岩较多；熟料烧成有所改观，但黑色的熟料颗粒中间杂有灰白色、未烧成的颗粒。

（3）第三阶段。稳定工艺参数，稳定操作手法，试烧 16h。

喷油量与送风量协同控制，同时解决了窑温控制、柴油燃烧控制的难题；窑体温度稳定，柴油燃烧完全；出窑熟料外观正常。该次煅烧熟料的物理性能见表 8-32。满足《硅酸盐水泥熟料》（GB/T 21372—2008）中通用水泥熟料的要求。

表 8-32 小窑试烧熟料的物理性能

性能	比表面积 (m^2/kg)	稠度 (％)	初凝 (min)	终凝 (min)	3d 强度（MPa）		28d 强度（MPa）		安定性
					抗折	抗压	抗折	抗压	
数值	426	5.6	143	200	65.8	31	8.2	57.1	合格

根据上述试验可知，降低硅钙渣中的 Al_2O_3 含量，脱碱硅钙渣的掺量可达到 67％，可烧制出合格的普通硅酸盐水泥熟料，此时熟料的适宜率值为 $KH=0.91\pm0.02$、$n=2.50\pm0.10$、$p=1.6\pm0.10$。以该率值配制生料，其易烧性较好。

8.4.3 中试试验结论

（1）利用硅钙渣，其掺量为 30％时，可以按照设定率值（$KH=0.92\pm0.02$，$n=2.4\pm0.1$，$p=1.6\pm0.1$）配制生料。经小窑试烧证实，该配方可以烧制出合格的熟料。

（2）降低硅钙渣的 Al_2O_3 含量，其掺量提高至 60％时，并可按照设定率值（$KH=0.91\pm0.02$，$n=2.50\pm0.10$，$p=1.6\pm0.10$）配制出生料。经小窑试烧证实，该配方可以烧制出合格的熟料。

（3）若要求生料中石灰石替代量较大，硅钙渣中的 Al_2O_3 含量低于 6％以下，因为在大窑生产中还要考虑燃煤所产生的粉煤灰中的 Al_2O_3 含量，否则不能配制出满足率值要求的生料。

8.5　硅钙渣烧制水泥熟料工业化生产

利用蒙西水泥乌海有限公司现有 4000t 生产线先进的生产工艺设备，根据前期实验室以及中试线上试验情况确定硅钙渣掺量。原料选用石灰石、硅钙渣、硅废石、粉煤灰、铁矿石粉末 5 种原料配制生料；燃料用原煤和中煤搭配按照 2：1 使用，必须保证入窑煤热值在 21347kJ 以上。

8.5.1　工业生产方案

根据前期实验室及中试试验情况，结合生产线生产情况及原燃材料质量情况，确定熟料率值范围：$KH=0.92\pm0.02$，$n=2.40\pm0.1$，$p=1.5\pm0.1$，硅钙渣的掺量控制在 5％左右。生产拟在窑系统各项参数稳定后生产 1.2 万吨熟料。试验所用原料的化学成分见表 8-33，所使用的煤见表 8-34。

表 8-33　原燃材料化学成分

名称	烧失量	SiO₂	Al₂O₃	Fe₂O₃	CaO	MgO	SO₃	K₂O	Na₂O	合计
脱碱硅钙渣	17.62	22.19	6.01	2.69	44.71	3.67	0.25	0.21	0.86	98.21
石灰石	41.60	3.77	0.51	0.24	52.64	1.20	0.01	0.24	0.04	100.13
硅废石	0.95	94.00	1.08	0.95	2.08	0.34	0.01	0.19	0.05	99.65
铁矿石粉末	3.11	44.03	5.47	35.81	4.19	4.82	1.10	0.66	0.12	99.31
粉煤灰	2.01	48.64	39.76	5.25	1.68	0.72	0.15	0.55	0.08	98.84
煤灰分	—	47.87	38.19	5.41	4.34	0.70	0.44	—	—	96.95

表 8-34　煤的工业分析

物性	水分（%）	灰分（%）	挥发分（%）	固定碳	热值（kJ/kg）
含量	0.81	32.37	21.78	45.04	5158.72

大窑生产的生料配料方案及生料配合比见表 8-35 和表 8-36。

表 8-35　生料配料计算方案　　　　　　　　　　　　　　　　（%）

名称	烧失量	SiO₂	Al₂O₃	Fe₂O₃	CaO	MgO	SO₃	R₂O	合计
生料	31.51	13.75	2.71	2.27	46.63	2.04	0.21	99.12	31.51
熟料	—	21.30	5.46	3.41	65.29	2.87	0.44	98.77	—

名称	KH	n	p	C₃S	C₂S	C₃A	C₄AF	—	KH
生料	1.074	2.76	1.19	—	—	—	—	—	1.074
熟料	0.920	2.40	1.60	61.51	14.67	8.68	10.38	—	0.920

表 8-36　大窑试验的生料配合比

名称	配合比（%）
脱碱硅钙渣	5.02
石灰石	79.99
硅废石	5.66
铁矿石粉末	4.71
粉煤灰	4.62

利用硅钙渣生产的熟料和水泥质量标准参照《硅酸盐水泥熟料》（GB/T 21372—2008）、《通用硅酸盐水泥》（GB 175—2007）所规定的技术要求，熟料及水泥具体指标要求如下。

1. 水泥熟料质量技术指标设计要求

（1）3d 抗压强度≥28.0MPa，28d 抗压强度≥55.0MPa。

（2）3d 抗折强度≥5.0MPa，28d 抗折强度≥8.0MPa。

（3）MgO 含量≤5.0%。

（4）SO_3 含量≤1.5%。

（5）游离氧化钙 f-CaO 含量≤1.8%。

（6）烧失量≤1.5%。

（7）（$3CaO \cdot SiO_2 + 2CaO \cdot SiO_2$）含量≥65%。

（8）比表面积（350±10）m^2/kg。

（9）初凝时间>45min，终凝时间<390min。

（10）安定性：沸煮法合格。

2. 水泥质量技术指标设计要求

（1）3d 抗压强度≥28.0MPa，28d 抗压强度≥55.0MPa。

（2）3d 抗折强度≥5.0MPa，28d 抗折强度≥8.0MPa。

（3）MgO 含量≤5.0%。

（4）SO_3 含量≤1.5%。

（5）游离氧化钙 f-CaO 含量≤1.8%。

（6）烧失量≤1.5%。

（7）（$3CaO \cdot SiO_2 + 2CaO \cdot SiO_2$）含量≥65%。

（8）比表面积（350±10）m^2/kg。

（9）初凝时间>45min，终凝时间<390min。

（10）安定性：沸煮法合格。

熟料生产过程中工艺流程如图 8-26 所示。

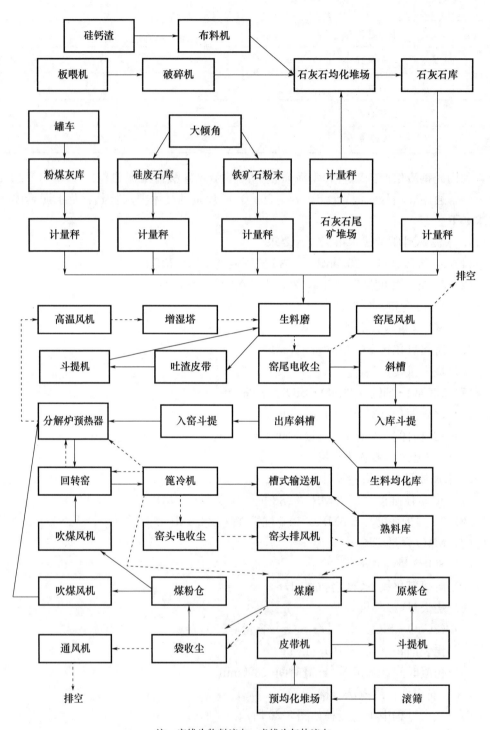

注：实线为物料流向，虚线为气体流向

图 8-26　掺配硅钙渣烧制水泥熟料大窑工业化试验生产流程图

生产过程中入窑生料化学成分以及水分、细度如表 8-37 所示。

表 8-37　入窑生料情况

试样编号	水分	细度	烧失量	SiO_2	Al_2O_3	Fe_2O_3	CaO	MgO	合计	KH	n	p
2013-6-20	0.12	14.3	36.42	12.95	2.63	2.14	44.25	1.18	99.56	1.08	2.72	1.23
2013-6-21	0.10	14.4	35.98	13.12	2.59	2.12	44.22	1.20	99.23	1.07	2.79	1.22
2013-6-22	0.11	14.1	36.54	12.92	2.59	2.11	44.26	1.22	99.63	1.09	2.76	1.22
2013-6-23	0.13	14.0	36.54	12.71	2.53	2.07	44.49	1.22	99.55	1.11	2.77	1.22
平均值	0.12	14.2	36.37	12.93	2.59	2.11	44.29	1.21	99.49	1.09	2.76	1.22

将表 8-37 与正常生产时的生料对比可知，硅钙渣替代部分石灰石配料后对于生料成分稳定性没有显著影响，生料细度和水分也与硅钙渣掺加前在相同范围内。

在试验过程中发现，硅钙渣作为原材料配料后，生料易烧性提高，这与实验室试验得出的结果一致。因此，促使生产过程中分解炉用煤量明显降低，熟料的产量也有所提高。试验过程对部分重要生产指标监测结果、掺配硅钙渣前后主机运行参数对比见表 8-38 和 8-39。

表 8-38　硅钙渣配料生产过程部分关键参数

日期	班次	生料磨台时产量 (t/h)	入窑生料分解率 (%)	大窑投料量 (t/h)	分解炉温度 (℃)	窑尾温度 (℃)	二次风温度 (℃)	三次风温度 (℃)	C1出口温度 (℃)	出冷却机熟料温度 (℃)	熟料立升重 (g/L)	f-CaO合格率	煤粉细度 (%)	煤粉水分 (%)	耗煤量 (t)
2013-6-20	1	489.4	—	370	895.6	1098	1103	967	330	103	1151	8/8	6.8	0.8	272.8
	2	487.3	92.5	370	895.6	1120	1134	960	335	110	1177	6/8	7.3	0.86	278.4
	3	491.0	—	370	890.3	1089	1143	958	333	100	1077	7/8	7.3	0.91	282.4
213-6-21	1	489.6	—	370	891.4	1092	1153	956	334	102	1074	8/8	7.6	0.82	276.8
	2	488.5	93.7	370	892.1	1094	1146	966	323	113	1090	6/8	6.5	0.93	278.4
	3	490.1	—	375	898	1123	1166	957	323	114	1144	8/8	7.8	0.84	286.4
2013-6-22	1	488.6	—	375	898.3	1121	1098	955	333	116	1092	8/8	7.3	0.93	288
	2	490.2	94.4	375	896	1122	1099	966	320	108	1099	7/8	6.3	0.95	272.8
	3	489.2	—	375	896	1101	1097	956	325	105	1152	6/8	6.5	0.88	272.8
213-6-23	1	488.6	—	375	890.9	1102	1077	964	328	98	1123	8/8	6.6	0.87	272.8
	2	487.3	91.8	377	890.4	1104	1087	948	330	97	1098	8/8	6.8	0.83	284
	3	485.5	—	377	892.5	1109	1103	957	334	95	1134	8/8	6.9	0.83	288
平均值		488.8	93.56	373	893.9	1106	1117	959	329	105	1117	7/8	7.0	0.87	279

表 8-39 主机数据对比表

主要参数	窑产量 （t）	生料磨产量（t）	生料磨主电机电流（A）	二次风温度（℃）	三次风温度（℃）	高温风机转速（r/min）	窑主电机电流（A）	熟料立升重（g/L）
硅钙渣配料前	正常窑况喂料 340～360	490～500	180～195	1000～1050	850～920	855	750～850	一般升重1100
硅钙渣配料	正常窑况喂料 355～380	480～490	180～185	1100～1200	改进后目前 900～950	875	650～950	结粒较好，升重最高时1300
主要参数	f-CaO含量	头煤量（t）	窑头排风机电流（A）	预热器结皮情况	分解炉出口温度（℃）	分解率（%）	3d 强度（MPa）	28d 强度（MPa）
硅钙渣配料前	1.2～1.8	15.5～16	42	较多	900	89%～91%	30～31	54～59
硅钙渣配料	改进后目前 0.6～0.9	改进后12～14	改进后40～42	较少	890	92%～94%	29～30	54～60

利用硅钙渣作为原材料配料生产熟料过程中，熟料化学成分及物理性能检验结果见表 8-40 和表 8-41。

表 8-40 熟料化学成分 (%)

试样编号	SiO$_2$	Al$_2$O$_3$	Fe$_2$O$_3$	CaO	MgO	SO$_3$	f-CaO	K$_2$O	Na$_2$O	合计	n	p	KH	C$_3$S	C$_2$S	C$_3$S+C$_2$S	C$_3$A	C$_4$AF
2013-6-20-1	21.67	5.27	3.41	65.84	1.8	0.7	1.2	—	—	98.69	2.5	1.55	0.914	56.23	19.73	75.96	8.18	10.37
2013-6-20-2	21.32	5.26	3.4	65.88	1.78	0.71	1.33	0.38	0.10	98.83	2.46	1.55	0.93	58.57	16.95	75.52	8.17	10.34
2013-6-20-3	21.32	5.18	3.38	65.56	1.79	0.85	1.36	—	—	98.08	2.49	1.53	0.925	57.32	17.9	75.22	7.99	10.28
2013-6-21-1	21.44	5.29	3.33	65.75	1.8	0.83	1.22	—	—	98.44	2.49	1.59	0.921	57.14	18.38	75.52	8.37	10.12
2013-6-21-2	21.56	5.23	3.37	66.01	1.81	0.66	1.02	0.40	0.08	99.12	2.51	1.55	0.923	58.93	17.37	76.3	8.14	10.24
2013-6-21-3	21.1	5.28	3.4	66.03	1.78	0.66	1.42	—	—	98.25	2.43	1.55	0.942	60.5	14.86	75.36	8.23	10.34
2013-6-22-1	21.42	5.22	3.42	65.82	1.83	0.74	2.48	—	—	98.45	2.48	1.53	0.925	53.04	21.41	74.45	8.03	10.4
2013-6-22-2	21.55	5.27	3.35	65.48	1.82	0.7	1.28	0.40	0.10	98.67	2.5	1.57	0.914	55.43	19.98	75.41	8.28	10.18
2013-6-22-3	21.31	5.27	3.46	65.76	1.8	0.68	1.13	—	—	98.28	2.44	1.52	0.928	58.91	16.67	75.58	8.1	10.52
2013-6-23-1	21.31	5.43	3.44	65.66	1.81	0.76	0.68	—	—	98.41	2.4	1.58	0.921	59.06	16.55	75.61	8.56	10.46
2013-6-23-2	21.41	5.29	3.4	65.49	1.82	0.73	1.42	0.38	0.09	98.61	2.46	1.56	0.918	55.68	19.4	75.08	8.25	10.34
2013-6-23-3	21.3	5.38	3.43	65.92	1.8	0.74	0.98	—	—	98.57	2.42	1.57	0.928	59.38	16.28	75.66	8.44	10.43
平均值	21.67	5.27	3.41	65.84	1.8	0.7	1.2	—	—	98.69	2.5	1.55	0.914	56.23	19.73	75.96	8.18	10.37

表 8-41　熟料的物理性能结果

生产日期	细度（%）	比表面积（m²/kg）	凝结时间（时：分）			安定性	抗折强度（MPa）			抗压强度（MPa）		
			稠度（%）	初凝时刻	终凝时刻		3d	7d	28d	3d	7d	28d
2013-6-20-1	1.9	354	22.9	1：06	1：44	合格	6.1	7.4	9.3	30.4	39.7	60.6
2013-6-20-2	1.6	354	22.9	1：20	2：00	合格	6.1	7.6	9.7	29.3	39.3	60.1
2013-6-20-3	1.9	352	23.3	1：25	2：07	合格	6.2	7.6	8.9	30.2	40.8	62.0
2013-6-21-1	1.9	356	23.1	1：14	1：52	合格	6.2	7.8	9.5	30.4	40.4	59.6
2013-6-21-2	1.6	348	23.0	1：11	1：46	合格	6.0	7.6	9.2	29.8	40.7	62.8
2013-6-21-3	2.1	349	22.9	1：13	1：41	合格	5.8	7.4	9.2	29.4	40.1	60.6
2013-6-22-1	2	348	23.0	1：28	2：06	合格	6.1	7.7	9.4	28.8	39.3	61.0
2013-6-22-2	1.7	348	23.0	1：11	1：47	合格	6.1	7.4	9.6	30.2	40.7	62.6
2013-6-22-3	2	348	22.8	1：16	1：49	合格	6.5	7.7	8.9	31.0	40.9	60.1
2013-6-23-1	1.9	346	23.0	1：30	2：04	合格	6.3	7.9	9.4	30.4	41.4	61.2
2013-6-23-2	2.1	342	23.0	1：26	2：00	合格	6.1	7.7	9.6	28.3	39.8	64.5
2013-6-23-3	1.9	349	23.0	1：14	1：48	合格	6.6	7.7	9.2	30.9	40.6	59.5
平均值	1.9	349	23.0	1：23	1：59	—	6.2	7.6	9.3	29.9	40.3	61.2

硅钙渣配料后，熟料成分与之前相似，没有大幅度波动，生产的熟料各项物理性能均符合要求。结合试验生产过程中各设备运行情况和物料指标，对本次工业化试验过程所出现的一些问题总结如下：

（1）硅钙渣掺量为 30% 时烧制的熟料，掺 5% 石膏配制成硅酸盐水泥，3d 平均抗折强度为 6.2MPa，抗压强度 29.9MPa；28d 抗折强度 9.3MPa，抗压强度 61.2MPa。熟料强度等指标满足《硅酸盐水泥熟料》（GB/T 21372—2008）中通用水泥熟料标准（抗压强度 3d 达 26MPa，28d 达 52.5MPa）。另外，其 28d 抗压强度超过 55.0MPa。以该熟料配制成的 P·I 硅酸盐水泥强度满足《通用硅酸盐水泥》（GB 175—2007）国家标准 52.5 强度等级要求。

（2）在工业生产中发现，由于硅钙渣的水分较高，存在输送过程中在溜子上堵料和下料不均的问题，对入磨成分的控制和稳定性带来了不利的影响，对窑系统热工稳定和平衡干扰较大，在控制过程中 f-CaO 含量波动幅度大。窑系统出现频繁掉窑皮现象，熟料链斗内夹生料较多，说明料子易烧后煤粉出现不完全燃烧现象较为严重。通过大幅度调整头尾煤比例后掉窑皮现象明显好转。

（3）由于煅烧熟料使用的原煤中 SO₃ 含量相对偏高，致使在熟料煅烧过程中造成熟料结粒差，若操作不当易产生飞沙料现象，今后可考虑使用低硫原煤或增加中煤的比例以达到控制硫含量的目的。

（4）由于煅烧时掺加 5% 的硅钙渣，在分解炉控制过程中必须提前控制温度，防止料子易烧在预热器主要部位发生粘结。分解炉出口温度大约控制在 890℃。箅冷机冷却操作过程中宜采取厚料层控制，一般一床料层厚度控制在 750~850mm，一床的行程由 85mm 调整为 95mm。

（5）由于硅钙渣的活性较强，窑系统在煅烧过程中烧成带明显缩短。主要火点控制在 13～17m 位置。在 14m 位置由于火点较为集中，出现了 380℃ 的高温点，通过调整煤管旋流器的截面面积将此处窑皮逐渐补挂完整。

（6）在搭配硅钙渣的配料过程中，适当降低铝率可以防止料子成分低造成的副窑皮过长的工艺问题，通过降低头煤使用量得到解决。基本在 19～25m 位置无副窑皮，窑系统通风得到了保证。

（7）窑系统喂料量必须保证稳定控制在 360t 的范围，以稳定操作、热工为主要操作思路。

（8）随着水泥行业的发展，降低运行成本是必须要解决的问题，随着硅钙渣工业废渣的利用和推广，相信在以后一定会为水泥行业打开新局面奠定基础和保障。

8.5.2 工业化生产熟料物性分析

1. 矿相形貌分析

采用 Quanta 250FEG 型场发射环境扫描电子显微镜对熟料矿相形貌和晶粒大小等进行观察。

图 8-27 为掺配硅钙渣工业化试验熟料的典型形貌照片。熟料烧结致密，能清晰地分辨出大量六方板状、菱方形和四方柱状的 C_3S 晶体，以及较多的球形状 C_2S 晶体，还有一些玻璃质的过渡相。经测算，C_3S 晶体的晶粒大小为 10～30μm；球形状 C_2S 晶体的直径为 5～20μm。经比较，这两种熟料中 C_3S 和 C_2S 晶体外形轮廓均比较清楚，大小基本相同，无明显形貌差异。

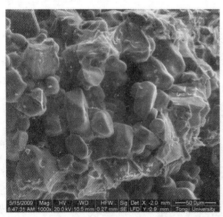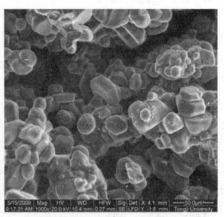

图 8-27 硅钙渣掺量为 5% 熟料的 ESEM 照片

2. 岩相结构分析

采用德国 Leitz-ORTHOLUX-Ⅱ POL BK 透反射偏光显微镜对掺配硅钙渣熟料进行岩相分析。如图 8-28 所示，由图可知 A 矿以板柱状为主，有少量包裹物存在，部分晶体边缘有熔蚀现象，大小不均匀，部分 A 矿周围存在二次 B 矿；B 矿多呈圆形，晶体表面有交叉双晶纹出现，还有部分呈脑状，大小不够均齐，主要在 5μm、10μm、20～30μm 三个等级；中间相分布不均匀，黑色中间相多呈片状，且含量多于白色中间相。各矿物相结晶较完整、连生较少、游离钙含量较少，呈现较好的熟料岩相特征。

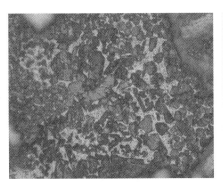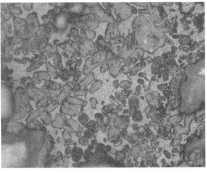

图 8-28　硅钙渣掺量为 5% 熟料的岩相结构

XRD 分析结果如图 8-29 所示。结果表明两种熟料的主要矿相均为 C_3S、C_2S、C_3A 和 C_4AF。

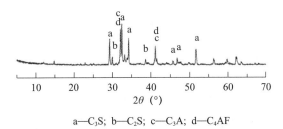

a—C_3S;　b—C_2S;　c—C_3A;　d—C_4AF

图 8-29　掺配硅钙渣熟料的 XRD 分析图谱

3. 水化放热分析

将熟料磨细后分别掺入 5% 的二水石膏（托电脱硫石膏），配制成硅酸盐水泥，采用瑞典 TIM-Air 八通道微量热仪对两种水泥的放热特性进行研究，并比较其与基准水泥的区别。试验结果如图 8-30、图 8-31 所示。

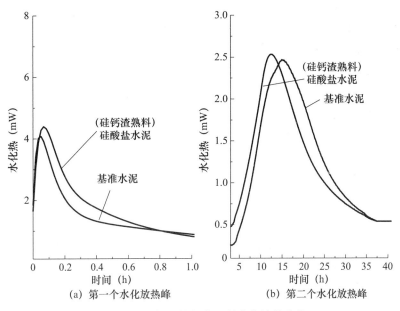

(a) 第一个水化放热峰　　　　(b) 第二个水化放热峰

图 8-30　硅钙渣熟料水泥的水化放热曲线

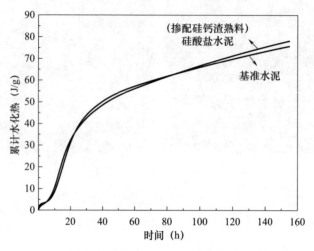

图 8-31　硅钙渣熟料水泥的累计放热曲线

由图 8-30 水化放热曲线可知，硅钙渣熟料硅酸盐水泥第一个放热峰要略高于基准水泥，这是由于掺配硅钙渣熟料的石灰石饱和系数较高，其内部含 C_3S 矿物相对基准水泥而言较多，因此其第一和第二放热峰均要略高于基准水泥。从图 8-31 累计放热曲线也可以看出硅钙渣熟料硅酸盐水泥的累计放热也是略高于基准水泥的。但总体而言其水化放热与基准水泥相比差别不大，在工业生产应用中是可以接受的。

8.6　硅钙渣烧制水泥熟料经济效益分析

1. 传统生产水泥熟料成本测算

（1）原材料成本测算

原材料价格：石灰石 20 元/t（根据北京及内蒙古石灰石价格估算）；黏土 10 元/t（估算）；铁质原料 100 元/t（估算）。

生料中原材料配合比（石灰石∶黏土∶铁质原料）约为 78.48∶19.18∶2.34（天皓提供）。

水泥熟料实际生料耗：1.56t 生料/t 熟料。

因此 1t 熟料的原材料成本为：$1.56 \times$（0.7848×20 元$+0.1918 \times 10$ 元$+0.0234 \times 100$ 元）$=31.13$ 元。

（2）熟料烧成工艺成本测算

水泥熟料烧成热耗为 3262kJ/kg（天皓提供）。

1t 熟料的煤耗为 3262kJ/kg$\div 29270=0.1114$t。

按照标煤价格为 1000 元/t（成本测算通用单价）计算，每 t 熟料消耗的燃煤成本为 0.1114t$\times 1000$ 元$=111.4$ 元。

1t 熟料综合电耗 约 60kW·h，电价按 0.55 元/kW·h（按内蒙古发展和改革委员会提供的电价指导价）计，每 t 熟料的电耗成本为 0.55 元/kW·h$\times 60$kW·h$=$

33.0 元。

（3）吨熟料生产成本

熟料生产中人力及其他成本按熟料成本（不计生产设备折旧）的 4.76%（按水泥生产成本中人力及其他成本折算）计，则每 t 熟料的生产成本为（31.13 元＋111.4 元＋33 元）÷（1－0.0476）＝184.3 元（不计生产设备折旧）。

2. 硅钙渣烧制水泥熟料生产成本测算

在产能不变的前提估算利用硅钙渣生产水泥熟料的成本。

（1）原材料成本测算

原材料价格：硅钙渣 47 元/t；干基，到厂价，该成本包括其烘干、运输等；石灰石 20 元/t；铁质原料 100 元/t。

生料中原材料配比（石灰石∶硅钙渣∶铁质原料）约为 32.7∶65.4∶1.9（易烧性试验数据）。该配比中，约替代了 60%（（78.48－32.7）÷78.48）的石灰石和全部黏土。

水泥熟料实际料耗约为：1.23t 生料/t 熟料（按配合比中烧失量计算，石灰石烧失量按 42.5% 计，硅钙渣烧失量按 6.5% 计，铁质原料烧失量按 20% 计，则生产 1t 熟料需消耗的生料量为 1t÷[0.327×（1－0.425）＋0.654×（1－0.065）＋0.019×（1－0.2）]＝1.23t。

因此 1t 熟料的原材料成本为：1.23×（0.327×20＋0.654×47＋0.019×100）＝48.18 元，较原有工艺高约 17.06 元/t。

（2）熟料烧成工艺成本测算

水泥熟料形成过程中碳酸盐分解吸热约占熟料生产热耗的 46%，因而用硅钙渣替代 60% 的石灰石后石灰石分解吸热约降低 27.6%（按碳酸盐吸热减少计算），熟料的烧成温度约可降低 50℃（易烧性试验结果），折合热耗降低约 5%（估算）。又因每 1t 熟料需消耗的生料量减少，故入悬浮预热器、分解炉的物料减少，由此减少的热耗约为 300kJ/kg 熟料（1kg 生料由 25℃ 加热到 450℃ 需吸热 712kJ，再由 450℃ 加热到 900℃ 需吸热 816kJ；900℃ 后石灰石分解，二者物料的量一样）。因此 1t 熟料的烧成热耗为：3262kJ/kg×（1－0.276－0.05）－300kJ/kg＝1898 kJ/kg。

1t 熟料的煤耗为 1898kJ/kg÷29270＝0.0649t。

按照标煤价格为 1000 元/t 计算，每 1t 熟料消耗的燃煤成本为 0.0649t×1000 元/t＝64.9 元，较原有工艺低约 46.5 元/t。

3. 硅钙渣作原料烧制熟料时吨熟料的生产成本比较

在设定干基硅钙渣到厂价为 47 元/t 且不考虑设备投资及其折旧的前提下，与原有生产工艺相比利用硅钙渣生产水泥熟料的单位成本降低了 29.44 元/t。

8.7　本章小结

（1）通过对不同的 KH、n、p 的研究表明，采用相同掺量（30%）的硅钙渣烧制水泥熟料时，石灰饱和系数 KH 越高易烧性越差，一般采用 KH 小于 0.92 较合适；硅

率 n 为 2.60 和铝率 p 为 1.60 时易烧性较好。

（2）采用 KH 为 0.92，n 为 2.60 以及 p 为 1.60 的率值配制生料，硅钙渣掺量从 0%～30% 以 10% 递增，硅钙渣掺量越高易烧性越好。ESEM 结果表明，掺入硅钙渣能显著增加烧成时的液相含量，对熟料的烧成以及矿物晶体生成与长大有利。硅钙渣中 Al_2O_3 含量严重影响硅钙渣在生料中的掺入量，当铝含量为 7.94% 时硅钙渣最高掺量仅为 30%。因此，要尽量降低硅钙渣中的 Al_2O_3 含量，特别是工业化生产时，由于燃烧煤粉还要代入一部分粉煤灰，提高生料中 Al_2O_3 含量，势必影响硅钙渣的掺入量。

（3）中试试验结果表明，在硅钙渣掺量分别为 30%、61.7% 烧制水泥熟料，其 28d 抗压强度超过 55.0MPa，达到 52.5 等级，且各项技术指标满足《硅酸盐水泥熟料》（GB/T 21372—2008）的要求，这进一步证明当硅钙渣中 Al_2O_3 含量降低后，硅钙渣的掺量便可提高，且不会影响熟料性能。

（4）通过蒙西乌海水泥厂的工业大窑试验再次证明，硅钙渣能显著增加熟料烧成时的液相量，促进矿物晶体生成与长大，可显著改善生料易烧性。最终促进窑的产量提高，并且在试验过程中煅烧工艺正常、设备运行稳定，因此利用硅钙渣部分代替石灰石生产水泥熟料切实可行。

第9章　硅钙渣用作水泥混合材技术

硅钙渣以 β-C$_2$S 为主的矿物成分和 CaO、SiO$_2$ 为主的化学成分决定了其具有较强的水化胶凝性，或者也可将硅钙渣认为是一种劣质贝利特水泥熟料，因此可将硅钙渣作为一种较好的水泥混合材用于生产水泥，不仅可以解决硅钙渣的消纳问题，还可以降低水泥熟料用量，改善水泥性能，尤其是将硅钙渣与其他固废协同用作水泥混合材时效果更为明显。

9.1　硅钙渣对水泥宏观性能的影响

所用原料及其化学成分见表 9-1，其中基准水泥来自山东中联，同时在实验室除粉煤灰外还选用沸石粉作为硅钙渣用作混合材的对比物，这主要是考虑到沸石粉作为一种火山灰，其活性较高且能够吸附一定量的碱金属离子。各原料均粉磨至 80 目筛余小于10.0%，如图 9-1 所示。

表 9-1　原料化学成分　　　　　　　　　　　（%）

品种	CaO	MgO	Fe$_2$O$_3$	Al$_2$O$_3$	SiO$_2$	SO$_3$	f-CaO	Na$_2$O	合计
基准水泥	63.00	1.86	2.85	4.49	21.58	2.90	0.92	0.68	98.28
粉煤灰	3.62	0.31	2.27	48.50	37.80	0.16	—	0.16	99.76
沸石粉	4.52	1.48	2.22	15.30	70.71	—	—	0.43	94.66

基准水泥、粉煤灰、沸石粉、硅钙渣中值粒度 d（0.5）分别为 19.36、6.75、13.66、27.20μm。硅钙渣较其他原料更粗，其粒度分布存在双峰，尤其是在大粒度（>100μm）处存在分布峰，这是因为硅钙渣极易团聚造成的。硅钙渣的这种团聚效应给粉磨造成了困难，即使延长粉磨时间至 60min，出磨硅钙渣仍然存在大粒度颗粒。

按照《水泥胶砂流动度测定方法》（GB/T 2419—2005）对掺硅钙渣水泥的胶砂流动性进行比较。参照《水泥胶砂干缩试验方法》（JC/T 603—2004）对不同掺量硅钙渣水泥的干缩性能以及脱碱硅钙渣干缩性能影响进行研究。参照国家标准《水泥胶砂强度检验方法（ISO 法）》（GB/T 17671）对掺硅钙渣水泥进行强度测试。

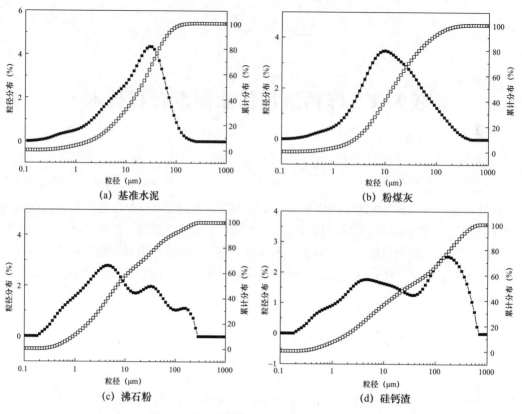

(a) 基准水泥　　　　　　　　(b) 粉煤灰

(c) 沸石粉　　　　　　　　(d) 硅钙渣

图 9-1　基准水泥及 3 种原材料的粒度分析

9.1.1　硅钙渣对水泥胶砂流动性的影响

　　硅钙渣掺量由 10%～40% 按 10% 递增，脱碱与否对水泥流动性的影响如图 9-2 所示。由该图可知，随着硅钙渣掺量的增加水泥胶砂的流动性不断降低，掺量越大流动性降低程度越高，这是因为硅钙渣吸水性较强。硅钙渣脱碱后水泥胶砂的流动性有一定程度改善，可能的原因是原状硅钙渣中的碱对水泥有一定促凝作用。

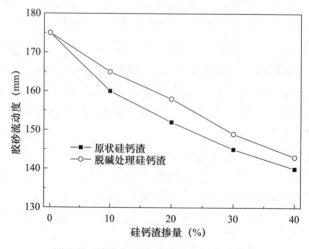

图 9-2　脱碱前后掺硅钙渣水泥的流动性

　　为了改善单掺硅钙渣时水泥的流动性及其他性能，进行了粉煤灰与硅钙渣、沸石粉与硅钙渣的复掺实验。图 9-3 为硅钙渣与粉煤灰、沸石复掺时水泥胶砂流动性试验结果。其中，P·O 指普通硅酸盐水泥，YG 指原状硅钙渣，Z 指沸石，F 指粉煤灰，TG 指脱碱硅钙渣，混合材总掺量均为 30%。YGF 指 15%原状硅钙渣＋15%粉煤灰，TG-FZ 指 10%脱碱硅钙渣＋10%粉煤灰＋10%沸石，YGZ 指 15%原状硅钙渣＋15%沸石，TGF 指 15%脱碱硅钙渣＋15%粉煤灰，TGZ 指 15%脱碱硅钙渣＋15%沸石，TGFZ 指 10%脱碱硅钙渣＋10%粉煤灰＋10%沸石。后文中若无特殊说明，试样的标注与此处相同。

　　由图 9-3 可以看出，不管硅钙渣是单掺还是复掺以及是否脱碱，都会导致水泥流动性降低。相比单掺而言，当复掺粉煤灰或者沸石粉后对流动性能有所改善，硅钙渣与粉煤灰复掺或者硅钙渣与粉煤灰、沸石粉三掺效果都较佳。

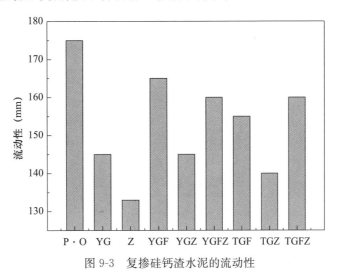

图 9-3　复掺硅钙渣水泥的流动性

9.1.2　硅钙渣对水泥强度的影响

　　参照《水泥胶砂强度检验方法（ISO 法）》（GB/T 17671），进行单掺硅钙渣试验。硅钙渣掺量由 10%～40%按 10%递增，所用水泥为基准水泥。不同硅钙渣掺量水泥在不同龄期下的抗压强度结果如图 9-4 所示。

　　由图 9-4 可以看出，随着龄期不断延长，掺脱碱硅钙渣水泥的强度不断增长；3～28d 强度增长较快，但 28d 以后强度增长缓慢；硅钙渣掺量越大，相同龄期下水泥强度越低。硅钙渣掺量 20%时，水泥 28d 强度能达到 42.5 水泥强度等级标准；当硅钙渣掺量达到 4%时，水泥的 28d 强度甚至低于 32.5MPa。

　　为进一步提升掺硅钙渣水泥的强度，进行了硅钙渣与粉煤灰、沸石等混合材复掺时水泥强度的变化研究。混合材复掺总量设为 30%，水灰比 0.50，参照《水泥胶砂强度检验方法》（GB/T 17671）测试各试样的 3d、28d、90d 强度。各试样的不同龄期强度如图 9-5 所示。

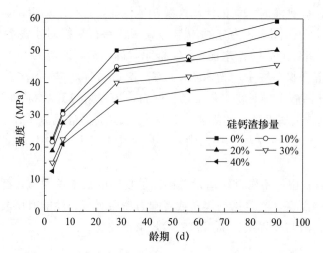

图 9-4　不同脱碱硅钙渣掺量下的水泥强度与龄期关系

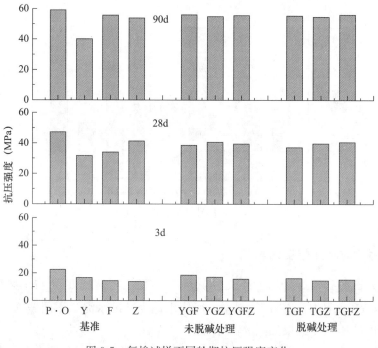

图 9-5　复掺试样不同龄期抗压强度变化

由图 9-5 可知，硅钙渣复掺粉煤灰（F）、沸石（Z）等混合材，3d 强度略低于空白样［P·O 水泥，（Y）］，但在 28d、90d 时复掺试样的强度与空白试样的基本持平甚至超过后者。掺原状硅钙渣水泥与掺脱碱硅钙渣水泥相比，前者的 3d 强度略高，但后者 90d 强度与前者基本持平，这是因为原状硅钙渣中碱对水泥早期强度的促进作用。

为了更清楚地了解掺入硅钙渣对水泥强度发展的影响，计算了各试样在不同龄期下的强度比。计算时，以同龄期的 P·O 水泥强度作为比较对象。计算值越低，则说明其对强度的负面作用越显著；若计算值接近 1.0 甚至超过 1.0，则说明掺入的混合材具有很好的胶凝活性。图 9-6 为不同龄期下各试样的强度比。由图 9-6 可知，原状、脱碱硅钙渣与粉煤灰、沸石粉等复掺时水泥的抗压强度比均要优于单掺时，这是由于混合材之间的叠加效应。

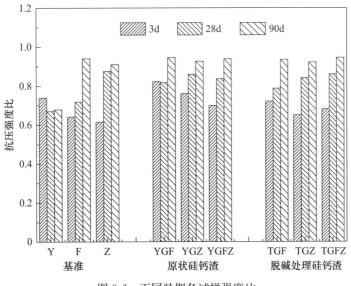

图 9-6 不同龄期各试样强度比

图 9-7 为各试样在不同龄期阶段的强度比增长率。由该图知，硅钙渣与粉煤灰、沸石粉复掺时，其经脱碱处理后 3～28d 的抗压强度比增长率要明显高于原状硅钙渣的，这还是因为原状硅钙渣中碱对早期水化的促进从而提高了 3d 强度。

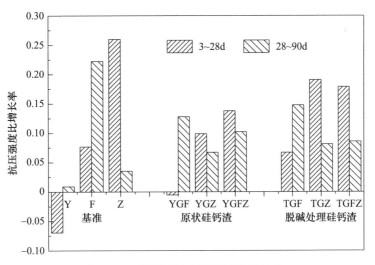

图 9-7 不同龄期各试样强度比增长率

为进一步验证脱碱处理对硅钙渣作为水泥混合材的影响，将脱碱前后的硅钙渣与基准水泥按不同配比混合，硅钙渣掺量均由 0%～40% 以 10% 递增。采用水灰比 0.5，分别进行 3d、28d、56d 和 90d 抗压强度试验。测试结果如图 9-8 所示。由图可知，水化 3d，掺量大于 10% 时，掺脱碱硅钙渣水泥的强度明显要比掺未脱碱硅钙渣水泥低，这是因为未脱碱硅钙渣带入了一部分碱，这部分碱在早期时会促进水化，从而使水泥早期强度增加；而掺量低于 10% 时，脱碱与否对掺硅钙渣水泥强度并未有多大影响，这是因为此时硅钙渣带入的碱很少（<0.4%），不足以对其强度产生影响。水化 28d 和 56d 时，掺脱碱硅钙渣水泥开始逐渐显现优势。28d 时，脱碱硅钙渣在掺量 40% 时水泥强度相比未脱碱的要高 3MPa 左右；56d 时，脱碱硅钙渣在掺量 30% 处的水泥强度开始超越掺未脱碱硅钙渣水泥。直至水化龄期 90d，掺脱碱硅钙渣水泥的抗压强度在所有掺量范围内超越掺未脱碱硅钙渣水泥。由此可见，掺未脱碱硅钙渣水泥虽然早期强度比掺脱碱硅钙渣水泥要高，但是在后期（90d）其强度却明显要比掺脱碱硅钙渣水泥强度要低，这是因为在水化反应后期 Na_2O、K_2O 改变了凝胶 C—S—H 结构，使其胶凝性能降低。因此，为保证高碱硅钙渣作为水泥混合材的无害化利用，必须对其进行脱碱处理，不能认为硅钙渣掺量少就不需要进行脱碱处理。

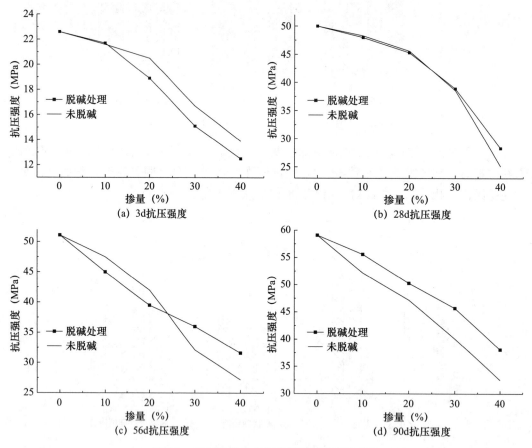

图 9-8　不同龄期的硅钙渣脱碱前后强度对比

为了进一步研究硅钙渣的胶凝活性变化，将硅钙渣与粉煤灰等常用混合材进行了对比分析。试验参考《用于水泥混合材的工业废渣活性试验方法》（GB/T 12957—2005）进行。Y 代表原状硅钙渣，T 代表脱碱硅钙渣，Y0 表示基准水泥，Y1～Y4 表示原状硅钙渣掺量 10%～40%，按 10% 递增，T1～T4 表示脱碱硅钙渣掺量 10%～40%，按 10% 递增。F30 表示粉煤灰掺量 30%，Z30 表示沸石掺量 30%。各配比的 K 值（抗压强度比）变化分别如表 9-2 和图 9-9 所示。

表 9-2 **K 值变化表**

编号	3d	7d	28d	56d	90d
Y1	0.95	1.01	0.94	0.92	0.88
Y2	0.90	0.92	0.81	0.82	0.79
Y3	0.73	0.72	0.65	0.62	0.67
Y4	0.61	0.56	0.53	0.53	0.54
T1	0.96	0.97	0.93	0.88	0.94
T2	0.83	0.88	0.81	0.77	0.85
T3	0.66	0.72	0.68	0.70	0.77
T4	0.55	0.60	0.59	0.61	0.64
F30	0.64	0.64	0.71	0.90	0.94
Z30	0.61	—	0.87	—	0.91

由表 9-2 可知，各混合材掺量 30％时，28d 抗压强度比（即活性指数）大小顺序依次为原状碱硅钙渣＜脱碱处理硅钙渣＜粉煤灰＜沸石，这说明硅钙渣的胶凝活性偏低，且有必要进行脱碱处理。

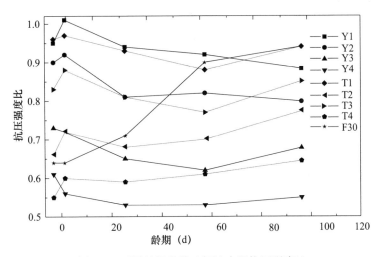

图 9-9 不同龄期的掺硅钙渣水泥抗压强度比

图 9-9 结果表明，整体上来说，抗压强度比是随着硅钙渣掺量的增加不断降低的；硅钙渣混合材的抗压强度比随着龄期变化较为平缓，不像粉煤灰早期 3d、7d 抗压强度比较低，28d 以后抗压强度比急剧增加，这说明硅钙渣的活性比粉煤灰稍差。对于脱碱硅钙渣与原状硅钙渣的强度比而言，是要受硅钙渣掺量与龄期影响的。在低掺量（10％）时原状硅钙渣的抗压强度比在 56d 以前都要高于脱碱硅钙渣的，直到 90d 龄期脱碱硅钙渣才超出；在高掺量（40％）时，只有在 3d 龄期时，原状硅钙渣的抗压强度比要高于脱碱处理硅钙渣，这是因为此时强烈的碱激发效应，而在其他龄期后者的强度都要高于前者的，这是由于碱对水泥后期强度带来了不利影响。

9.1.3 硅钙渣对水泥体积稳定性的影响

不同掺量硅钙渣水泥的干缩性能以及脱碱与否对掺硅钙渣水泥干缩性能的影响结果如图 9-10、图 9-11 所示。根据图 9-10 可知，硅钙渣掺量越高水泥干缩率越小，当硅钙渣掺量为 40％时，其 90d 干缩率仅为 0.04％左右；各试样 3～28d 干缩率增长较快，28d 以后干缩率增长较为平缓。由图 9-11 知，脱碱处理有利于降低水泥试样干缩，但与粉煤灰比较而言，硅钙渣抑制水泥干缩的性能较粉煤灰稍差。由此可见，掺入硅钙渣有利于降低水泥胶砂干缩，且脱碱处理后这种效果更明显。

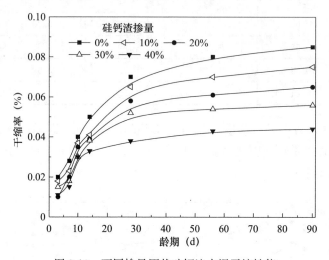

图 9-10　不同掺量原状硅钙渣水泥干缩性能

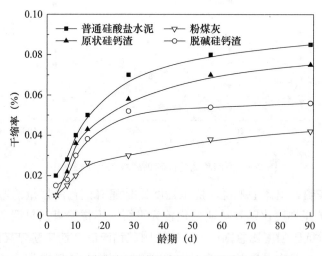

图 9-11　脱碱前后的掺硅钙渣水泥干缩性能比较

9.1.4 硅钙渣对水泥抗化学侵蚀性能的影响

采用人工腐蚀溶液浸泡的方法，考察掺硅钙渣水泥胶砂试块的抗化学侵蚀性能。人工腐蚀溶液有：5％（质量比，下同）HCl 溶液、5％NaOH 溶液和 5％MgSO₄溶液。将标养 28d 后的混凝土试件置于不同侵蚀溶液中侵蚀一定龄期后，测试试件的质量损失和强度损失，并将其作为评价抗化学侵蚀能力的指标。考虑到化学溶液侵蚀过程中胶凝材料继续水化引起强度增加，本文中计算强度损失的参照试样不是侵蚀前的试块，而是继续在水中养护的试块，继续养护的时间与化学侵蚀时间保持相同。

试样水灰比为 0.5。Y0 指基准水泥，Y1～Y4 指在基准水泥中内掺 10%～40% 的未脱碱硅钙渣，按 10% 掺量递增。T1～T4 指在基准水泥中内掺 10%～40% 的脱碱硅钙渣，按 10% 掺量递增。F30 指在基准水泥中内掺 30% 的粉煤灰。

采用 5% 盐酸溶液对各样品进行为期 3 个月的侵蚀试验，侵蚀期间不控制溶液浓度，即采用静态侵蚀。各样品侵蚀 3 个月后的质量变化与强度变化分别如表 9-3、表 9-4 所示。

表 9-3　5% HCl 侵蚀 3 个月后掺硅钙渣水泥胶砂试块的质量变化

编号	对比样质量（g）	浸泡 3 个月后质量（g）	质量变化率（%）
Y0	593	595	0.34
Y1	609	610	0.16
Y2	590	592	0.34
Y3	603	605	0.33
Y4	600	601	0.17
T1	590	596	1.02
T2	585	591	1.03
T3	600	604	0.67
T4	593	598	0.84
F30	601	600	−0.17

表 9-4　5% HCl 侵蚀 3 个月后掺硅钙渣水泥胶砂试块的强度变化

编号	对比样强度（MPa）		浸泡 3 个月后强度（MPa）		抗压强度损失率（%）
	抗折	抗压	抗折	抗压	
Y0	10.4	61.1	10.7	55.3	−9.49
Y1	10.5	55.8	10.6	50.3	−9.86
Y2	10.6	48.2	9.7	43.5	−9.75
Y3	9.4	41.4	8.8	37.1	−10.39
Y4	9.2	34.6	9.1	32.1	−7.23
T1	10.7	57.3	9.4	49.0	−14.49
T2	9.9	52.5	8.7	45.7	−12.95
T3	9.6	46.7	8.9	44.2	−5.35
T4	9.1	43.3	7.3	34.7	−19.86
F30	11.8	59.4	9.9	46.0	−22.56

由表 9-3 可知，除 F30 经盐酸溶液浸泡 3 个月后质量略有损失外，各试样质量均有

所增加，这可能是在侵蚀过程中盐酸与 $Ca(OH)_2$ 等反应生成 $CaCl_2$ 等而使试样增重。相比相同掺量的未脱碱硅钙渣水泥，脱碱后水泥的质量变化稍大。脱碱硅钙渣掺量 30％时其质量变化在 T1～T4 中是最小的，但仍然比基准高 0.3％。

由表 9-4 可知，在 5％盐酸溶液中浸泡 3 个月后各试样的抗压强度损失较大。F30损失最为明显，达到 22.56％；T1～T4 的强度损失整体而言要高于同等掺量的 Y1～Y4，但是所有样品中 T3 的强度损失率又是最优异的，比基准还要小 4％。因此，掺硅钙渣水泥的耐酸性未得到改善，且掺脱碱硅钙渣水泥的耐酸性要比掺未脱碱硅钙渣的差，脱碱硅钙渣掺 30％时耐酸性能在各样品中比较突出。

采用 5％NaOH 溶液对各样品进行为期 3 个月的侵蚀试验，侵蚀后其质量变化与强度变化分别如表 9-5、表 9-6 所示。

表 9-5 5％ NaOH 侵蚀 3 个月后掺硅钙渣水泥胶砂试块的质量变化

编号	对比样质量（g）	浸泡 3 个月后质量（g）	质量变化率（%）
Y0	600	603	0.50
Y1	597	600	0.50
Y2	600	602	0.33
Y3	603	604	0.17
Y4	600	602	0.33
T1	600	604	0.67
T2	604	607	0.50
T3	595	597	0.34
T4	605	608	0.50
F30	587	588	0.17

表 9-6 5％ NaOH 侵蚀 3 个月后掺硅钙渣水泥胶砂试块的强度变化

编号	对比样强度（MPa）		浸泡 3 个月后强度（MPa）		抗压强度损失率（%）
	抗折	抗压	抗折	抗压	
Y0	10.4	61.1	11.6	62.7	2.62
Y1	10.5	55.8	11.1	52.3	−6.27
Y2	10.6	48.2	10.7	47.4	−1.66
Y3	9.4	41.4	10.6	38.9	−6.04
Y4	9.2	34.6	9.8	31.5	−8.96
T1	10.7	57.3	11.6	54.5	−4.89
T2	9.9	52.5	10.6	51.7	−1.52
T3	9.6	46.7	10.5	44.9	−3.85
T4	9.1	43.3	10.0	35.6	−17.78
F30	11.8	59.4	10.9	55.4	−6.73

由表 9-5 可知，各样品无质量损失，反而均略有增加，这可能是在侵蚀过程中 NaOH与水泥水化产物发生反应使质量增加。相比同等掺量的未脱碱硅钙渣水泥，T1～T4 的

质量变化要稍大于 Y1～Y4。另外，T3 在 T1～T4 中的质量变化最小，比基准小 0.2%。

由表 9-6 可知，在 5% NaOH 溶液中浸泡 3 个月后抗压强度损失较大，但远没经 HCl 溶液浸泡后的强度变化剧烈。T1～T3 的强度损失率均在 5% 以下，低于同等掺量的 Y1～Y3，但掺量 40% 时 T4 强度损失剧烈增加，远高于其他样品。因此，脱碱硅钙渣掺量 30% 或以下时其耐碱性能较好，优于同等掺量的掺未脱碱硅钙渣水泥，且与基准最接近。但因强度损失较大，掺硅钙渣后水泥的耐碱液侵蚀性能并未得到优化。

采用含 5%MgSO4 的水溶液对各样品进行为期 3 个月的侵蚀试验。各样品侵蚀 3 个月后的质量变化与强度变化分别见表 9-7、表 9-8。

表 9-7　5% MgSO4 侵蚀 3 个月后掺硅钙渣水泥胶砂试块的质量变化

编号	对比样质量（g）	浸泡 3 个月后质量（g）	质量变化率（%）
Y0	597	599	0.34
Y1	587	587	0.00
Y2	589	589	0.00
Y3	579	581	0.35
Y4	582	585	0.52
T1	595	595	0.00
T2	591	590	−0.17
T3	586	585	−0.17
T4	586	586	0.00
F30	593	593	0.00

表 9-8　5% MgSO4 侵蚀 3 个月后掺硅钙渣水泥胶砂试块的强度变化

编号	对比样强度（MPa）		浸泡 3 个月后强度（MPa）		抗压强度损失率（%）
	抗折	抗压	抗折	抗压	
Y0	10.4	61.1	12.6	60.9	−0.33
Y1	10.5	55.8	10.3	53.6	−3.94
Y2	10.6	48.2	11.2	46.7	−3.11
Y3	9.4	41.4	9.8	39.8	−3.86
Y4	9.2	34.6	9.3	32.1	−7.23
T1	10.7	57.3	10.5	56.6	−1.22
T2	9.9	52.5	10.4	51.5	−1.90
T3	9.6	46.7	9.3	46.0	−1.50
T4	9.1	43.3	9.9	42.0	−3.00
F30	11.8	59.4	12.8	52.4	−11.78

由表 9-7 可知，经侵蚀后，各样品质量变化较小，说明各样品在硫酸盐溶液中较为稳定。由表 9-8 可知，在 5%MgSO4 溶液浸泡 3 个月后抗压强度损失较大，但远没经盐

酸溶液浸泡后的强度变化剧烈。T1～T4 的强度损失率均在 4％以下，低于同等掺量的 Y1～Y4，说明脱碱硅钙渣作混合材时试样的耐 $MgSO_4$ 侵蚀性能要优于未脱碱硅钙渣 的。因此，脱碱硅钙渣掺量 40％或以下时其耐硫酸盐侵蚀性能较好，优于同等掺量的 未脱碱硅钙渣水泥，且远远优于掺粉煤灰的水泥试样。

因此由上述试验结果可知，5％盐酸对水泥胶砂试样具有强烈的侵蚀作用，掺入硅 钙渣后试样的强度损失仍然较高，因此掺硅钙渣水泥的耐酸性未得到改善。掺脱碱硅钙 渣水泥的耐碱性能较掺未脱碱硅钙渣水泥的好，但因强度损失较大，掺硅钙渣后水泥的 耐碱液侵蚀性能并未得到优化。掺脱碱硅钙渣水泥的抗硫酸盐侵蚀性能优于同等掺量的 未脱碱硅钙渣水泥，且远远优于掺粉煤灰的水泥，但因强度损失较大，相对于硅酸盐水 泥而言抗硫酸盐侵蚀性能并未得到优化。

9.2　掺配硅钙渣的水泥水化产物及微观结构分析

在基准水泥中掺入不同比例脱碱硅钙渣制备净浆试样。A0～A4 分别代表脱碱硅钙 渣掺量由 0％以 10％递增至 40％，水灰比均为 0.28。将样品标准养护至不同龄期（1d、 3d、28d、90d）后破碎，一部分块状试样置入无水乙醇中浸泡，以用于环境扫描与能谱 分析；另外一部分在无水乙醇中磨细，移入 50℃的真空干燥箱中烘干 2～3h。烘干样品 用于进行 XRD、红外等分析。

9.2.1　水化产物 XRD 分析

采用德国布鲁克的 D8 ADVANCE 型 X 射线衍射仪对掺脱碱硅钙渣水泥的水化样 进行物相分析。各样品、不同龄期的 XRD 分析结果如图 9-12～9-15 所示。

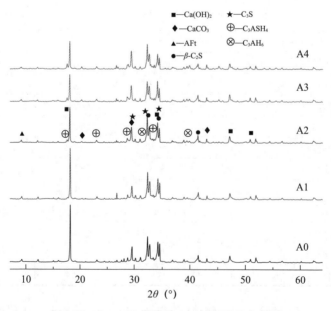

图 9-12　A0～A4 样品的 1d 龄期 XRD 衍射图

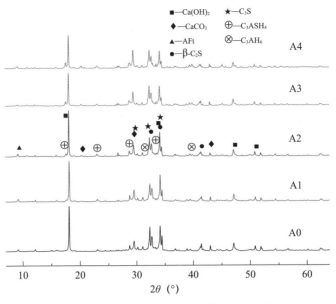

图 9-13　A0～A4 样品的 3d 龄期 XRD 衍射图

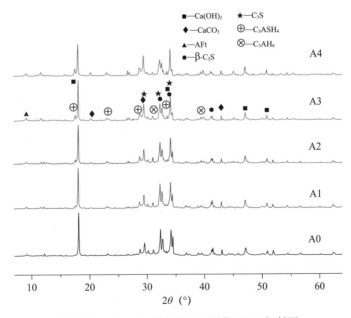

图 9-14　A0～A4 样品的 28d 龄期 XRD 衍射图

　　根据前文研究，由于硅钙渣中除含大量 β-2CaO·SiO$_2$ 和 3CaO·Al$_2$O$_3$·nH$_2$O、水化石榴石（C$_3$ASH$_4$）外，还有少量方解石（CaCO$_3$）和少量羟钙石，将脱碱硅钙渣掺入水泥后在一定程度上对水泥水化过程及水化产物产生影响。由图 9-12～图 9-15 可知，A0～A4 样品不同龄期的衍射峰形、峰位相似，只是峰值略有不同，这说明各样品的水化产物组成类似，含量稍有不同。通过比对标准衍射谱图，不同龄期样品的衍射峰分别对应有 β-C$_2$S、C$_3$S、Ca（OH）$_2$、C$_3$AH$_6$、AFt（钙矾石）等。

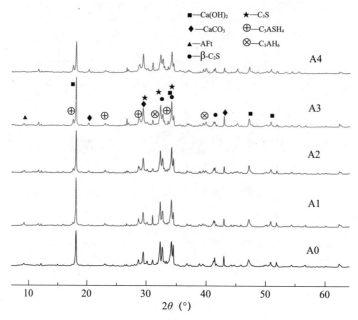

图 9-15 A0~A4 样品的 90d 龄期 XRD 衍射图

由图 9-12、9-13 可知，水化 1d 和 3d 龄期时 $Ca(OH)_2$ 特征峰强度随着脱碱硅钙渣掺量的增加不断减弱（A0 最强，A4 最弱），这是由于硅钙渣取代了部分熟料导致早期水化生成的 $Ca(OH)_2$ 减少。而当水化至 28d 龄期时，A1、A2、A3 样品中 $Ca(OH)_2$ 特征峰强度已经赶上 A0，90d 龄期时甚至超过 A0，这是由于硅钙渣中 $\beta\text{-}C_2S$ 水化较慢，后期开始逐渐水化，释放出 $Ca(OH)_2$。因此，为进一步提高掺脱碱硅钙渣水泥后期强度，应复掺一种富含硅铝的火山灰混合材（如粉煤灰），使之与这部分释放出的 $Ca(OH)_2$ 发生火山灰反应。前文所述的强度试验已经证实了这一推理：当硅钙渣与粉煤灰按 15%、15% 的比例复掺后，水泥胶砂的 90d 强度能赶超基准水泥。

图 9-16 与图 9-17 分别是 A0 与 A3 样品不同龄期的 XRD 衍射图。对比可知，硅钙渣掺入后 A3 相比 A0 而言峰形略有不同，主要是多了脱碱硅钙渣引入的水化石榴石（C_3ASH_4）特征峰。两者的 C_3S 与 $\beta\text{-}C_2S$ 特征峰强度都是随着龄期增加不断减少，至 90d 龄期时该衍射峰几乎消失；A0 中 $Ca(OH)_2$ 特征峰强度随着龄期的增长而不断减弱，而 A3 中 $Ca(OH)_2$ 特征峰却在 3d 和 28d 均有增强，这说明 A3 中 $\beta\text{-}C_2S$ 在 3d、28d 时才逐渐开始水化；在后期（90d），A3 样品中因 $Ca(OH)_2$ 被消耗，其对应的特征峰减弱，这与 A0 样品一致。

如上所述，脱碱硅钙渣改变了水泥水化进程：因 $\beta\text{-}C_2S$ 水化缓慢，当水泥中掺有较多硅钙渣（30%）时，其 $Ca(OH)_2$ 释放的高峰期应在中期而不是早期，这就造成了掺硅钙渣水泥的早期强度偏低。基于这一水化过程，可优化设计水泥的组成：添加火山灰混合材，使之在中后期与 $\beta\text{-}C_2S$ 水化反应释放的 $Ca(OH)_2$ 发生火山灰反应，进而提高后期强度。

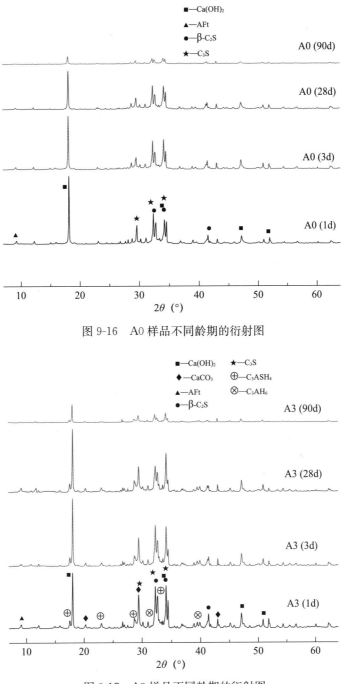

图 9-16　A0 样品不同龄期的衍射图

图 9-17　A3 样品不同龄期的衍射图

9.2.2　红外光谱分析

采用德国布鲁克的 TENSOR 27 红外光谱仪对水化产物进行红外光谱分析。为对掺脱碱硅钙渣水泥进行全面分析，除 1d、3d、28d、90d 试样外，还增加了 6h 龄期试样。

水化过程中振动谱带的变化反映了硅酸盐结构的变化，而硅酸盐因硅氧四面体不同的连接方式而呈现岛状、链状、层状、架状等不同结构。硅酸盐的特征谱带包括 $850\sim1200cm^{-1}$ 和 $400\sim530cm^{-1}$，前者与硅氧四面体的非对称伸缩振动有关，后者与其弯曲振动有关。当结构由岛-链-层-架方向变化时，相应的吸收带一般由低波数向高波数变化。

A0～A4 在变掺量的情况下，28d 和 90d 的红外光谱分析如图 9-18 和图 9-19 所示。由图可知，在波数 $3643cm^{-1}$ 对应的是水化产物 $Ca(OH)_2$ 的羟基振动带，是水化的特征标志；在 $3425cm^{-1}$ 与 $1640cm^{-1}$ 波数对应的是水的特征谱带，其可能来自于空气及样品中。硅氧四面体的弯曲振动谱带（$519cm^{-1}$ 和 $463cm^{-1}$），随着硅钙渣掺量增加变化较小，但 $875\sim985cm^{-1}$ 特征谱带随着硅钙渣掺量增加不断向波数小的方向迁移。这是因为随硅钙渣的掺入带入了越来越多的 β-C_2S，而 β-C_2S 呈架状结构（水化产物 C—S—H 呈链状结构），且水化较慢，因此在水化 28d、90d 试样中仍然保留有较多 β-C_2S，相应地硅氧四面体伸缩振动谱带被拉向低波数方向。这一现象再次说明了硅钙渣的掺入改变了水泥的水化进程。

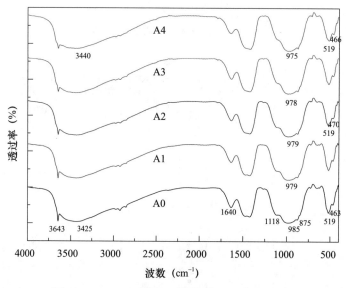

图 9-18 A0～A4 样品水化 28d 的红外光谱分析

A0 和 A3 样品不同龄期的红外光谱分析结果分别如图 9-20 和图 9-21 所示。除水化 6h 样品外，A0 和 A3 样品在波数 $3642cm^{-1}$ 均能观察到明显的 $Ca(OH)_2$ 中羟基振动带。对于 A0 样品而言，随着龄期的增长，$876\sim927cm^{-1}$ 谱带不断向高波数（$987cm^{-1}$）方向迁移，且水化 6～24h 是迁移程度最显著，这说明 A0 在水化过程中岛状的硅氧四面体不断聚合为链状二聚物以至多聚物。比较图 9-20 与图 9-21 发现，A3 样品在 $874\sim947cm^{-1}$ 谱带的迁移明显没有 A0 剧烈，且至 90d 时其波数仅迁移至 $978cm^{-1}$。以上说明掺入硅钙渣后，硅氧四面体键合结构由岛状发展为链状的速度变慢，即说明掺入硅钙渣后水化速度变慢，这同样是由硅钙渣带入较多水化缓慢的 β-C_2S 引起的。

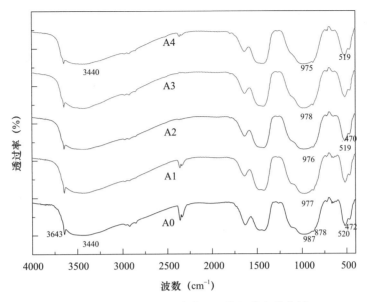

图 9-19　A0～A4 样品水化 90d 的红外光谱分析

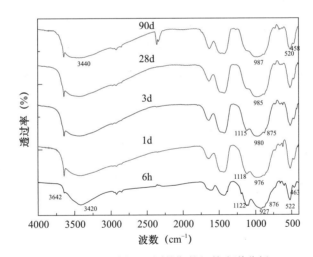

图 9-20　A0 样品不同龄期的红外光谱分析

9.2.3　显微形貌分析

采用美国 FEI 公司 Quanta 250 FEG 环境扫描电镜对 A0 和 A3 净浆试样的 1d、28d 水化产物形貌进行了观察。

A0 和 A3 样品水化 1d 的水化产物形貌如图 9-22 所示。由图可知，A0 样品水化 1d 时水化产物中除能观察到大量纤维状钙矾石和粒度 2μm 左右的 Ca(OH)₂ 板状颗粒外，还能观察到大量粒度在 5μm 左右、尚未水化完全的水泥熟料颗粒。而水化 1d 的 A3 样品中，其水化产物比较少，除了少量纤维状钙矾石，大部分仍为未水化的水泥熟料颗粒、硅钙渣占据。这再次证明其早期的水化速度较慢，进而导致掺硅钙渣水泥早期强度较基准水泥低。

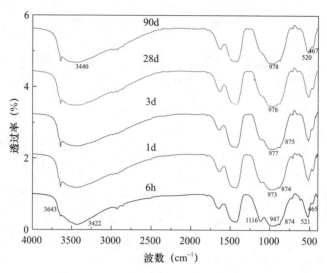

图 9-21　A3 样品不同龄期的红外光谱分析

(a) A0 (1d)　　　　　　　　　(b) A3 (1d)

图 9-22　A0 和 A3 水化 1d 的水化产物形貌

　　图 9-23 是 A3 样品水化 28d 的水化产物形貌。由该图知，水化 28d 时 A3 致密程度较高，生成大量致密 C—S—H 凝胶。在 20000 倍下观察，可以看到生成了少量的单硫型水化硫铝酸钙（AFm），这可能是由于硅钙渣掺入后使水泥中石膏含量减少，水化 28d 后因石膏消耗完钙矾石转变成单硫型水化硫铝酸钙（AFm）。

　　为研究脱碱对掺硅钙渣水泥水化产物形貌的影响，用环境扫描电镜分别对掺未脱碱、脱碱硅钙渣水泥的水化产物进行形貌观察。硅钙渣掺量均为 30%，放大倍数为 5000 倍。

　　图 9-24（a）为掺未脱碱硅钙渣水泥水化 3d 的水化产物形貌。由该图知，水化产物中含有大量 $5 \sim 15 \mu m$ 的不规则片状 $Ca(OH)_2$，以及大量团絮状 C—S—H 凝胶，$Ca(OH)_2$ 与 C—S—H 凝胶结合较为紧密。观察掺脱碱硅钙渣水泥水化产物形貌［如图 9-24（c）所示］时发现，生成大量长度 $3 \sim 4 \mu m$ 的纤维状钙矾石与絮状 C—S—H 凝

(a) A3 (28d) 5000倍　　　　　　　　　　　(b) A3 (28d) 20000倍

图 9-23　A3 水化 28d 的水化产物形貌

胶，但水化产物堆积较疏松，内部还有大量孔隙，从而导致掺脱碱硅钙渣水泥早期强度比掺未脱碱硅钙渣水泥的低。从根本上来说，两者强度出现差异的原因是未脱碱硅钙渣

(a) 掺原状硅钙渣水泥3d水化产物形貌　　　(b) 掺原状硅钙渣水泥28d水化产物形貌

(c) 掺脱碱硅钙渣水泥3d水化产物形貌　　　(d) 掺脱碱硅钙渣水泥28d水化产物形貌

图 9-24　硅钙渣脱碱前后水化产物形貌

带入的碱在水泥水化早期有水化促进作用，生成大量 C—S—H 凝胶并形成致密结构。另外，掺脱碱硅钙渣水泥水化样［图 9-24 (c)］与掺未脱碱硅钙渣水泥水化样［图 9-24 (a)］中钙矾石的量存在较大差异（前者更多），这是因为 AFt 稳定生成的 pH 值范围是 11.0～12.5，当水泥中因硅钙渣的掺入而带入一定量碱时，pH 值会增加，这会使 AFt 向 AFm 发生转变，从而降低 AFt 生成量。

水化 28d 时，掺未脱碱硅钙渣水泥的水化样［图 9-24 (b)］中出现大量堆积紧密的 C—S—H 凝胶，同时还发现少量 5μm 以下六方片状 $Ca(OH)_2$，以及少量细长柱状 AFt 颗粒；掺脱碱硅钙渣水泥的水化样［图 9-24 (d)］中除发现大量 C—S—H 凝胶外并没发现其他颗粒（或许是因为其他产物被 C—S—H 凝胶覆盖）；二者水化产物致密程度相当。

综上所述，掺未脱碱硅钙渣水泥水化早期生成大量 C—S—H 凝胶，其水化产物致密性优于掺脱碱硅钙渣水泥的，至水化 28d 时两者水化产物致密性相当。

9.2.4　能谱分析

采用英国牛津公司 INCAX-MAX50 能谱仪（EDS）对水泥水化产物的组成进行分析。在进行 EDS 分析时，主要选择水化产物中 C—S—H 凝胶聚集区，并采取小范围面扫描。A3 样品不同龄期的 EDS 分析结果如图 9-25～9-28 所示。

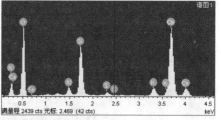

元素	质量（%）	原子（%）
O	65.46	80.73
Al	1.34	0.98
Si	9.10	4.92
S	0.59	0.36
Ca	21.04	10.36
Fe	0.46	0.16

图 9-25　A3 样品水化 3d 的 EDS 分析结果（钙硅比 2.11）

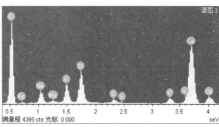

元素	质量（%）	原子（%）
O	60.03	67.23
Al	2.77	1.84
Si	4.89	3.18
S	0.55	0.31
Ca	14.66	6.56
Fe	0.93	0.30

图 9-26　A3 样品水化 28d 的 EDS 分析结果（钙硅比 2.06）

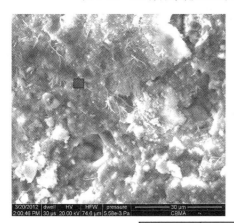

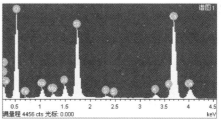

元素	质量（%）	原子（%）
O	58.19	66.15
Al	1.46	0.98
Si	8.70	5.63
S	0.22	0.13
Ca	16.46	7.47
Fe	0.52	0.17

图 9-27　A3 样品水化 90d 的 EDS 分析结果（钙硅比 1.33）

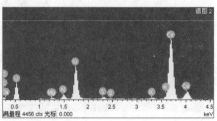

元素	质量（%）	原子（%）
O	43.90	58.72
Al	1.34	1.06
Si	10.90	8.30
S	0.70	0.47
Ca	33.87	18.09
Fe	1.45	0.56

图 9-28　A3 样品水化 90d 时水泥与集料的界面（钙硅比 2.18）

由图 9-25～图 9-27 可知，随着 A3 样品水化反应的不断进行，其水化硅酸钙凝胶（C—S—H）的钙硅比逐渐变小。钙硅比由 3d 的 2.11 变为 28d 的 2.06，水化 90d 时钙硅比又降低至 1.33。钙硅比的不断降低说明 C—S—H 中硅氧四面体的聚合度随着龄期的增长不断增加。另外，A3 样品 3～28d 的 C—S—H 的钙硅比降低较少，这是因为掺入的硅钙渣中含大量 β-C_2S，其水化速度较慢，这影响了 C—S—H 中硅氧四面体的聚合，进而使钙硅比变化缓慢。这种现象再次说明掺入硅钙渣改变了水泥水化进程，其是因硅钙渣带入大量 β-C_2S 而导致水化速度变慢。

图 9-28 是 A3 样品（按 A3 配比制备的胶砂，水灰比为 0.5）水化 90d 后水泥与集料界面结合情况。由该图知，界面结合非常紧密，无任何空隙产生。此时界面钙硅比为 2.18，远高于同龄期净浆中 C—S—H 的钙硅比 1.33，这是由于界面附近富集了大量 $Ca(OH)_2$。

9.2.5　水化放热行为分析

水化放热是水泥基胶凝材料的重要性能。若水化放热量太高或放热太集中，都会导致硬化体内部温度升高，从而造成较大温度梯度，引起构件开裂。本试验采用瑞典 TIM-Air 八通道微量热仪对不同配比硅钙渣水泥的水化放热行为进行研究。称取约 500mg 的掺硅钙渣水泥，按水灰比 0.5 加入去离子水，恒温 20℃。本次试验的配比依然设为 A0、A1、A2、A3、A4，硅钙渣掺量分别为 0%、10%、20%、30%、40%。

不同配合比试样的水化放热速率曲线如图 9-29 所示，累计水化热曲线如图 9-30 所示。

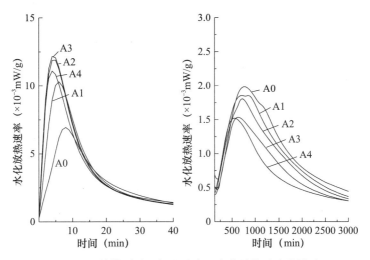

图 9-29　单掺脱碱硅钙渣对水泥水化放热速率的影响

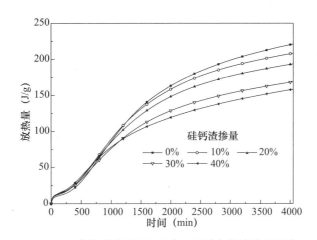

图 9-30　单掺脱碱硅钙渣对水泥累计水化放热的影响

由图 9-29 知，随着硅钙渣掺量增加，第一水化放热峰越来越剧烈，说明硅钙渣的掺入促进了溶解放热；第二放热峰则越来越矮，但峰值越来越提前。由图 9-30 知，累计水化热随着硅钙渣的掺量增加逐渐降低。水化热的降低有利于大体积混凝土结构施工。为了进一步比较分析未脱碱、脱碱硅钙渣对水化放热的影响，设计了一组对比试验，各试样配比如表 9-9 所示。

表 9-9　未脱碱、脱碱硅钙渣对水化热影响的试验配比　　　　　　　　　（％）

编号	基准水泥	硅钙渣	粉煤灰
30TG	70	30（脱碱）	0
30YG	70	30（未脱碱）	0
15TG＋15F	70	15	15
30F	70	0	30

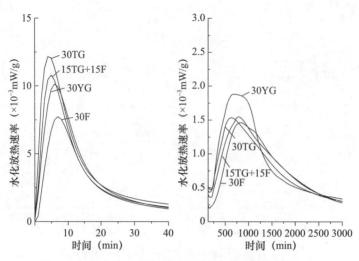

图 9-31　脱碱处理对掺硅钙渣水泥水化放热速率的影响

根据图 9-31 结果，掺脱碱硅钙渣水泥（30TG）第一放热峰最剧烈，说明脱碱处理有利于粉体溶解；掺未脱碱硅钙渣水泥（30YG）早期放热稍低，但第二放热峰明显高于其他，这是因为其所含的碱对水化的促进作用。由图 9-32 知，脱碱后硅钙渣水泥累计放热明显减少，这有利于混凝土施工。

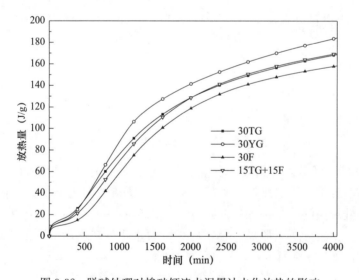

图 9-32　脱碱处理对掺硅钙渣水泥累计水化放热的影响

9.3　硅钙渣用作水泥混合材的工业化生产

根据实验室研究结果，总结了硅钙渣对水泥性能影响规律，确定了在水泥中掺硅钙渣的可行性。在前述试验的基础上，开展了硅钙渣用作混合材的工业化生产。

9.3.1　生产工艺

硅钙渣用作水泥混合材工业生产采用 $\phi2.2m\times7.5m$、$\phi1.83m\times6.5m$ 两台磨机联合粉磨。根据配料库的情况（4 个配料库，3 台计量秤），粉磨过程最多只能掺加 4 种物料：熟料、炉渣、石膏、石灰石。其中，石灰石和硅钙渣混合上料。

（1）原材料

硅钙渣化学成分见表 9-10。其他原材料为水泥厂现有原料。

表 9-10　硅钙渣化学成分　　　　　　　　　　　（%）

成分	烧失量	SiO_2	Al_2O_3	Fe_2O_3	CaO	MgO	碱含量	合计
含量	14.29	22.05	5.27	1.74	51.54	2.97	0.93	98.79

（2）水泥配比

工业试验采用 2 种配比见表 9-11。

表 9-11　脱碱硅钙渣用作水泥混合材的工业化试验的水泥配合比　　（%）

编号	设计产品及等级	熟料＋石膏	石灰石	炉渣	脱碱硅钙渣
A1	P·O42.5	80	5	5	10
A2	P·C32.5	65	5	5	25

（3）控制指标

水泥过程控制指标见表 9-12。

表 9-12　水泥过程控制指标

控制项目	控制指标
SO_3	(1.7 ± 0.20)%（P·O42.5）(2.2 ± 0.20)%（P·C32.5）
细度	$80\mu m$ 筛余≤10.0%
比表面积	(350 ± 15) m^2/kg（P·O 42.5） (380 ± 15) m^2/kg（P·C 32.5）
混合材掺量波动	$K\pm1.50$%
烧失量	≤5.0%

（4）工艺线路图

生产中使用的磨机为 $\phi1.8m$ 和 $\phi2.2m$ 球磨，串联，配有选粉机，磨机产量为 14～18t/h。

计量与掺加方式：熟料和石膏分别入库，由各自库底皮带秤计量；硅钙渣、石灰石、炉渣分别计量后用铲车混拌均匀然后入库。

首先将原有库中抗硫熟料拉空，并从熟料堆棚中拉过来正常熟料，并入库。混合材计量、混拌、入库。起初磨机产量大约为 14t/h，后来逐渐调整提高至 16t/h 左右。试验之前所担心的硅钙渣掺入后可能会出现的糊磨现象并没有出现。达到预定指标并已稳定，从下料管装袋作为样品。剩余的水泥集中入至一个库中，便于出厂时搭配出厂。硅钙渣作为混合材的工艺流程如图 9-33 所示，生产过程如图 9-34～图 9-38 所示。

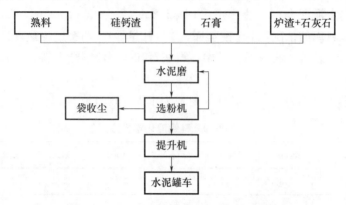

图 9-33　硅钙渣作为混合材的工艺流程图

图 9-34　ϕ1.8m 球磨机

图 9-35　ϕ2.2m 球磨机

图 9-36　入库

图 9-37　磨机工作中

图 9-38　下料装入罐车

9.3.2 工业生产水泥指标分析

根据 A1、A2 两个配方所生产的水泥如图 9-39 所示，生产的水泥经国家水泥质量监督检验中心鉴定的物理性能结果如图 9-40 和图 9-41 所示。由图中所示结果可知，A1 水泥和 A2 水泥细度、比表面积、凝结时间、安定性能、强度等性能均满足《通用硅酸盐水泥》（GB 175—2007）规定的 42.5、32.5 强度等级水泥的技术要求。其中，A1 配方生产的是普通硅酸盐水泥（P·O 42.5R）；A2 配方生产的是复合硅酸盐水泥（P·C 32.5R）。

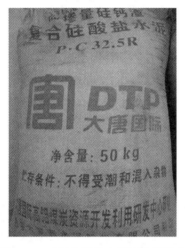

图 9-39 硅钙渣用作水泥混合材所生产的 P·C32.5R、P·O42.5R 水泥

根据测试结果可知，掺入 10％硅钙渣（A1 配方），生产的普通硅酸盐水泥（P·O42.5R）3d 抗折强度、抗压强度分别为 4.3MPa、20MPa，28d 抗折、抗压强度分别为 8.2MPa、50MPa，达到《通用硅酸盐水泥》（GB 175—2007）中 42.5 强度等级水泥的技术要求，且其他指标也满足该国家标准要求。掺入 25％硅钙渣、5％石灰石、5％炉渣（A2 配方），生产的复合硅酸盐水泥（P·C32.5R）3d 抗折强度、抗压强度分别为 4.5MPa、23.8MPa，28d 抗折强度、抗压强度分别为 7.6MPa、43.7MPa，达到《通用硅酸盐水泥》（GB 175—2007）中 42.5 强度等级水泥的技术要求，且其他指标也满足该国家标准要求。因此，利用硅钙渣作混合材生产水泥切实可行。

9.3.3 水化物微观形貌分析

采用美国 FEI 公司 Quanta 250 FEG 环境扫描电镜对工业生产的、以硅钙渣作为混合材的两种水泥的 1d、28d 水化产物形貌进行了观察，结果如图 9-40、图 9-41 所示。其中，A1 指普通硅酸盐水泥 P·O42.5R；A2 指复合硅酸盐水泥 P·C32.5R。

9.3.4 水化热分析

由图 9-40 知，其 1d 水化试样中，各水化产物堆积比较疏松；A1、A2 均有大量纤维状钙矾石，A2 中水化产物明显要少于 A1，这是因为 A2 所掺混合材更多。当水化至 28d 时，两种水泥样品中主要为堆积紧密的水化硅酸钙凝胶（C—S—H），但可见板片

(a) A1 (1d)　　　　　　　　　　(b) A2 (1d)

图 9-40　水化 1d 的水化产物形貌

(c) A1 (28d)　　　　　　　　　　(d) A2 (28d)

图 9-41　水化 28d 的水化产物形貌

状氢氧化钙（如图 9-43 所示）。这种致密的结构正是这两种水泥具有较高 28d 强度的原因。工业生产的水泥的水化产物及其形貌与实验室配制试样的无明显区别。

采用瑞典 TIM-Air 八通道微量热仪对工业生产的这两种水泥的水化放热行为进行研究，结果如图 9-42、图 9-43 所示。

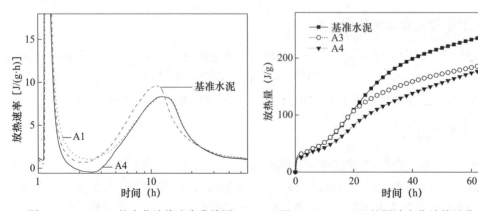

图 9-42　A1、A2 的水化放热速率曲线图　　　图 9-43　A1、A2 的累计水化放热量曲线图

由水化放热速率曲线图可知，相比基准水泥而言，A1、A2 的水化放热峰明显都要低。由累计水化放热曲线可知，A1、A2 的累计水化放热在 80h 时要远低于基准水泥。因此 A1、A2 水泥具有低水化放热的特点。另外，A2 比 A1 水化放热要稍低，这是因为 A2 水泥中掺有更多混合材。

9.3.5 水化物相分析

采用德国布鲁克的 D8 ADVANCE 型 X 射线衍射仪对工业生产水泥的水化样进行 XRD 分析，结果如图 9-44、图 9-45 所示。

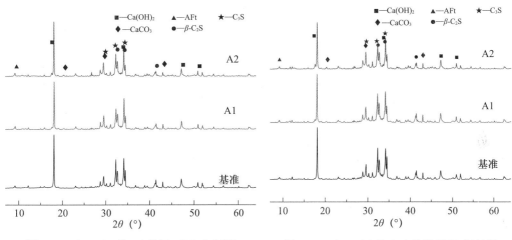

图 9-44 A1、A2 的 3d 龄期 XRD 衍射图　　　　图 9-45 A1、A2 的 28d 龄期 XRD 衍射图

通过对 A1、A2 的 3d 和 28d 龄期的 XRD 衍射图进行分析得出，A1、A2 均能观察到 $Ca(OH)_2$ 的明显特征峰，说明水化反应均生成大量的 $Ca(OH)_2$；这两种水泥与基准水泥的峰值能一一对应，峰强基本没有差别，说明 A1、A2 的水化产物与基准水泥基本一样。

以硅钙渣作为混合材，生产的普通硅酸盐水泥（P·O 42.5）及复合硅酸盐水泥（P·C 42.5）水化过程正常，且水化产物正常、结构致密。与商品水泥相比，这两种水泥在水化产物、微观结构、水化放热等方面与其无明显差别。

9.4 硅钙渣用作混合材经济性和市场分析

9.4.1 经济性分析

硅钙渣：干基到厂价 47 元/t，该价格包括硅钙渣的烘干、运输等成本。

粉煤灰：目前大唐托克托电厂原灰的出厂价大约 12 元/t，按 100km 的运输里程，运输成本为 40 元，则干基粉煤灰的到厂价格约为 52 元/t。

干基硅钙渣的到厂价比原灰价格低 5 元/t。

硅钙渣代替石灰石作水泥熟料原料时，只比传统水泥熟料的成本低 29.44 元/t，这主要是由于传统水泥厂一般建在石灰石原料附近，运输成本较低，而将硅钙渣运输到100km 远的水泥厂将会产生 40 元/t 的运输成本费，因此脱碱硅钙渣用作水泥熟料原料时，其主要成本为运输成本。而将脱碱硅钙渣用作水泥混合材时，具有 5 元左右的利润空间。

9.4.2 市场分析

以呼和浩特市托克托工业园区为基点，方圆 150km 之内的熟料和水泥生产分布统计数据如表 9-13 所示。在 200km 范围内年产水泥熟料量为 790 万吨，年产水泥 1885 万吨。其中 100km 范围内年产水泥熟料量为 480 万吨，年产水泥量为 1585 万吨，所占比例分别为 61％和 84％。而 100～200km 范围之内熟料和水泥的产量较低，分别为 310 万吨和 300 万吨，所占比例为 39％和 16％。

表 9-13　托克托工业园区方圆 150km 之内水泥熟料和水泥生产情况统计

距离托克托工业园 0～100km			距离托克托工业园 100～150km		
地区	年产熟料（万吨）	年产水泥（万吨）	地区	年产熟料（万吨）	年产水泥（万吨）
土左旗	80	30	武川	150	200
土右旗	—	300	鄂尔多斯	—	100
呼市	—	805	山西右玉	80	—
和林格尔	—	100	山西河曲	80	—
托县	—	320			
清水河	400	30			
合计	480	1585	合计	310	300

注：距托克托工业园区 150km 之内的年产水泥熟料量为 790 万吨，年产水泥 1885 万吨。

根据上述数据可知，如果硅钙渣作为水泥熟料原料时，其掺入量按 60％计算，托克托工业园区方圆 150km 的水泥厂则可消耗掉 474 万吨的硅钙渣；如果硅钙渣作为水泥混合材时，其掺入量按 20％计算，则托克托工业园区方圆 200km 的水泥厂可消耗掉 377 万吨的硅钙渣。在托克托工业园区方圆 100km 用作水泥熟料时，硅钙渣消耗量为 288 万吨，用作水泥混合材时硅钙渣的消耗量为 317 万吨。由此可见，托克托工业园区方圆 200km 的水泥厂和粉磨站共可消耗掉 851 万吨的硅钙渣，方圆 100km 的水泥厂和粉磨站共可消耗掉 605 万吨硅钙渣。

表 9-14　距托克托工业园区不同距离内的硅钙渣可消耗量

距托克托工业园区距离（km）	0～100		100～200	
消耗硅钙渣方式	熟料原料	水泥混合材	熟料原料	水泥混合材
硅钙渣消耗量（万吨）	288	317	186	60

根据表 9-14 可知，距托克托工业园区 100km 范围内的硅钙渣总的可消耗量为 605 万吨，在 100～150km 范围内硅钙渣的可消耗量为 246 万吨。而当再生资源公司三期和鄂尔多斯

硅铝科技投产后，硅钙渣的年产量总共约为 300 万吨。因此，如果硅钙渣作为水泥熟料原料、水泥混合材的技术可行，且成本合理的话，那么在距托克托工业园区方圆 100km 的范围内有足够的能力可消耗掉所有高铝粉煤灰提取氧化铝后所产生的硅钙渣。

利用硅钙渣生产水泥的技术具有显著的社会效益，主要体现在拓展了我国水泥工业废渣资源化利用范围，提升了其在替代原料方面的技术水平，搭建了内蒙古中西部地区电力-有色-建材等多领域的循环经济产业链，为该地区全社会的节能减排、节约资源提供了新途径。

该技术体系集成了废渣作混合材、替代原料等多种技术，其社会效益得到最大程度放大，有力地支持了粉煤灰资源化利用国家重点工程的实施，为当地的可持续发展及其循环经济发展做出贡献。

9.5　本章小结

（1）硅钙渣具有一定胶凝活性，但挥发较慢。强度试验结果表明，随硅钙渣掺量增加，水泥强度逐渐降低，且这种降低程度在 3d 时体现得更明显。当硅钙渣掺量达到 40％时水泥的强度降低至 32.5MPa 以下。

（2）硅钙渣脱碱与否对水泥强度有影响。在早期由于碱对水化的促进作用，掺未脱碱硅钙渣水泥抗压强度要高于掺脱碱硅钙渣水泥的，但随着龄期逐渐增长，由于碱对后期强度的负面作用使得后者的强度高于前者。

（3）硅钙渣与粉煤灰、沸石等混合材复掺，可改善水泥的胶凝性能。复掺 15％硅钙渣与 15％粉煤灰时，复合水泥 28d 强度比基准水泥稍低，但至 90d 时其强度能赶上甚至超过基准水泥。

（4）掺入硅钙渣能降低水泥的干缩，掺量越大这种改善作用越明显。掺入硅钙渣后，水泥 3d 到 28d 干缩率增长较快，28d 以后干缩率增长较为平缓，至 90d 干缩率仅为 0.04％；脱碱硅钙渣相比于未脱碱硅钙渣而言更能降低水泥干缩，但比粉煤灰的效果稍差。

（5）XRD 分析结果表明，水化 1d 和 3d 时，随着硅钙渣掺量的增加，$Ca(OH)_2$ 含量不断减少，这是由于硅钙渣取代了部分熟料导致早期水化生成的 $Ca(OH)_2$ 减少。水化 28d 时，掺 30％硅钙渣水泥 $Ca(OH)_2$ 的特征峰强度已经赶上对比样，90d 龄期时甚至超过对比样，这是由于硅钙渣中 $\beta\text{-}C_2S$ 水化较慢，后期才开始逐渐水化并释放出 $Ca(OH)_2$。

（6）红外分析结果表明，随着硅钙渣掺量增加，水化试样中 $875\sim985cm^{-1}$ 特征谱带不断向低波数方向迁移，表明硅钙渣的加入降低了水化产物中硅氧四面体的聚合程度，这是由于硅钙渣带入较多岛状结构的 $\beta\text{-}C_2S$ 引起的。相比基准水泥而言，掺入硅钙渣后水化试样随着龄期的增加而向高波数方向移动的程度低，这同样是由于硅钙渣带入了水化缓慢的 $\beta\text{-}C_2S$ 造成的。

（7）环境扫描电镜分析表明，水化 1d 的掺硅钙渣水泥，其水化产物比较少，除了少量纤维状钙矾石，大部分仍为未水化的水泥颗粒、硅钙渣占据，因此掺硅钙渣水泥的早期强度偏低。掺未脱碱硅钙渣水泥水化早期生成大量 C－S－H 凝胶，其水化产物致密性优于掺脱碱硅钙渣水泥的，因此前者的 3d 强度高于后者的；但至水化 28d 时两者水化产物致密性相当，致使后者的强度能赶上甚至超过前者。

（8）能谱分析结果表明，随着龄期的增长，掺硅钙渣水泥的 C－S－H 钙硅比的不断降低，表明 C－S－H 中硅氧四面体的聚合度随着龄期的增长不断增加。相比于水化 3d 试样的钙硅比，28d 水化试样的降低程度不明显，这是由于掺入硅钙渣而带入大量 β-C_2S，其水化速度较慢，影响了硅氧四面体的聚合。

（9）水化热结果表明，硅钙渣掺量越高，累计水化热逐渐降低，说明掺入硅钙渣能获得低热水泥；相比未脱碱硅钙渣而言，脱碱硅钙渣更能有效降低水泥水化热。

（10）上述测试结果表明，掺入的硅钙渣改变了水泥水化进程：水化变得缓慢，其原因为硅钙渣带入的 β-C_2S 水化缓慢。与之对应，掺硅钙渣水泥的早期强度偏低，但至 90d 时因 β-C_2S 逐渐水化而使强度得到发挥。

（11）工业试验表明，掺 10％脱碱硅钙渣，可生产出满足《通用硅酸盐水泥》（GB 175—2007）要求的普通硅酸盐水泥（P·O42.5）；25％脱碱硅钙渣，可生产出满足《通用硅酸盐水泥》（GB 175－2007）要求的复合硅酸盐水泥（P·C32.5）。

（12）对工业生产水泥的水化样进行组成及结构分析，结果表明其水化产物、水化放热、微观结构与商业产品无异，这证明硅钙渣作为混合材可以生产出合格的水泥。

第10章 硅钙渣基地聚物胶凝材料制备技术

10.1 地聚物胶凝材料简介

地聚物胶凝材料自 20 世纪 40 年代由 Purdon 开创性地研究了碱-矿渣地聚物胶凝体系后，法国 Davidovite 以 geopolymer 命名了该类材料。地聚物胶凝材料的水化机理可以分为三个阶段：解构-重构阶段、重构-凝聚阶段、凝聚-结晶阶段。高活性的铝硅酸盐粉体与碱激发剂反应，使硅铝酸盐中的 $Si-O-Si$ 键与 $Al-O-Si$ 键发生解聚生成单硅酸根和铝酸根，从硅铝酸盐粉体中溶解出 Si、Al 单体发生重构、自组织。形成包括$-Si-O-Al-O-$型、聚$-Si-O-Al-O-Si-O-$型和聚$-Si-O-Al-O-Si-O-Si-O-$型单体的凝胶性三维硅铝盐结构，当溶解出的单体数量逐渐增多时，会发生缩聚反应，从而形成地聚物。与普通硅酸盐水泥的水化机理不同，尽管地聚物在其水化反应的过程中有水的填加，但水主要起反应媒介的作用。而在硅酸盐水泥反应机理中，水与硅酸钙发生水化反应，最终生成以分子间作用力为主要化学键的产物。由铝硅酸盐凝胶相形成的基本相，其化学组成与沸石相近，物理形态上呈现三维网络结构，具有机械强度高、耐酸碱腐蚀、致密性、抗渗水和抗碳化性好、生产成本低、污染小等一系列优势。苏联在该方面的研究较多，开发出了一系列地聚物材料，并开展了工程示范应用。由于生成地聚物原料的来源和性质的不确定性，导致合成地聚物的性能也有所不同。

相比于普通硅酸盐水泥，在相同养护条件下，工业固废制备地聚物的抗压强度高于普通硅酸盐水泥，其主要原因是在水化反应过程中溶液形成 $C-S-H$ 凝胶，并凝聚形成三维网络状胶团，增强了地聚物胶凝材料的整体结构强度。由粉煤灰、高岭土、赤泥、矿渣等制备的地聚物虽然在矿物及化学组成上有差异。但可以看出相对于硅酸盐水泥而言，其早期强度高，网状结构使整体可以承受更多的压应力。

而在地聚物胶凝材料的制备工程中掺入少量纤维，可以改善其结构的脆性，减少裂纹的产生，增强抗劈裂的强度。地聚物胶凝材料在水化过程中，由于生成类沸石结构使其具有稳定的耐高温性能，在高温环境下使表面不产生剥落，且质量损失率、热膨胀指数及导热系数相比于普通硅酸盐水泥要小很多。地聚物胶凝材料在酸性条件及碱性条件下，均有良好的抗腐蚀性。在酸性条件，酸根离子使地聚物胶凝材料中的硅、钙、钾等离子发生反应，使地聚物中的质量损失率提高。而在碱性环境下，羟基与地聚物中 Si、Ca、Al 等元素反应，生成较稳定的 $C-A-S-H$ 凝胶，腐蚀强度低，因此地聚物胶凝材料在碱性环境下更加稳定。

在制备工艺中地聚物胶凝材料不同于硅酸盐水泥的"两磨一烧"的煅烧工艺，地聚物胶凝材料的生产工业能源和资源消耗更少，基本不排放 CO_2，原材料的资源丰富、价格低廉。在性能方面地聚物胶凝材料与硅酸盐水泥相比，低收缩率、低渗透性、耐高温、隔热效果等特点使地聚合物及其混凝土在市政、桥梁、道路、水利、地下、海洋及军事等领域具有非常广阔的应用前景。目前其在建筑工程中的应用研究主要集中在制备隔热材料、制备地聚物砌砖和用于道路工程中。

相对于国际同行，我国涉足于地聚物胶凝材料研究的起始时间大约晚了 20 年。我国学者相继研究了钢渣、矿渣、粉煤灰、赤泥等多种地聚物胶凝材料。纵观地聚物胶凝材料的发展历史，我国虽然起步晚，但经过最近 20 年的努力，在该材料制备技术及性能优化研究方面与国际先行者基本能够保持同步。尽管如此，差距也是明显的，这种差距主要体现在应用技术开发、工程应用经验及标准体系等方面，这将是我国地聚物胶凝材料研究者下一步努力的方向。

10.2 硅钙渣基地聚物胶凝材料制备机理

由于硅钙渣中 Na_2O 含量较高，在传统水泥建材行业利用过程中必须对硅钙渣进行脱碱处理，不仅增加了硅钙渣利用成本，而且产生大量的稀碱液难以处理，不利于硅钙渣的消纳利用。因此针对上述问题，充分发挥硅钙渣含 Na_2O 特性，变害为利，利用硅钙渣制备地聚物胶凝材料更为适宜。

以硅钙渣为主要原料协同粉煤灰和矿渣进行制备地聚物胶凝材料。各原料的化学成分，结果见表 10-1。矿渣的主要物相是玻璃相，粉煤灰主要物相一部分为玻璃相，另一部分为莫来石（$3Al_2O_3 \cdot 2SiO_2$）和石英（SiO_2）。所用激发剂为模数 2.4 的硅酸钠溶液，其密度为 1371.8g/L，所用无水乙醇为分析纯。

表 10-1　原料化学成分（质量分数）　　　　　　　　　　（%）

成分	SiO₂	Fe₂O₃	Al₂O₃	CaO	MgO	Na₂O	K₂O	SO₃	P₂O₅	F	Cl
硅钙渣	31.08	2.25	5.97	50.35	3.61	2.31	0.36	3.21	0.42	0.15	0.29
矿渣	34.57	0.51	10.50	42.75	4.13	0.77	0.46	2.78	3.34	0.12	0.07
粉煤灰	42.67	2.57	42.36	4.30	3.20	0.58	0.39	1.27	1.46	0.47	0.73

10.2.1　粉煤灰/硅钙渣对硅钙渣基地聚物胶凝材料的影响

依据矿渣为 20%（质量分数）、粉煤灰与硅钙渣共 80%（质量分数），配制粉煤灰/硅钙渣为 0.14、0.23、0.33、0.45、0.60、0.78、1.0 的硅钙渣基地聚物，每次试验向 450g 的混合料中添加 156mL 的硅酸钠溶液和 86mL 的蒸馏水。

1. 粉煤灰/硅钙渣对硅钙渣基地聚物水化物物相的影响

不同粉煤灰/硅钙渣条件下的硅钙渣基地聚物 7d 水化物 XRD 分析如图 10-1 所示，

地聚物水化 7d 的主要物相有 β-硅酸二钙（β-2CaO・SiO₂）、方解石（CaCO₃）、水化硅酸钙（CaO・SiO₂・H₂O）、二水钙长石（CaO・Al₂O₃・2SiO₂・2H₂O）、钠钙沸石（Na₃.₇Ca₇.₄Al₁₈.₅Si₇₇.₅O₁₉₂・74H₂O）、莫来石（3Al₂O₃・2SiO₂）、石英（SiO₂）。

$$2CaO \cdot SiO_2 + m\,H_2O = x\,CaO \cdot SiO_2 \cdot (m+x-2)H_2O + (2-x)Ca(OH)_2 \qquad (10-1)$$

β-硅酸二钙的水化反应如式（10-1）所示，主要水化物为水化硅酸钙（CaO・SiO₂・H₂O）和 Ca(OH)₂，因此可以判定水化产物中水化硅酸钙源于 β-硅酸二钙的水化。但由于 β-硅酸二钙是一种水化速度较慢的矿物，其 28d 水化度只有 10.3%，所以地聚物中仍存在大量未水化的 β-硅酸二钙。根据表 10-1 和图 10-1 可知，原料中 Si、Al 元素一部分以莫来石、石英和玻璃相存在于粉煤灰中，一部分以玻璃相存在于矿渣中，而玻璃相在热力学上为亚稳定态，与晶相比，玻璃相更易与 Ca(OH)₂ 以及硅酸钠溶液发生水化反应，因而 β-硅酸二钙水化产生的 Ca(OH)₂ 一部分优先与矿渣、粉煤灰中 Si、Al 基玻璃相发生反应生成二水钙长石（CaO・Al₂O₃・2SiO₂・2H₂O），另一部分 Ca(OH)₂ 与碱激发剂硅酸钠共同作用于矿渣、粉煤灰中的 Si、Al 基玻璃相，在 OH⁻ 的极化作用下高聚合度的 Si—O 键、Al—O 键断开，并在 Ca²⁺ 和 Na⁺ 的参与下 Si—O 键、Al—O 键

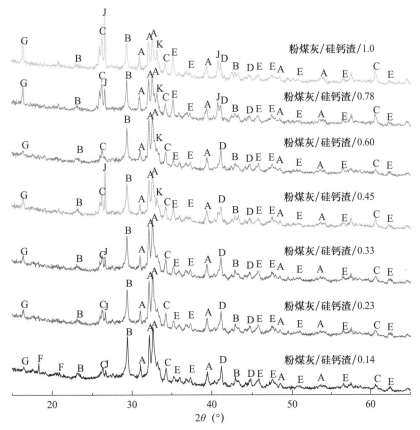

A—β-硅酸二钙（β-2CaO・SiO₂）；B—方解石（CaCO₃）；C—二水钙长石（CaO・Al₂O₃・2SiO₂・2H₂O）；D—水化硅酸钙（CaO・SiO₂・H₂O）；E—钠钙沸石（Na₃.₇Ca₇.₄Al₁₈.₅Si₇₇.₅O₁₉₂・74H₂O）；F—托贝莫来石（5CaO・6SiO₂・5H₂O）；G—莫来石（3Al₂O₃・2SiO₂）；J—石英（SiO₂）；K—斜钙沸石（CaO・Al₂O₃・4SiO₂・2H₂O）

图 10-1　不同粉煤灰/硅钙渣下的养护 7d 的硅钙渣基地聚物 XRD

重新聚合形成新的物相钠钙沸石（$Na_{3.7}Ca_{7.4}Al_{18.5}Si_{77.5}O_{192} \cdot 74H_2O$），而少量未反应的 $Ca(OH)_2$ 与空气中的 CO_2 发生碳化反应生成方解石（$CaCO_3$），因此地聚物中的方解石不仅包含碳化生成的方解石还包含硅钙渣中原有的方解石。而粉煤灰中原有的莫来石（$3Al_2O_3 \cdot 2SiO_2$）、石英（SiO_2）由于不容易与 $Ca(OH)_2$ 以及硅酸钠发生水化反应部分被残余下来，且随粉煤灰与硅钙渣比的增加，即随粉煤灰掺量的增加和硅钙渣掺量的降低，莫来石和石英相的衍射峰强度越来越大，β-硅酸二钙和方解石的衍射峰强度越来越小，这也进一步证实水化 7d 硅钙渣基地聚物中莫来石和石英相源自粉煤灰，β-硅酸二钙源自硅钙渣。

除了以上主要水化物外，在不同粉煤灰/硅钙渣的地聚物 7d 水化产物中还生成了托贝莫来石（$5CaO \cdot 6SiO_2 \cdot 5H_2O$）、斜钙沸石（$CaO \cdot Al_2O_3 \cdot 4SiO_2 \cdot 2H_2O$）等矿物。当粉煤灰/硅钙渣为 0.14 时，即粉煤灰掺量为 10%，硅钙渣掺量为 70% 时，7d 水化物中出现了托贝莫来石，这说明当硅钙渣含量相对较多，其水化生成的大量水化硅酸钙会进一步发生晶型转变生成托贝莫来石。但当粉煤灰/硅钙渣达到 0.45 以上，即粉煤灰掺量大于 25%，硅钙渣掺量小于 55% 时，7d 水化物中又生成了斜钙沸石（$CaO \cdot Al_2O_3 \cdot 4SiO_2 \cdot 2H_2O$），这主要是由于随粉煤灰掺量的增加、硅钙渣掺量的降低，导致 Si、Al 基玻璃相增多，β-硅酸二钙相降低，从而使其水化产生 $Ca(OH)_2$ 的量相较于 Si、Al 基玻璃相不足，因而生成富 Si、Al 相的斜钙沸石矿物。

不同粉煤灰/硅钙渣下的硅钙渣基地聚物 28d 水化物 XRD 分析如图 10-2 所示，其主要水化物为 β-硅酸二钙、方解石、二水钙长石、水化硅酸钙、钠钙沸石、莫来石、四方钠沸石、石英、斜钙沸石等。与图 2-2 地聚物 7d 的水化物进行对比发现，随养护时间的延长，28d 地聚物水化物中出现了四方钠沸石（$(Na，Ca)_2(Si，Al)_5O_{10} \cdot 2H_2O$），归其主要原因是所加入的激发剂硅酸钠溶液和硅钙渣中所含的钠盐在地聚物水化过程中形成碱性环境，产生的 OH^- 可逐渐破坏莫来石的 $-Si-O-Si(Al)-$ 结构，但在形成新的 $-Si-O-Si(Al)-$ 结构过程中由于 Al^{3+} 为 3 配位，在与 Si^{4+} 形成 4 配位网络结构过程中需要 Na^+ 进行配位补充，但在常温下该反应较慢，同时由于 Na^+ 半径大于 Ca^{2+}，Na^+ 易被 Ca^{2+} 置换取代，故只有在地聚物水化 28d 时才出现四方钠沸石。

当粉煤灰/硅钙渣为 0.45、0.60、0.78 和 1.0 的 7d 和 28d 水化物中不仅有四方钠沸石，同时还新增了贝德石，究其主要原因是与晶相比玻璃相更容易与 $Ca(OH)_2$ 以及硅酸钠发生水化反应，导致碱激发水化反应后期，玻璃相几乎被消耗殆尽，参与水化反应的主要是莫来石相，随粉煤灰/硅钙渣的增大莫来石相含量也相应增加，而加入的激发剂硅酸钠和硅钙渣中所含的钠碱可溶出 Na^+ 是一定的，这将使 Na^+ 量相对莫来石量较为不足，因此易生成贫 Na 相贝德石。

2. 粉煤灰/硅钙渣对硅钙渣基地聚物水化物结构的影响

为了进一步表征硅钙渣基地聚物 7d 和 28d 水化物的物相结构，采用傅里叶红外光谱仪（德国布鲁克 VERTEX 70 型，分辨率 $4cm^{-1}$，扫描次数：32，波数范围 $400\sim4000cm^{-1}$）对其进行了红外光谱分析，结果如图 10-3 所示，并根据表 10-2 中各吸收谱带所表征的基团对图 10-3 进行分析。

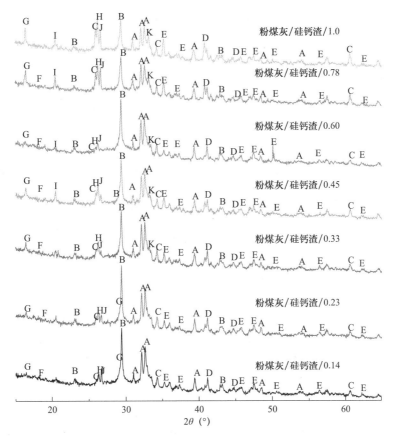

A—β-硅酸二钙（β-2CaO·SiO₂）；B—方解石（CaCO₃）；C—二水钙长石（CaO·Al₂O₃·2SiO₂·2H₂O）；D—水化硅酸钙（CaO·SiO₂·H₂O）；E—钠钙沸石（Na₃.₇Ca₇.₄Al₁₈.₅Si₇₇.₅O₁₉₂·74H₂O）；G—莫来石（3Al₂O₃·2SiO₂）；H—四方钠沸石［（Na，Ca）₂（Si，Al）₅O₁₀·2H₂O］；I—贝德石［Na₀.₃Al₂（Si，Al）₄O₁₀（OH）₂·2H₂O］；J—石英（SiO₂）；K—斜钙沸石（CaO·Al₂O₃·4SiO₂·2H₂O）

图 10-2　不同粉煤灰/硅钙渣比下的养护 28d 的硅钙渣基地聚物 XRD

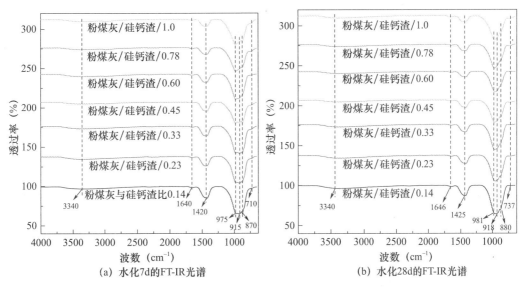

(a)　水化 7d 的 FT-IR 光谱　　　　　　(b)　水化 28d 的 FT-IR 光谱

图 10-3　不同粉煤灰/硅钙渣下的硅钙渣基地聚物的 FT-IR 光谱分析

表 10-2 各吸收谱带所表征的基团振动

波数（cm^{-1}）	表征基团振动
3000～3450	水分子伸缩振动
1600～1650	水分子弯曲振动
1400～1450	CO_3^{2-}的非对称伸缩振动
965～975	C—S—H 非对称伸缩振动
900～950	—Si—O—Si(Al)—非对称伸缩振动
850～890	—Si(Al)—OH 弯曲振动
710～730	—Si—O—Si(Al)—弯曲振动

图 10-3（a）波数 $3340cm^{-1}$ 和 $1640cm^{-1}$ 以及图 10-3（b）波数 $3340cm^{-1}$ 和 $1646cm^{-1}$ 对应的特征峰都为水分子的特征振动，但特征峰都较弱，这说明尽管试样被进行过烘干处理，但还含有少量水分。图 10-3（a）波数 $1420cm^{-1}$ 和图 10-3（b）波数 $1425cm^{-1}$ 对应的特征峰是硅钙渣中原有的方解石（$CaCO_3$）和硅钙渣水化产生的 $Ca(OH)_2$ 被空气中 CO_2 碳化后生成的方解石中的 CO_3^{2-} 的非对称伸缩振动。图 10-3（a）波数 $975cm^{-1}$ 和图 10-3（b）波数 $981cm^{-1}$ 对应的特征峰为 C—S—H 非对称伸缩振动，这进一步证实该地聚物水化会生成水化硅酸钙类物相。图 10-3（a）波数 915、$710cm^{-1}$ 和图 10-3（b）波数 918、$737cm^{-1}$ 所对应特征峰为—Si—O—Si(Al)—的非对称伸缩振动和弯曲振动，图 10-3（a）波数 $870cm^{-1}$ 和图 10-3（b）波数 $880cm^{-1}$ 所对应的特征峰为—Si(Al)—OH 的弯曲振动，这进一步说明激发剂硅酸钠和其他碱性物质使地聚物水化过程形成碱性环境，产生大量的 OH^-，这些 OH^- 能够解离粉煤灰和矿渣中的—Si—O—Si(Al)—，然后进一步缩聚形成新的—Si—O—Si(Al)—和—Si(Al)—OH 基团，最终生成二水钙长石、钠钙沸石、斜钙沸石、四方钠沸石和贝德石等 C(N)—A—S—H 类物相。

图 10-3（b）与图 10-3（a）对比，水化 28d 的红外光谱基本与水化 7d 的红外光谱相似，这说明不同养护龄期的硅钙渣基地聚物水化物类型基本相似，以 C—S—H 和 C(N)—A—S—H 的—OH、—Si—O—Si(Al)—和—Si(Al)—OH 为主，硅铝聚合结构并不会出现新的键合结构。但谱带随着龄期的延长向高频方向略有偏移，这表明随龄期延长［SiO_4］和［AlO_4］四面体聚合度逐渐增大。

3. 粉煤灰/硅钙渣对硅钙渣基地聚物水化物微观形貌的影响

为观察地聚物的微观形貌，采用日立 S—4800 对不同粉煤灰/硅钙渣地聚物水化 7d 和 28d 进行了微观形貌分析，结果如图 10-4 所示，并对某些特殊区域进行 EDS 分析，根据各原子比，结合上述 XRD 和 FT-IR 分析结果，推算出各区域对应的物相，结果见表 10-3。

观测图 10-4 中养护 7d 地聚物的微观形貌中有大量的粒状物相，根据图 10-4（a）和图 10-4（f）中区域 1、2、17 的 EDS 分析，其各原子比与 β-硅酸二钙相近，且这些颗粒表面较为光滑，显示出被溶化的特征，与 β-硅酸二钙可水化物性极为吻合，且发现这些粒状物相随粉煤灰/硅钙渣的增大，即硅钙渣掺量的降低而减少，这基本可证实该粒状物相为 β-硅酸二钙。除大量分布的粒状物相外，还有如图 10-4（a）中区域 3 中的鳞片状托贝莫来石相，图 10-4（b）中区域 14 和图 10-4（i）中区域 9 棱角分明的块状物方解石相，图 10-4（c）中区域 5 和图 10-4（k）中区域 10 絮状的钠钙沸石相，图 10-4（g）中区域 7、图 10-4（m）中区域 12、图 10-4（d）中区域 16 的片状水化硅酸钙相，尤其区域 16 片状形貌非常显著。图 10-4（m）中区域 13、图 10-4（l）中区域 21、图 10-4（n）中区域 22 的层状物相为斜钙沸石相。并随粉煤灰/硅钙渣的增加，微观形貌中出现了大量的球状和柱状形貌物相，通过对区域图 10-4（e）中区域 6、图 10-4（k）中区域 11 和图 10-4（i）中区域 8、图 10-4（l）中区域 20 进行 EDS 分析，球状物相为莫来石矿物，柱状物相为石英，与上述 XRD 分析结果基本一致，主要是由于粉煤灰掺量的增加，粉煤灰中主要晶相莫来石和石英也随之增加，且由于它们不易与 β-硅酸二钙水化产生的 $Ca(OH)_2$ 以及碱激发剂硅酸钠溶液发生水化反应，因此在水化初期莫来石和石英大量残存于地聚物中。

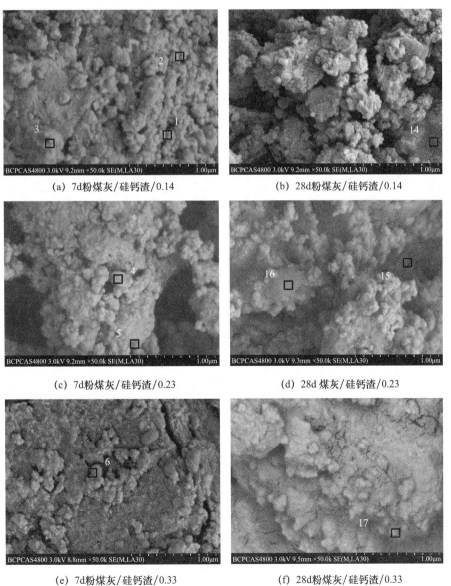

(a) 7d粉煤灰/硅钙渣/0.14　　　　　(b) 28d粉煤灰/硅钙渣/0.14

(c) 7d粉煤灰/硅钙渣/0.23　　　　　(d) 28d煤灰/硅钙渣/0.23

(e) 7d粉煤灰/硅钙渣/0.33　　　　　(f) 28d粉煤灰/硅钙渣/0.33

(g) 7d 粉煤灰/硅钙渣/0.45

(h) 28d 粉煤灰/硅钙渣/0.45

(i) 7d 粉煤灰/硅钙渣/0.60

(j) 28d 粉煤灰/硅钙渣/0.60

(k) 7d 粉煤灰/硅钙渣/0.78

(l) 28d 粉煤灰/硅钙渣/0.78

(m) 7d 粉煤灰/硅钙渣/1.0

(n) 28d 粉煤灰/硅钙渣/1.0

图 10-4 不同粉煤灰/硅钙渣比下的硅钙渣基地聚物的 SEM

表 10-3　不同粉煤灰/硅钙渣下的三元地聚物微观形貌的 EDS 能谱及对应的物相

区域	形貌	各原子物质的量比（%）								物相
		O	Al	Si	Ca	Na	Mg	Fe	C	
1	粒状	55.22	2.21	14.31	26.50	0.31	1.22	0.23	—	β-硅酸二钙
2	粒状	54.42	1.75	15.56	26.22	0.52	1.13	0.40	—	β-硅酸二钙
3	鳞片状	65.32	0.36	18.25	15.42	—	0.52	0.13	—	托贝莫来石
4	块状	59.22	0.22	0.10	20.03		0.10	0.10	20.23	方解石
5	絮状	70.64	5.02	20.21	2.03	2.10				钠钙沸石
6	球状	60.46	27.71	10.52	—	0.27		1.04		莫来石
7	片状	63.78	0.52	17.15	16.42		0.81	1.32		水化硅酸钙
8	柱状	66.27	0.05	33.63		0.05				石英
9	块状	58.32	0.33	0.21	20.56	—	0.11	0.14	20.33	方解石
10	絮状	70.41	5.15	20.21	2.13	2.10				钠钙沸石
11	球状	62.34	25.78	9.96	—	0.59	0.48	0.85		莫来石
12	片状	65.72	0.33	16.95	16.23	0.12	0.44	0.21		水化硅酸钙
13	层状	56.05	12.50	25.05	6.20	0.08	0.11	0.01		斜钙沸石
14	蠕虫状	63.23	5.21	21.01	5.23	5.01	0.11	0.20		四方钠沸石
15	蠕虫状	62.98	5.67	19.82	5.56	5.44	0.32	0.20		四方钠沸石
16	片状	66.52	0.33	16.15	16.23	0.12	0.44	0.21		水化硅酸钙
17	粒状	54.32	1.65	15.56	26.42	0.42	1.23	0.40		β-硅酸二钙
18	条状	68.97	14.63	14.36	0.22	1.61	0.11	0.10		贝德石
19	条状	69.29	14.19	14.38	0.11	1.82	0.12	0.09		贝德石
20	柱状	67.04	0.32	32.64						石英
21	层状	55.25	12.57	25.55	6.25	0.23	0.12	0.03		斜钙沸石
22	层状	56.15	11.80	25.35	5.65	0.35	0.54	0.13		斜钙沸石

通过对比 7d 和 28d 的地聚物 SEM 图发现，水化 28d 的粒状 β-硅酸二钙显著少于水化 7d 的，这主要是由于随养护时间延长 β-硅酸二钙进一步水化所致。同时 28d 的微观形貌中逐渐出现了蠕虫状物相，如图 10-4（b）中区域 14、图 10-4（d）中区域 15，对其进行 EDS 分析发现各原子摩尔比与四方钠沸石接近，借鉴 XRD 分析结果，可以确定这些蠕虫状物相为四方钠沸石。

在 28d 粉煤灰/硅钙渣为 0.45 以上时的 SEM 图中发现，在蠕虫状与块状物相之间的缝隙中又生成了少量的条状物相如图 10-5（b）中区域 14 和图 10-5（d）中区域 15 所示，经 EDS 分析其各原子物质的量比，进一步结合 XRD 分析结果确定其为贝德石，这可能是由于蠕虫状的四方钠沸石与圆球状的莫来石发生反应生成了新的贝德石物相。同时分析图 10-4 还发现，随粉煤灰/硅钙渣增大，即粉煤灰掺量的升高和硅钙渣掺量的降低，硅钙渣基地聚物 7d 和 28d 微观形貌的致密性呈先增高后降低的趋势，在粉煤灰/硅钙渣为 0.45 时其微观形貌最致密，其也在图 10-5 硅钙渣基地聚物净浆试块的抗压强度上有所体现。

4. 粉煤灰/硅钙渣对硅钙渣基地聚物宏观性能的影响

硅钙渣基地聚物的抗压强度随粉煤灰/硅钙渣增大的变化如图 10-5 所示，硅钙渣基地聚物净浆试块的 7d 和 28d 抗压强度随粉煤灰/硅钙渣的增大先增后降，并在粉煤灰/硅钙渣为 0.45 时，即硅钙渣为 55％、粉煤灰为 25％、矿渣为 20％时达到最大，分别为 18.9MPa 和 38.9MPa。这与硅钙渣基地聚物的水化度及其微观形貌密切相关。

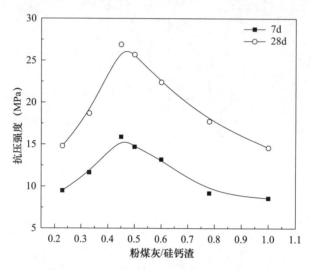

图 10-5　硅钙渣基地聚物的抗压强度随粉煤灰/硅钙渣增大的变化

硅钙渣基地聚物胶凝材料的凝结时间随粉煤灰/硅钙渣的变化如图 10-6 所示，随粉煤灰/硅钙渣的增加初凝时间和终凝时间都逐渐降低，尽管在粉煤灰/硅钙渣为 0.14 时初凝和终凝时间最大分别为 55min 和 104min，但与 P·O42.5 水泥相比其凝结时间较短，凝结速度较快，不利于工程应用。这说明碱激发剂硅酸钠与粉煤灰、矿渣发生碱激发水化反应速率要远远快于硅钙渣中 β-硅酸二钙的水化速率，因此地聚物中粉煤灰含量越高其凝结时间越短。

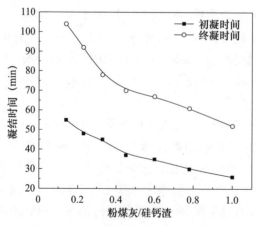

图 10-6　硅钙渣基地聚物凝结时间随粉煤灰/硅钙渣的变化

10.2.2 粉煤灰/矿渣对硅钙渣基地聚物胶凝材料的影响

依据硅钙渣为 55%，粉煤灰与矿渣共 45%，配制粉煤灰/矿渣为 0、0.2、0.5、1.0、2.0、5.0 的硅钙渣基地聚物，每次试验向 450g 的混合料中添加 156mL 的硅酸钠溶液和 86mL 的蒸馏水，其他试验方法与 10.2.1 相同。

1. 粉煤灰/矿渣对硅钙渣基地聚物水化物物相的影响

硅钙渣地聚物在发生水化反应前其矿物成分与硅钙渣、粉煤灰、矿渣等原料所含矿物成分完全一致，主要为 β-硅酸二钙（β-2CaO·SiO$_2$）、方解石（CaCO$_3$），莫来石（3Al$_2$O$_3$·2SiO$_2$）、石英（SiO$_2$）和玻璃相。为阐明硅钙渣基地聚物发水化反应机理和物相变化规律，采用 X 射线衍射仪对水化 7d 和 28d 的不同粉煤灰与矿渣之比的硅钙渣基地聚物进行 XRD 分析，结果分别如图 10-7 和图 10-8 所示。

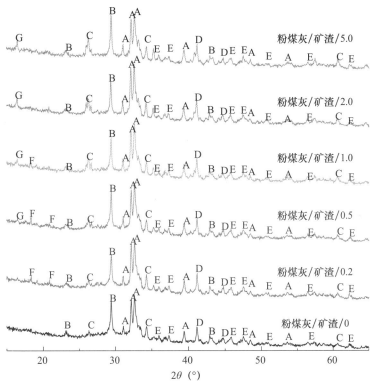

A—β-硅酸二钙（β-2CaO·SiO$_2$）；B—方解石（CaCO$_3$）；C—二水钙长石（CaO·Al$_2$O$_3$·2SiO$_2$·2H$_2$O）；D—水化硅酸钙（CaO·SiO$_2$·H$_2$O）；E—钠钙沸石（Na$_{3.7}$Ca$_{7.4}$Al$_{18.5}$Si$_{77.5}$O$_{192}$·74H$_2$O）；F—托贝莫来石（5CaO·6SiO$_2$·5H$_2$O）；G—莫来石（3Al$_2$O$_3$·2SiO$_2$）

图 10-7 不同粉煤灰/矿渣下的硅钙渣基地聚物 7d 水化物的 XRD 分析

由图 10-7 可知，不同粉煤灰/矿渣下的硅钙渣基地聚物水化 7d 的主要矿物为 β-硅酸二钙（β-2CaO·SiO$_2$）、方解石（CaCO$_3$）、水化硅酸钙（CaO·SiO$_2$·H$_2$O）、二水钙长石（CaO·Al$_2$O$_3$·2SiO$_2$·2H$_2$O）和钠钙沸石（Na$_{3.7}$Ca$_{7.4}$Al$_{18.5}$Si$_{77.5}$O$_{192}$·74H$_2$O）。而 β-硅酸二钙作为一种可水化的矿物，其水化反应如式（10-1）所示，水化产物主要为水化硅酸钙（CaO·SiO$_2$·H$_2$O）和 Ca(OH)$_2$，因此水化硅酸钙来源于 β-硅酸二钙的水化。

但 β-硅酸二钙的水化速度较慢，短时内难以全部水化，所以硅钙渣基地聚物水化反应后仍存在大量未水化的 β-硅酸二钙。由于原料中 Si、Al 元素一部分以莫来石和玻璃相存在于粉煤灰中，另一部分主要以玻璃相的形式存在于矿渣中，由于玻璃相在热力学上处于亚稳定态，$Ca(OH)_2$ 和硅酸钠溶液会优先与玻璃相发生水化反应，因而 β-硅酸二钙水化产生的 $Ca(OH)_2$ 一部分优先与矿渣、粉煤灰中 Si、Al 基玻璃相矿物发生反应生成二水钙长石（$CaO \cdot Al_2O_3 \cdot 2SiO_2 \cdot 2H_2O$），另一部分 $Ca(OH)_2$、硅酸钠溶液以及硅钙渣中的钠盐共同与矿渣、粉煤灰中的 Si、Al 基玻璃相发生碱激发应生成了钠钙沸石（$Na_{3.7}Ca_{7.4}Al_{18.5}Si_{77.5}O_{192} \cdot 74H_2O$）矿物，而少量的 $Ca(OH)_2$ 与空气中的 CO_2 发生碳化反应生成方解石（$CaCO_3$）矿物，同时方解石是一种不能发生水化反应的矿物，因此硅钙渣基地聚物中的方解石矿物不仅包含碳化生成的方解石还包含硅钙渣中原有的方解石。

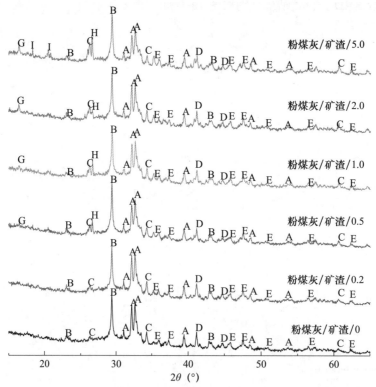

A—β-硅酸二钙（β-2CaO·SiO$_2$）；B—方解石（$CaCO_3$）；C—二水钙长石（$CaO \cdot Al_2O_3 \cdot 2SiO_2 \cdot 2H_2O$）；D—水化硅酸钙（$CaO \cdot SiO_2 \cdot H_2O$）；E—钠钙沸石（$Na_{3.7}Ca_{7.4}Al_{18.5}Si_{77.5}O_{192} \cdot 74H_2O$）；G—莫来石（$3Al_2O_3 \cdot 2SiO_2$）；H—四方钠沸石 [（Na, Ca）$_2$（Si, Al）$_5O_{10} \cdot 2H_2O$]；I—贝德石 [$Na_{0.3}Al_2$（Si, Al）$_4O_{10}$（OH）$_2 \cdot 2H_2O$]

图 10-8　不同粉煤灰/矿渣下的硅钙渣基地聚物 28d 水化物的 XRD 分析

当粉煤灰/矿渣达到 0.2 时，即粉煤灰掺量达到 7.5％时，硅钙渣基地聚物 7d 水化物中出现了托贝莫来石（$5CaO \cdot 6SiO_2 \cdot 5H_2O$）相，这可能是由于粉煤灰中玻璃相含量低于矿渣，因此导致硅钙渣中 β-硅酸二钙（β-2CaO·SiO$_2$）水化产生的 $Ca(OH)_2$ 难以及时被消耗，最终致使式（10-1）的水化反应受限，故其一部分水化产物由水化硅酸钙转为托贝莫来石。但是当粉煤灰/矿渣达到 0.5，即粉煤灰掺量为 15％时，硅钙渣基地聚物 7d 水化物中又出现了莫来石（$3Al_2O_3 \cdot 2SiO_2$）相，这主要是源于随着粉煤灰含量的增加，其中的莫来石相也相应地增加所致。当粉煤灰/矿渣达到 2.0，即粉煤灰掺量为 30％时，由于粉煤灰含量相对增加矿粉含量相对降低，而粉煤灰中的玻璃相含量低于矿渣中玻璃相含量，且莫来石主要存在于粉煤灰中，因而原料中的莫来石相增加而玻璃相降低，进一步抑制了式（10-1）的水化反应，难以生成托贝莫来石，因此其 7d 水化物中托贝莫来石相又消失，而莫来石相衍射峰增强。

对硅钙渣基地聚物 28d 水化物的物相分析，如图 10-8 所示粉煤灰/矿渣为 0 和 0.2 时水化物物相相同，都为 β-硅酸二钙、方解石、二水钙长石、水化硅酸钙、钠钙沸石。当粉煤灰/矿渣达到 0.5 时，硅钙渣基地聚物 28d 水化物中不仅出现了莫来石和还出现了四方钠沸石 $[(Na，Ca)_2(Si，Al)_5O_{10} \cdot 2H_2O]$，归其主要原因是随着粉煤灰掺量的增加，一方面莫来石相必定会增加，另一方面水化生成的 $Ca(OH)_2$、添加的硅酸钠溶液以及硅钙渣中的钠盐共同造就了碱性环境，产生的 OH^- 可逐渐破坏莫来石的－Si—O—Si(Al)—结构，但在形成新的－Si—O—Si(Al)—结构过程中由于 Al^{3+} 为 3 配位，在与 Si^{4+} 形成 4 配位网络结构过程中需要 Na^+ 进行配位补充，但在常温下该反应较慢，同时由于 Na^+ 半径大于 Ca^{2+}，Na^+ 常常被 Ca^{2+} 置换取代，故只有在地聚物水化 28d 才出现四方钠沸石相。同时随着粉煤灰/矿渣进一步增大，即粉煤灰掺量增加至 25％时，地聚物原料中的莫来石相将会进一步增加，而激发剂所加入的硅酸钠溶液和硅钙渣中所含的钠盐其溶出 Na^+ 是一定的，这将使 Na^+ 量相对莫来石严重不足，因此 Na^+ 与莫来石反应形成的是低 Na^+ 含量的贝德石 $[Na_{0.3}Al_2(Si，Al)_4O_{10}(OH)_2 \cdot 2H_2O]$。

将图 10-7 与图 10-8 对比发现，在粉煤灰/矿渣为 0，即不掺粉煤灰的情况下硅钙渣基地聚物 7d 和 28d 的水化物物相一致。在粉煤灰/矿渣为 0.2 时，对比 7d 和 28d 的水化物物相发现，托贝莫来石相在 28d 时已消失，原因与前述相似，由于粉煤灰含量增加进一步抑制了式（10-1）的水化反应，导致其难以生成托贝莫来石。对比粉煤灰/矿渣为 0.5、1.0、2.0 时 7d 和 28d 的水化物物相发现，不仅托贝莫来石相消失，而且又生成了四方钠沸石相，主要原因为随水化时间的增加，首先 OH^- 可逐渐破坏莫来石的－Si—O—Si(Al)—结构，形成－Si—O—Si(Al、Na)—结构之后 Na^+ 又被 Ca^{2+} 所取代形成四方钠沸石相。对粉煤灰/矿渣为 5.0 时的 7d 和 28d 水化物物相进行对比发现，不仅出现了四方钠沸石相，同时还增加了贝德石相，究其主要原因为 Na^+ 量相对不足，最终形成低 Na^+ 的贝德石相。

2. 粉煤灰/矿渣对硅钙渣基地聚物水化物结构的影响

为了进一步表征硅钙渣基地聚物 7d 和 28d 水化物物相结构，采用傅里叶红外光谱仪（德国布鲁克 VERTEX 70 型，分辨率 $4cm^{-1}$，扫描次数 32，波数范围 $400 \sim 4000cm^{-1}$）对其进行了红外光谱分析，结果如图 10-9 所示。根据表 10-2 各吸收谱带所对应的基团振动对图 10-9（a）分析，波数 $3345cm^{-1}$ 和 $1648cm^{-1}$ 对应水分子的振动特征，但其谱带峰不够明显，这主要是由于在进行红外光谱分析之前已对试样进行过烘干处理，其中水分含量较低所致。波数 $1426cm^{-1}$ 对应 CO_3^{2-} 的非对称伸缩振动，这源于硅钙渣中原有的方解石（$CaCO_3$）矿物和硅钙渣水化产生的 $Ca(OH)_2$ 被空气中 CO_2 碳化后生成的方解石矿物，这也与图 10-8 分析中存在方解石（$CaCO_3$）所印证。波数 $975cm^{-1}$ 对应着水化硅酸钙的非对称伸缩振动，这进一步应证了 7d 水化产物中存在水化硅酸钙。波数 $929cm^{-1}$ 对应着－Si－O－Si（Al）－非对称伸缩振动，波数 $873cm^{-1}$ 对应着－Si（Al）－OH弯曲振动，波数 $715cm^{-1}$ 对应着－Si－O－Si（Al）－弯曲振动，这表明激发剂硅酸钠溶液和硅钙渣中所含的钠盐促使地聚物水化过程中会形成大量的 OH^-，这些 OH^- 可以强有力地破坏原有的 Si、Al 基矿物中的－Si－O－Si（Al）－，然后进一步缩聚重新形成－Si－O－Si（Al）－和－Si（Al）－OH结构，构成新的 C（N）－A－S－H 矿物，这也已在 XRD 分析中得到印证，故波数 929、873、 $715cm^{-1}$ 是二水钙长石、E－钠钙沸石物相中对应化学基团的红外振动。

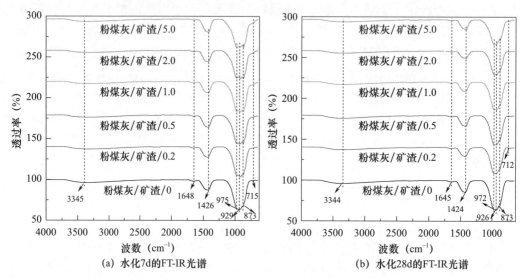

图 10-9　不同粉煤灰/矿渣下的硅钙渣基地聚物水化后的 FT-IR 光谱分析

将图 10-9（b）与图 10-9（a）对比，水化 28d 后的红外光谱基本与水化 7d 的红外光谱相似，仅谱带向低频方向略有偏移，这说明随着龄期的延长硅钙渣基地聚物水化产物类型基本相似，以 C－S－H 和 C（N）－A－S－H 的－OH、－Si－O－Si（Al）－和－Si（Al）－OH 为主，硅铝聚合结构并未出现新的键合结构。

通过上述分析，硅钙渣基地聚物的水化主要有两种，一是硅钙渣中 β-硅酸二钙的自身水化，二是 β-硅酸二钙水化产生的 $Ca(OH)_2$、硅酸钠溶液以及硅钙渣中的钠盐等形成的 OH^- 与矿渣、粉煤灰中的 Si、Al 基玻璃相和莫来石相发生的碱激发水化反应，形成含－Si－O－Si（Al）－和－Si（Al）－OH 等基团的二元复合 C（N）－A－S－H 和 C－S－H 水化产物。由于玻璃相在热力学上处于亚稳定态， $Ca(OH)_2$ 和硅酸钠溶液会更易与玻璃相发生水化反应，因而随着粉煤灰/矿渣的增加，即地聚物中玻璃相的减少，这也导致在粉煤灰/矿渣大于 0.2 时，7d 水化产物中不仅有未反应的莫来石，还出现了新相托贝莫来石，但随着养护时间的延长，莫来石继续碱激发水化，在粉煤灰/矿渣为 0.5 时，28d 的水化产物中进而出现了四方钠沸石相，粉煤灰/矿渣为 5.0 时又出现了贝德石相。

3. 粉煤灰/矿渣对硅钙渣基地聚物水化物微观形貌的影响

采用日立 S－4800 对不同粉煤灰/矿渣的硅钙渣基地聚物 7d 和 28d 水化物放大 5 万倍的微观形貌进行观测，结果如图 10-10 所示，并对某些特殊区域进行 EDS 测试，根据其原子物质的量比，结合上述 XRD 和红外光谱分析结果，推算出各区域对应物相，结果如表 10-4 所示。

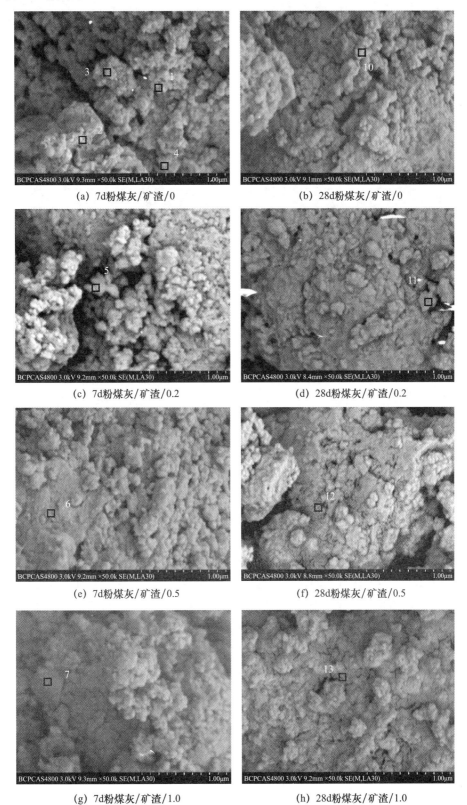

(a) 7d粉煤灰/矿渣/0

(b) 28d粉煤灰/矿渣/0

(c) 7d粉煤灰/矿渣/0.2

(d) 28d粉煤灰/矿渣/0.2

(e) 7d粉煤灰/矿渣/0.5

(f) 28d粉煤灰/矿渣/0.5

(g) 7d粉煤灰/矿渣/1.0

(h) 28d粉煤灰/矿渣/1.0

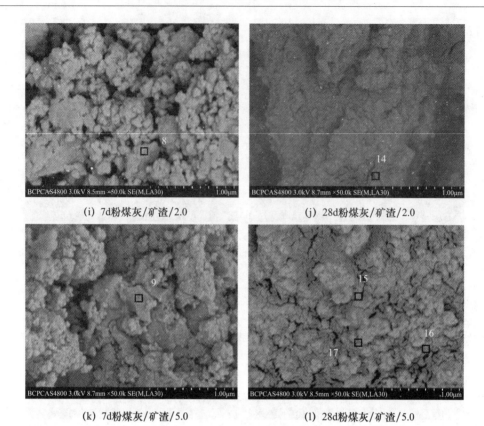

(i) 7d粉煤灰/矿渣/2.0　　　　　　(j) 28d粉煤灰/矿渣/2.0

(k) 7d粉煤灰/矿渣/5.0　　　　　　(l) 28d粉煤灰/矿渣/5.0

图 10-10　不同粉煤灰/矿渣下的硅钙渣基地聚物 7d 和 28d 水化物的 SEM

在粉煤灰/矿渣为 0 时，7d 的水化物主要微观形貌呈球形，如图 10-10（a）区域 1 所示，根据表 10-4 中 EDS 的分析球状物的原子物质的量比与 β-硅酸二钙相近，且该球形显示出棱角被溶解特征，而 β-硅酸二钙是前期主要水化物，这进一步证实了球形矿物为 β-硅酸二钙。同时在粉煤灰/矿渣为 0 时，7d 水化物的微观形貌中还存在一定量的片状、鳞片状和絮状的水化产物，分别如图 10-10（a）区域 2、区域 3、区域 4 所示，EDS 分析结果表明片状物为水化硅酸钙，鳞片状物为方解石，絮状物为钠钙沸石。当粉煤灰/矿渣为 0.2、0.5，即粉煤灰掺量增加到 7.5% 和 15% 时，7d 的 SEM 图中出现了如图 10-10（c）区域 5 和图 10-10（e）区域 6 的棒状矿物，经 EDS 分析其为托贝莫来石，这与上述 XRD 分析结果一致。当粉煤灰/矿渣为 1.0 时，7d 的 SEM 图中又出现块状物相，如区域 7，并进一步观察粉煤灰/矿渣为 2.0 和 5.0 的 SEM 图发现，块状矿物随着粉煤灰掺量的增加而逐渐增多，通过对图 10-10（j）区域 7、图 10-10（i）区域 8、图 10-10（k）区域 9 进行 EDS 分析，块状物为莫来石，即随着粉煤灰掺量的增加，在水化初期粉煤灰中的莫来石没能全部参与碱激发水化反应，一部分莫来石被残存下来，这与图 10-9 分析结果一致。

表 10-4　不同粉煤灰/矿渣下的硅钙渣基地聚物水化物 EDS 能谱及对应的物相

区域	形貌	各元素物质的量比（%）								物相
		O	Al	Si	Ca	Na	Mg	Fe	C	
1	球状	55.23	2.31	14.22	26.50	0.21	1.22	0.31	—	β-硅酸二钙

续表

区域	形貌	各元素物质的量比（%）								物相
		O	Al	Si	Ca	Na	Mg	Fe	C	
2	片状	63.71	0.52	17.22	16.72	—	0.81	1.02	—	水化硅酸钙
3	鳞片状	59.22	0.22	0.10	20.03		0.10	0.10	20.23	方解石
4	絮状	70.21	5.03	20.64	2.02	2.10				钠钙沸石
5	棒状	65.36	0.32	18.25	15.13		0.52	0.42		托贝莫来石
6	棒状	66.03	0.26	18.45	14.83		0.22	0.21		托贝莫来石
7	块状	61.46	27.71	9.52	—	0.27		1.04	—	莫来石
8	块状	60.24	26.98	10.96	—	0.55	0.45	0.82	—	莫来石
9	块状	62.12	26.56	10.26	—	0.23	0.12	0.71	—	莫来石
10	球状	54.56	1.75	15.42	26.22	0.13	1.52	0.40		β-硅酸二钙
11	片状	65.22	0.33	17.45	16.22	0.13	0.44	0.21		水化硅酸钙
12	蠕虫状	63.23	5.21	21.01	5.23	5.01	0.11	0.20		四方钠沸石
13	蠕虫状	62.98	5.67	19.82	5.56	5.44	0.32	0.21		四方钠沸石
14	蠕虫状	62.65	5.27	21.05	5.16	5.31	0.22	0.34		四方钠沸石
15	条状	68.97	14.63	14.36	0.22	1.61	0.11	0.10		贝德石
16	条状	69.29	14.19	14.38	0.11	1.82	0.12	0.09		贝德石
17	条状	68.62	14.61	14.45	0.19	2.03	—	0.10	—	贝德石

通过对比硅钙渣基地聚物 7d 和 28d 水化物的 SEM 发现，粉煤灰/矿渣为 0 和 0.2 时其 7d 和 28d 的水化物微观形貌几乎没有明显变化，未出现不同形貌的物相。但当粉煤灰/矿渣高于 0.5（包含 0.5）时对比发现 7d 和 28d 水化物的 SEM 发现，7d 的块状莫来石相消失，在 28d 时出现了大量似蠕虫状物相，如图 10-10 (f) 区域 12、图 10-10 (h) 区域 13、图 10-10 (j) 区域 14 所示，通过 EDS 分析其为四方钠沸石，同时在 28d 粉煤灰/矿渣为 5.0 的 SEM 发现，在蠕虫状物相与块状物相的相界面处又出现了少量的条状矿物如图 10-10 (l) 区域 15、区域 16、区域 17 所示，经 EDS 分析其各原子物质的量比与贝德石相近，结合 XRD 分析结果确定其为贝德石，这可能是由于蠕虫状的四方钠沸石与块状的莫来石发生反应，进一步破坏了莫来石结果形成了新的贝德石。同时由图 10-10 还发现，水化 28d 的硅钙渣基地聚物的微观形貌比 7d 的更均匀致密，且在粉煤灰/矿渣为 1.0 时硅钙渣基地聚物微观形貌最致密，这也在净浆试块的抗压强度得到了进一步体现，如图 10-11 所示。

4. 粉煤灰/矿渣对硅钙渣基地聚物宏观性能的影响

硅钙渣基地聚物净浆试块的抗压强度随粉煤灰/矿渣的变化如图 10-11 所示，随粉煤灰/矿渣的增加，7d 和 28d 净浆试块的抗压强度都呈先增后降的变化趋势，在粉煤灰

/矿渣为 1.0 时，即硅钙渣 55%、粉煤灰 22.5%、矿渣 22.5%时达到最大分别为 25.7MPa 和 37.9MPa，这说明粉煤灰/矿渣为 1.0 时硅钙渣基地聚物水化最充分。

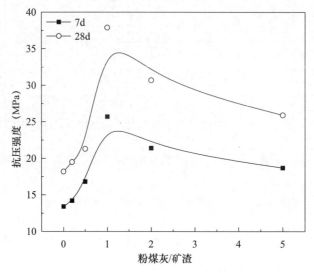

图 10-11　硅钙渣基地聚物 7d 和 28d 的抗压强度随粉煤灰/矿渣的变化

　　硅钙渣基地聚物胶凝材料的凝结时间随粉煤灰/矿渣的增加变化如图 10-12 所示，随粉煤灰/矿渣的增加凝结时间逐渐增加，即表明粉煤灰有利于提高硅钙渣基地聚物胶凝材料的凝结时间，根据上述分析这主要是由于矿渣粉煤灰有更多的玻璃相，而玻璃相更易发生碱激发水化反应，故在粉煤灰/矿渣较低时其水化速率较快，故凝结时间较短，而当粉煤灰/矿渣增大时，即粉煤灰量增加，矿渣量降低，使碱激发水化反应速率降低，在粉煤灰/矿渣为 5.0 时，初凝时间和终凝时间分别达到了 89min 和 121min。在粉煤灰/矿渣为 1.0 时，初凝时间和终凝时间分别为 58min 和 89min，其凝结时间较短不利于矿井充填材料的工程应用，所以以下还需对硅钙渣基地聚物胶凝材料的配比进行调整以期在满足强度的基础上提高凝结时间。

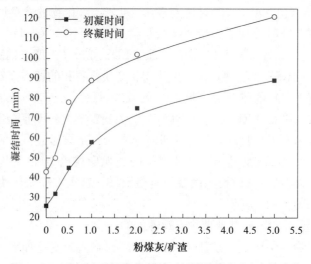

图 10-12　硅钙渣基地聚物凝结时间随粉煤灰/矿渣的变化

10.2.3　硅酸钠掺量对硅钙渣基地聚物胶凝材料的影响

按硅钙渣 55%、粉煤灰 22.5%、矿渣 22.5%，称量各物料并在行星混料机内混合 5min，将其混合均匀。每次试验称取 450g 混合料，按表 10-5 不同硅酸钠掺配比例（掺配比例为所占混合料之比）掺配 $Na_2O \cdot 2.4SiO_2$ 溶液以及水，保证水灰比为 0.5。

表 10-5　不同硅酸钠掺配比例下硅钙渣基地聚物的硅酸钠溶液和蒸馏水掺配量

序号	$Na_2O \cdot 2.4SiO_2$ 掺配比例（%）	$Na_2O \cdot 2.4SiO_2$ 溶液掺配量（mL）	蒸馏水掺配量（mL）
1	13.8	186	58
2	11.5	155	86
3	9.2	124	114
4	6.9	93	142
5	4.6	62	170
6	2.3	31	197

1. 硅酸钠掺量对硅钙渣基地聚物水化物物相的影响

采用 X 射线衍射仪对硅酸钠碱激发剂不同掺量下的硅钙渣基地聚物胶凝材料 7d 和 28d 水化物进行了 XRD 分析，结果分别如图 10-13 和图 10-14 所示。由图 10-13 可知，不同掺配硅酸钠碱激发剂三元固废复合碱激发胶凝材料水化 7d 的主要矿物为 β-硅酸二钙（β-$2CaO \cdot SiO_2$）、方解石（$CaCO_3$）、二水钙长石（$CaO \cdot Al_2O_3 \cdot 2SiO_2 \cdot 2H_2O$）、水化硅酸钙（$CaO \cdot SiO_2 \cdot H_2O$）、钠钙沸石（$Na_{3.7}Ca_{7.4}Al_{18.5}Si_{77.5}O_{192} \cdot 74H_2O$）、莫来石（$3Al_2O_3 \cdot 2SiO_2$）、四方钠沸石 $[(Na，Ca)_2(Si，Al)_5O_{10} \cdot 2H_2O]$、贝德石 $[Na_{0.3}Al_2(Si，Al)_4O_{10}(OH)_2 \cdot 2H_2O]$、石英（$SiO_2$）和斜钙沸石（$CaO \cdot Al_2O_3 \cdot 4SiO_2 \cdot 2H_2O$）。

原料粉煤灰主要物相为莫来石（$3Al_2O_3 \cdot 2SiO_2$）、石英（SiO_2）和玻璃相，矿渣主要物相为玻璃相，硅钙渣主要物相为 β-硅酸二钙（β-$2CaO \cdot SiO_2$）、方解石（$CaCO_3$）。对比水化前后物相分析，β-硅酸二钙作为一种可水化的矿物，其水化反应如式（10-1）所示，水化产物主要为水化硅酸钙（$CaO \cdot SiO_2 \cdot H_2O$）和 $Ca(OH)_2$，因此水化硅酸钙来源于 β-硅酸二钙的水化。但由于 β-硅酸二钙是一种水化速度较慢的矿物，其 28d 水化度只有 10.3%，所以碱激发胶凝材料水化物相中仍存在大量 β-硅酸二钙。原料中 Si、Al 一部分以莫来石、石英和玻璃相存在于粉煤灰中，一部分以玻璃相存在于矿渣中，而玻璃相在热力学上为亚稳定态，与晶相比玻璃相更容易与 $Ca(OH)_2$ 以及硅酸钠溶液发生水化反应，因而 β-硅酸二钙水化产生的 $Ca(OH)_2$ 优先与矿渣、粉煤灰中 Si、Al 基玻璃相发生反应生成二水钙长石（$CaO \cdot Al_2O_3 \cdot 2SiO_2 \cdot 2H_2O$）和斜钙沸石（$CaO \cdot Al_2O_3 \cdot 4SiO_2 \cdot 2H_2O$）。另一部分 $Ca(OH)_2$ 与碱激发剂硅酸钠溶液共同作用于矿渣、粉煤灰中的 Si、Al 基玻璃相，在 OH^- 的极化作用下高聚合度的 Si—O 键、Al—O 键断开，并在 Ca^{2+} 和 Na^+ 的参与下 Si—O 键、Al—O 键重新聚合形成新的物相钠钙沸石（$Na_{3.7}Ca_{7.4}Al_{18.5}Si_{77.5}O_{192} \cdot 74H_2O$），而少量的 $Ca(OH)_2$ 与空气中的 CO_2 发生碳化反应生成方解石（$CaCO_3$）矿物，同时方解石是一种不能发生水化反应的矿物，因此碱激发胶凝材料水化物相中的方解石不仅包含碳化生成的方解石还包含硅钙渣中原有的方解石。而粉煤灰中原有的莫来石（$3Al_2O_3 \cdot 2SiO_2$）、石英（SiO_2）相由于不易与$Ca(OH)_2$以及硅酸钠溶液发生水化反应被保留下来，因此水化物相中的莫来石和石英相是源于粉煤灰中原有的莫来石和石英相。

同时由图10-13发现，随碱激发剂硅酸钠掺量的增加，四方钠沸石 [（Na，Ca）$_2$（Si，Al）$_5O_{10} \cdot 2H_2O$] 物相的衍射峰呈逐渐增高趋势，而贝德石 [$Na_{0.3}Al_2$（Si，Al）$_4$ O_{10}（OH）$_2 \cdot 2H_2O$] 物相衍射峰逐渐降低，这说明随碱激发剂硅酸钠掺量的增加碱激发水化反应不易生成Na^+含量较低的贝德石相。

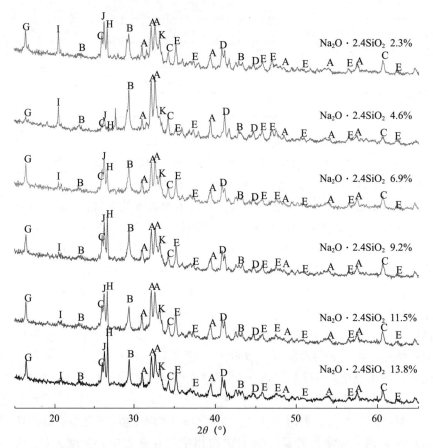

A—β-硅酸二钙（β-$2CaO \cdot SiO_2$）；B—方解石（$CaCO_3$）；C—二水钙长石（$CaO \cdot Al_2O_3 \cdot 2SiO_2 \cdot 2H_2O$）；D—水化硅酸钙（$CaO \cdot SiO_2 \cdot H_2O$）；E—钠钙沸石（$Na_{3.7}Ca_{7.4}Al_{18.5}Si_{77.5}O_{192} \cdot 74H_2O$）；G—莫来石（$3Al_2O_3 \cdot 2SiO_2$）；H—四方钠沸石 [（Na, Ca）$_2$（Si, Al）$_5O_{10} \cdot 2H_2O$]；I—贝德石 [$Na_{0.3}Al_2$（Si, Al）$_4O_{10}$（OH）$_2 \cdot 2H_2O$]；J—石英（$SiO_2$）；K—斜钙沸石（$CaO \cdot Al_2O_3 \cdot 4SiO_2 \cdot 2H_2O$）

图10-13 硅钙渣基地聚物水化物7d的XRD分析

分析图10-14可知，在硅酸钠掺量小于11.2%时28d水化物与7d水化物基本相同，主要是β-硅酸二钙（β-$2CaO \cdot SiO_2$）、方解石（$CaCO_3$）、二水钙长石（$CaO \cdot Al_2O_3 \cdot 2SiO_2 \cdot 2H_2O$）、水化硅酸钙（$CaO \cdot SiO_2 \cdot H_2O$）、钠钙沸石（$Na_{3.7}Ca_{7.4}Al_{18.5}Si_{77.5}O_{192} \cdot 74H_2O$）、莫来石（$3Al_2O_3 \cdot 2SiO_2$）、四方钠沸石 [（Na, Ca）$_2$（Si, Al）$_5O_{10} \cdot$

2H₂O]、贝德石 [Na$_{0.3}$Al$_2$（Si，Al）$_4$O$_{10}$（OH）$_2$·2H$_2$O]、石英（SiO$_2$）、斜钙沸石（CaO·Al$_2$O$_3$·4SiO$_2$·2H$_2$O）。而当硅酸钠掺量高于 13.5％时，28d 水化物中莫来石相和贝德石相消失，究其主要原因是随着养护时间的延长硅酸钠溶液和硅钙渣中所含的钠碱在碱激发水化过程中所产生的 OH⁻ 可逐渐破坏莫来石的—Si—O—Si（Al）—结构，使莫来石相溶解消失。但碱激发水化胶凝物在缩聚重新生成的—Si—O—Si（Al）—结构过程中由于 Al³⁺ 为 3 配位，在与 Si⁴⁺ 形成 4 配位网络结构过程中需要 Na⁺ 进行配位补充，但由于 Na⁺ 半径大于 Ca²⁺，Na⁺ 常常被 Ca²⁺ 置换取代，因此低 Na⁺ 含量的贝德石相消失。

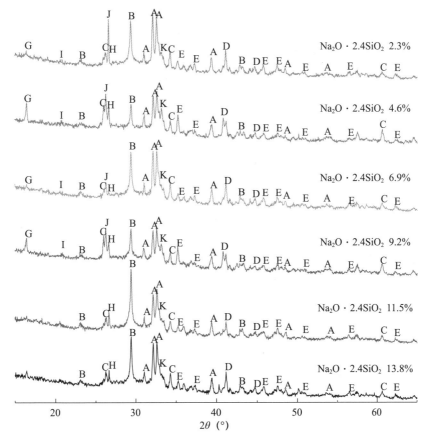

A—β-硅酸二钙（β-2CaO·SiO$_2$）；B—方解石（CaCO$_3$）；C—二水钙长石（CaO·Al$_2$O$_3$·2SiO$_2$·2H$_2$O）；D—水化硅酸钙（CaO·SiO$_2$·H$_2$O）；E—钠钙沸石（Na$_{3.7}$Ca$_{7.4}$Al$_{18.5}$Si$_{77.5}$O$_{192}$·74H$_2$O）；G—莫来石（3Al$_2$O$_3$·2SiO$_2$）；H—四方钠沸石 [（Na，Ca）$_2$（Si，Al）$_5$O$_{10}$·2H$_2$O]；I—贝德石 [Na$_{0.3}$Al$_2$（Si，Al）$_4$O$_{10}$（OH）$_2$·2H$_2$O]；J—石英（SiO$_2$）；K—斜钙沸石（CaO·Al$_2$O$_3$·4SiO$_2$·2H$_2$O）

图 10-14　不同硅酸钠掺量下的硅钙渣基地聚物 28d 水化物的 XRD 分析

2. 硅酸钠掺量对硅钙渣基地聚物水化物结构的影响

为了进一步表征三元固废碱激发胶凝材料水化 7d 和 28d 的物相结构，采用傅里叶红外光谱仪（德国布鲁克 VERTEX 70 型，分辨率 4cm⁻¹，扫描次数 32，波数范围 400～4000cm⁻¹）对其进行了红外光谱分析，结果如图 10-15 所示。根据表 10-2 各吸收谱带所对应的基团振动对图 10-15（a）分析，波数 3345cm⁻¹ 和 1640cm⁻¹ 对应水分子的振动特征，但其谱带峰不够明显，这主要是由于在进行红外光谱分析之前已对试样进行过烘干处理，其中水分含量较低所致。1420cm^{-1}对应 CO_3^{2-} 的非对称伸缩振动，这源于硅钙渣中原有的方解石（$CaCO_3$）矿物和硅钙渣水化产生的 $Ca(OH)_2$ 被空气中 CO_2 碳化后生成的方解石矿物，这也已被图 10-13 分析中存在方解石（$CaCO_3$）所印证。980cm^{-1}对应着水化硅酸钙的非对称伸缩振动，这进一步应征了 7d 水化产物中存在水化硅酸钙类物相。920cm^{-1}对应着－Si－O－Si(Al)－非对称伸缩振动，865cm^{-1}对应着－Si(Al)－OH 弯曲振动，720cm^{-1}对应着－Si－O－Si(Al)－弯曲振动，这表明激发剂硅酸钠溶液和硅钙渣中所含的钠碱促使碱激发胶凝材料水化过程中会形成大量的 OH$^-$，这些 OH$^-$ 可以强有力地破坏原有的 Si、Al 基矿物中的－Si－O－Si(Al)－，然后进一步缩聚重新形成－Si－O－Si(Al)－和－Si(Al)－OH 结构，构成新的C(N)－A－S－H矿物，这也在 XRD 分析中得到印证，故波数 920、865、720cm^{-1}是二水钙长石、钠钙沸石、四方钠沸石、贝德石、斜钙沸石等物相中对应化学基团的红外振动。

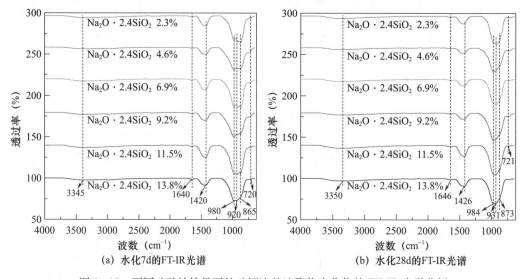

图 10-15　不同硅酸钠掺量下的硅钙渣基地聚物水化物的 FT-IR 光谱分析

将图 10-15（b）与图 10-15（a）对比，水化 28d 后的红外光谱基本与水化 7d 的红外光谱相似，这说明不同养护龄期的碱激发胶凝材料水化产物类型基本相似，以 C－S－H 和 C(N)－A－S－H 的－OH、－Si－O－Si(Al)－和－Si(Al)－OH 为主，硅铝聚合结构并不会出现新的键合结构。但谱带随着龄期的延长向高频方向略有偏移，这表明随龄期延长［SiO_4］和［AlO_4］四面体聚合度逐渐增大。

3. 硅酸钠掺量对硅钙渣基地聚物水化物微观形貌的影响

采用日立 S－4800 对不同硅酸钠掺量下三元固废碱激发胶凝材料水化 7d 和 28d 的放大 5 万倍的微观形貌进行观测，结果如图 10-16 所示，并对某些特殊区域进行 EDS 测试，根据其原子比例，结合上述 XRD 和红外光谱分析结果，推算出各区域对应的矿物，结果如表 10-6 所示。

(a)　7d Na$_2$O · 2.4SiO$_4$掺量2.3%

(b)　28d Na$_2$O · 2.4SiO$_4$掺量2.3%

(c)　7d Na$_2$O · 2.4SiO$_4$掺量4.6%

(d)　28d Na$_2$O · 2.4SiO$_4$掺量4.6%

(e)　7d Na$_2$O · 2.4SiO$_4$掺量6.9%

(f)　28d Na$_2$O · 2.4SiO$_4$掺量6.9%

(g)　7d Na$_2$O · 2.4SiO$_4$掺量9.2%

(h)　28d Na$_2$O · 2.4SiO$_4$掺量9.2%

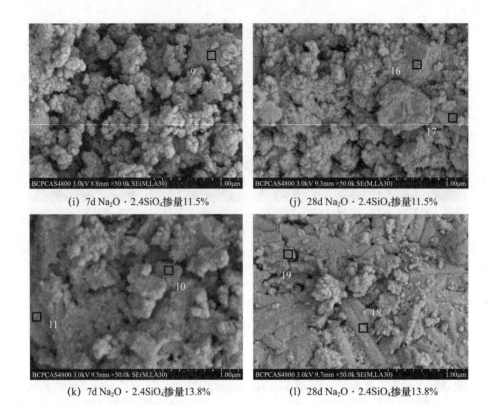

(i) 7d Na₂O·2.4SiO₄掺量11.5%   (j) 28d Na₂O·2.4SiO₄掺量11.5%

(k) 7d Na₂O·2.4SiO₄掺量13.8%   (l) 28d Na₂O·2.4SiO₄掺量13.8%

图 10-16　不同硅酸钠掺量下的硅钙渣基地聚物 7d 和 28d 水化物的 SEM 图

表 10-6　不同硅酸钠掺量下的硅钙渣基地聚物水化物的 EDS 能谱及对应的物相

区域	形貌	各元素物质的量比（原子百分数，%）								物相
		O	Al	Si	Ca	Na	Mg	Fe	C	
1	粒状	55.31	2.21	14.22	26.31	0.50	1.22	0.23	—	β-硅酸二钙
2	粒状	54.56	1.75	15.42	26.22	0.52	1.13	0.40	—	β-硅酸二钙
3	蠕虫状	68.97	14.61	14.36	0.22	1.63	0.10	0.11	—	贝德石
4	蠕虫状	69.38	14.82	14.29	0.11	1.19	0.12	0.09	—	贝德石
5	圆球状	60.46	27.71	10.52	—	0.27	—	1.04	—	莫来石
6	片状	63.15	0.42	17.78	16.52	—	0.81	1.32	—	水化硅酸钙
7	絮状	70.21	5.02	20.64	2.03	2.10	—	—	—	钠钙沸石
8	块状	59.03	0.22	0.10	20.22	—	0.10	0.10	20.23	方解石
9	絮状	70.15	5.41	20.21	2.13	2.10	—	—	—	钠钙沸石
10	块状	58.56	0.33	0.21	20.32	—	0.11	0.33	20.14	方解石
11	条状	63.23	5.01	21.01	5.23	5.21	0.11	0.20	—	四方钠沸石
12	絮状	70.41	5.21	20.15	2.13	2.10	—	—	—	钠钙沸石
13	片状	65.95	0.23	16.72	16.33	0.12	0.44	0.21	—	水化硅酸钙
14	圆球状	62.48	25.85	9.96	—	0.59	0.34	0.78	—	莫来石

续表

区域	形貌	各元素物质的量比（原子百分数,%）								物相
		O	Al	Si	Ca	Na	Mg	Fe	C	
15	柱状	66.05	0.05	33.63	—	0.27	—	—	—	石英
16	层状	56.08	12.50	25.05	6.20	0.05	0.11	0.01	—	斜钙沸石
17	片状	66.12	0.23	16.55	16.33	0.12	0.44	0.21	—	水化硅酸钙
18	条状	62.68	5.97	19.52	5.86	5.44	0.32	0.21	—	四方钠沸石
19	条状	62.57	5.68	19.84	5.96	5.42	0.32	0.21	—	四方钠沸石

通过对比 7d 和 28d 的 SEM 图（图 10-16）发现，28d 的粒状 β-硅酸二钙和圆球状莫来石相明显减少，这是由于随着养护时间的延长 β-硅酸二钙持续自身水化，以及莫来石持续与硅酸钠溶液和 $Ca(OH)_2$ 发生碱激发水化反应的结果。同时还发现，水化 28d 的碱激发胶凝材料的微观形貌比 7d 的更均匀致密，且 7d 和 28d 的微观形貌都随着硅酸钠掺量的增加呈现出越来越均匀致密的趋势。

4. 硅酸钠掺量对硅钙渣基地聚物宏观性能的影响

硅钙渣基地聚物净浆试块抗压强度随硅酸钠掺量增加的变化，如图 10-17 所示。随硅酸钠掺量的增加硅钙渣基地聚物抗压强度呈逐渐增加的趋势，但在硅酸钠掺量低于9.2%时，强度增加迅速，而当硅酸钠掺量高于 9.2%时强度增加则逐渐趋缓，与图 10-16 地聚物微观形貌致密性随硅酸钠掺量增加的变化基本一致。这说明提高碱激发剂掺量有助于提高硅钙渣基地聚物的水化反应，在硅酸钠掺量为 9.2%时其 7d 和 28d 抗压强度可分别为 23.7MPa 和 35.9MPa。

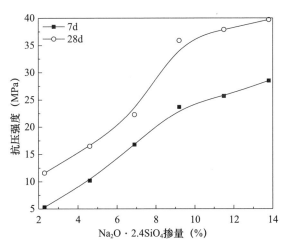

图 10-17　硅钙渣基地聚物 7d 和 28d 的抗压强度随硅酸钠掺量增加的变化

但硅钙渣基地聚物的凝结时间也随硅酸钠掺量的增加显著降低，如图 10-18 所示。这说明硅钙渣基地聚物胶凝材料中的硅酸钠掺量也不宜太高，其不仅增加地聚物制备成本且影响地聚物的应用性能，所以硅钙渣基地聚物胶凝材料中较为适宜的硅酸钠掺量为9.2%，此时其初凝和终凝时间分别为 60min 和 92min。

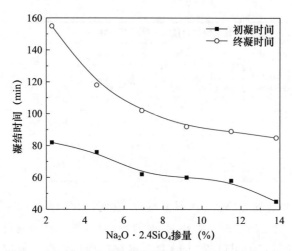

图 10-18　硅钙渣基地聚物凝结时间随硅酸钠掺量的变化

本节开展了不同粉煤灰/硅钙渣、粉煤灰/矿渣、硅酸钠掺量下的硅钙渣基地聚物胶凝材料的净浆试验，并通过采用 XRD、FT-IR、SEM、EDS 等手段对其水化 7d 和 28d 的水化物的分析，探讨了硅钙渣基地聚物胶凝材料的水化反应机理，阐述了粉煤灰/硅钙渣、粉煤灰/矿渣、硅酸钠掺量对硅钙渣基地聚物水化物物相、分子结构、微观形貌以及抗压强度和凝结时间的影响，并优化出较为合理的硅钙渣基地聚物胶凝材料各原料配比，结论如下：

（1）该硅钙渣基地聚物水化过程中存在 Q^0 和 Q^3 两种结构单元的［SiO_4］，其中 Q^3 式结构单元的［SiO_4］来自模数为 2.4 的水玻璃碱激发剂，而 Q^0 式结构单元［SiO_4］来自强碱胶凝体系中 OH^- 的极化作用下解聚粉煤灰和矿渣的 Si－O 键、Al－O 键，形成以 Q^0 结构单元为主的［AlO_4］和［SiO_4］。

（2）该硅钙渣基地聚物是一种由 C(N)－A－S－H 和 C－S－H 构成的二元复合胶凝体系，硅钙渣中 β-硅酸二钙水化生成 C－S－H 和 $Ca(OH)_2$，其中 $Ca(OH)_2$ 主要有三方面的反应，一部分 $Ca(OH)_2$ 与 Q^0 结构单元的［AlO_4］和［SiO_4］反应生成低Si－O键、Al－O键聚合度的二水钙长石和斜钙沸石物相；另一部分 $Ca(OH)_2$ 与 Q^3 结构单元的［SiO_4］以及 Q^0 结构单元的［AlO_4］在 Na^+ 的参与下反应生成高 Si－O 键聚合度的钠钙沸石、四方钠沸石、贝德石等物相；还有少部分的 $Ca(OH)_2$ 与空气中的 CO_2 发生碳化反应生成方解石物相。

（3）由于玻璃相在热力学上处于亚稳定态，比晶相更易发生水化反应，导致随粉煤灰/硅钙渣和粉煤灰/矿渣增加，随硅酸钠掺量的降低，7d 水化物中有未反应的莫来石，但随养护时间的延长莫来石会继续进行水化，并在 28d 时生成四方钠沸石和贝德石。

（4）通过对硅钙渣基地聚物的抗压强度和凝结时间的研究，其较为适宜的配比为硅钙渣 55%、粉煤灰 22.5%、矿渣 22.5%，碱激发剂 $Na_2O \cdot 2.4SiO_4$ 的掺量为固相原料的 9.2%，且 7d 和 28d 抗压强度分别可达到 23.7MPa 和 35.9MPa，初凝和终凝时间分别为 60min 和 92min。

10.3　硅钙渣基地聚物混凝土制备

10.3.1　硅钙渣基地聚物混凝土配合比设计

以硅钙渣基地聚物为胶凝材料，进行硅钙渣基地聚物混凝土的组成设计研究。

1. 胶凝材料用量的影响

按照"70％硅钙渣＋30％矿粉＋5％Na_2O（$Na_2O \cdot 2.4SiO_2$ 折合成 Na_2O）"的配合比进行碱激发胶凝材料的制备。固定混凝土密度为 2400 kg/m³、砂率 40％、水胶比 0.50（包含激发剂中的水），按照胶凝材料用量分别为 300 kg/m³、350 kg/m³、400 kg/m³、450 kg/m³、500 kg/m³ 的设计分别计算所需碱激发胶凝材料、水、砂以及碎石的用量，并进行混凝土试样的制备及性能测试。测试结果见表 10-7。

由表 10-7 可知，胶凝材料用量从 300 kg/m³ 逐渐增大至 500 kg/m³，虽然所制备混凝土试样的抗压强度差别不大，但其工作性能呈现出逐渐增大的趋势，尤其当胶凝材料用量不低于 400 kg/m³ 时，所制备混凝土试样的坍落度可达到 140mm 以上，扩展度可达到 280mm 以上。因此综合考虑所制备混凝土的工作性能及强度性能，在下一步试验中，将选择胶凝材料用量 400 kg/m³ 进行硅钙渣基地聚物混凝土性能的优化研究。

表 10-7　胶凝材料用量对混凝土试样性能的影响

编号	坍落度（mm）	扩展度（mm）	抗压强度（MPa）		
			7d	28d	90d
A300	5	205	51.6	66.4	70.0
A350	80	220	51.8	65.6	76.3
A400	140	280	49.4	63.9	74.5
A450	180	320	47.9	63.6	74.7
A500	205	385	49.5	63.5	74.2

注：A300 表示胶凝材料用量为 300 kg/m³，依此类推。

2. 矿物掺和料的影响

在常温条件下，硅灰、偏高岭土、粉煤灰等矿物掺和料的碱激发活性均要劣于硅钙渣和矿粉的，但考虑到粉煤灰价格低廉、来源广泛，且对混凝土的工作性能具有一定的改善作用，因此本次研究中选取粉煤灰为矿物掺和料，进行矿物掺和料对硅钙渣基地聚物混凝土性能的影响研究。

试验中固定混凝土的密度为 2400 kg/m³、胶凝材料用量为 400 kg/m³、砂率为 40％、水胶比 0.50（包含液体激发剂中的水），以粉煤灰为掺和料，按照粉煤灰分别取代硅钙渣基地聚物胶凝材料粉料 0％、10％、20％、30％、40％、50％（等量取代，分别记为 B00、B10、B20、B30、B40、B50）的比例分别计算所需硅钙渣基地聚物胶凝材料粉料、粉煤灰、液体激发剂、水、砂以及碎石的用量，并进行混凝土试样的制备及性能测试。测试结果见表 10-8。

表 10-8　粉煤灰对混凝土试样性能的影响

编号	粉煤灰掺量（％）	坍落度（mm）	扩展度（mm）	抗压强度（MPa）		
				7d	28d	90d
B00	0	140	280	49.5	63.9	74.5
B10	10	150	300	47.2	60.4	73.6
B20	20	165	330	44.5	56.8	72.8
B30	30	185	370	41.4	53.7	71.8
B40	40	200	410	36.5	48.6	68.8
B50	50	220	450	30.3	43.1	65.2

由表 10-8 可知，掺入粉煤灰后，所制备硅钙渣基地聚物混凝土的工作性能得到了明显的改善，且粉煤灰掺量越大，其改善作用越为明显。但与此同时，掺入粉煤灰后所制备硅钙渣基地聚物混凝土的强度性能有所降低，且粉煤灰掺量越大，强度的降低程度越大。当粉煤灰掺量不超过 40％时，所制备硅钙渣基地聚物混凝土的强度可达到 C30～C50 等级。

综上所述，综合考虑粉煤灰对工作性能以及强度性能的影响，在接下来的试验过程中选择粉煤灰的掺量为 30％。

3. 水胶比的影响

水胶比对于混凝土的工作性能以及强度性能有着显著的影响。本次试验中固定混凝土的密度为 2400 kg/m³、胶凝材料用量为 400 kg/m³、粉煤灰掺量为 30％（等量取代硅钙渣基地聚物胶凝材料粉料，下同）、砂率为 45％，设计不同的水胶比（包含液体激发剂中的水），分别计算所需硅钙渣基地聚物胶凝材料粉料、粉煤灰、液体激发剂、水、砂以及碎石的用量，并进行混凝土试样的制备及性能测试。测试结果见表 10-9 所示。

表 10-9　水胶比对地聚物混凝土试样性能的影响

序号	水胶比	坍落度（mm）	扩展度（mm）	抗压强度（MPa）		
				7d	28d	90d
C1	0.35	65	200	48.5	65.1	79.5
C2	0.40	100	225	47.4	64.6	78.3
C3	0.45	145	300	45.7	59.9	75.2
C4	0.50	185	370	41.4	53.7	71.8
C5	0.55	210	420	37.9	45.9	62.5
C6	0.60	230	495	28.0	34.1	54.1

由表 10-9 可知，胶凝材料用量 400kg/m³、粉煤灰掺量 30％、砂率 40％时，水胶比由 0.35 逐渐增大至 0.60，所制备硅钙渣基地聚混凝土的坍落度值逐渐增大，由 65mm 逐渐增大至 230mm。但同时混凝土的抗压强度却出现了逐渐降低的趋势，当水胶比 0.60 时，所制备混凝土的 28d 抗压强度甚至已无法达到 C30 等级。众所周知，混凝土坍落度是评价混凝土施工性能的一项重要性能，实际施工中应使混凝土同时具备较好的

工作性能和强度性能。因此，以硅钙渣基地聚物混凝土，胶凝材料用量 400kg/m³、砂率 40%、粉煤灰掺量 30% 时，混凝土制备时的水胶比应控制在 0.45～0.55 之间。

4. 砂率的影响

众所周知，砂率的变动会影响新拌混凝土中集料的级配，使集料的空隙率和总表面积有很大变化，对新拌混凝土的和易性产生显著影响。本次试验中固定混凝土的密度为 2400 kg/m³、胶凝材料用量为 400 kg/m³、粉煤灰掺量为 30%（等量取代硅钙渣基地聚物胶凝材料粉料）、水胶比 0.50，设计不同的砂率，分别计算所需硅钙渣基地聚物胶凝材料粉料、粉煤灰、液体激发剂、水、砂以及碎石的用量，并进行混凝土试样的制备及性能测试。测试结果见表 10-10。

表 10-10　砂率对混凝土试样性能的影响

序号	砂率（%）	坍落度（mm）	扩展度（mm）	抗压强度（MPa）		
				7d	28d	90d
D1	37.5	145	310	42.1	55.8	70.0
D2	40.0	185	370	41.4	53.7	71.8
D3	42.5	205	395	42.8	56.8	70.5
D4	45.0	215	425	42.4	56.6	71.9
D5	47.5	210	425	41.9	54.6	70.6

由表 10-10 可知，胶凝材料用量 400kg/m³，水胶比 0.50 时，砂率对所制备的硅钙渣基地聚物硅钙渣混凝土的强度性能基本没有影响。而随着砂率由 37.5% 逐渐增大至 47.5%，所制备的硅钙渣基地聚物混凝土的坍落度性能呈现出先增大后减小的趋势，当砂率为 45.0% 时，所制备的混凝土的坍落度值达到最大值（215mm）。因此，以硅钙渣基地聚物混凝土，胶凝材料用量 400kg/m³、水胶比 0.50 时，砂率应以 45.0% 为宜。此时所制备的混凝土的强度可达到 C30 等级，其中 7d 强度达到 42.4MPa，28d 强度达到 56.6MPa，90d 强度达到 71.9MPa。

综上所述，以硅钙渣为主要原料制备硅钙渣基地聚物混凝土，在胶凝材料配合比为 "70% 硅钙渣 + 30% 矿粉（400m²/kg）＋ 5% 激发剂（外掺，以 Na₂O 计）" 的基础上，采用 30% 粉煤灰等量取代胶凝材料粉料制备硅钙渣基地聚物胶凝材料，在胶凝材料用量 400kg/m³、水胶比 0.50 时，砂率应以 45.0% 为宜。此时所制备的混凝土的坍落度可达到 215mm，28d 抗压强度可达到 56.0MPa。

5. 养护条件的影响

养护条件对混凝土的性能有着至关重要的影响，在本次试验中，拟通过调控养护温度、养护湿度、养护时间等方式，研究标准养护 [（20 ± 2）℃，相对湿度 > 95%]、20℃ 淡水养护、自然封闭养护以及自然养护四种不同的养护条件对硅钙渣基地聚物混凝土性能的影响。

试验过程中固定混凝土的密度为 2400 kg/m³、胶凝材料用量为 400 kg/m³、粉煤灰掺量为 30%（等量取代硅钙渣基地聚物胶凝材料粉料）、水胶比 0.50、砂率为 45.0%。

分别计算所需硅钙渣基地聚物胶凝材料粉料、粉煤灰、液体激发剂、水、砂以及碎石的用量，并进行混凝土试样的制备及性能测试。测试结果如图 10-19 所示。

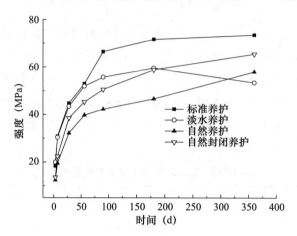

图 10-19　养护条件对混凝土试样性能的影响

由图 10-19 可知，在不同龄期标准养护条件下的硅钙渣基地聚物混凝土试样强度均最高，自然养护条件下的硅钙渣基地聚物混凝土试样的强度最低。这是由于自然养护条件下，养护环境的温度以及湿度均要低于标准养护条件下的，这在一定程度上影响了混凝土内部硅钙渣基地聚物反应的进行速度，从而导致强度发展较慢。相比于自然密闭养护，在较早龄期时淡水养护条件下的混凝土试样的强度要明显高于自然密闭养护条件下的。但随着龄期的延长，淡水养护混凝土试样的强度出现了降低现象，甚至低于自然密闭养护混凝土试样的。这是由于在淡水养护过程中，试样内部未反应的碱激发剂不断地渗透至养护淡水中，从而导致试样内部的碱激发剂的含量逐渐降低，进而导致试样出现"强度倒缩"现象。

综上所述，不同养护条件下硅钙渣基地聚物混凝土强度发展的顺序为：标准养护＞20℃淡水养护＞自然封闭养护＞自然养护。

6. 小结

（1）以硅钙渣基地聚物为胶凝材料制备的混凝土，胶凝材料用量（300～500 kg/m³）对试样强度性能影响不大，但对混凝土的工作性能具有显著影响。

（2）以硅钙渣基地聚物为胶凝材料制备的混凝土，掺入粉煤灰可有效改善所制备硅钙渣基地聚物混凝土的工作性能。

（3）以硅钙渣基地聚物为胶凝材料制备混凝土，增大水胶比（0.35～0.60）可有效改善所制备硅钙渣基地聚物混凝土的工作性能，但会导致试样强度性能显著降低。

（4）以硅钙渣基地聚物为胶凝材料制备的混凝土，砂率（37.5～47.5％）对所制备的硅钙渣基地聚物混凝土的强度性能基本没有影响，但可有效改善混凝土的工作性能。

（5）以硅钙渣基地聚物为胶凝材料制备的混凝土，在胶凝材料配合比为"70％硅钙渣＋30％矿粉（400m²/kg）＋5％激发剂（外掺，以 Na₂O 占粉体的质量百分比计）"的基础上，采用 30％粉煤灰等量取代胶凝材料粉料制备硅钙渣基地聚物胶凝材料，在胶凝材料用量 400kg/m³、水胶比 0.50、砂率 45.0％时，所制备的硅钙渣基地聚物混凝土的坍落度可达到 215mm，28d 抗压强度可达到 56.0MPa。

（6）不同养护条件下硅钙渣基地聚物混凝土强度发展的顺序为：标准养护＞20 ℃淡水养护＞自然封闭养护＞自然养护。

10.3.2　硅钙渣基地聚物混凝土耐久性评价及优化

以硅钙渣为主要原料、水玻璃为激发剂制备硅钙渣基地聚物混凝土，在胶凝材料配合比为"70％硅钙渣＋30％矿粉（400m²/kg）＋5％激发剂（外掺，以其 Na_2O 含量占胶凝材料粉料的质量百分比计）"的基础上，采用 30％粉煤灰等量取代胶凝材料粉料制备硅钙渣基地聚物胶凝材料，在胶凝材料用量 400kg/m³、水胶比 0.50、砂率 45.0％时，所制备的硅钙渣基地聚物混凝土的坍落度可达到 215mm，28d 抗压强度可达到56.0MPa。本部分试验中，将在前期研究基础上，针对硅钙渣制备硅钙渣基地聚物混凝土的抗冻融循环、抗硫酸盐、抗氯离子渗透、抗碳化以及抗干缩等耐久性能进行评价及优化研究。

1. 抗冻融循环性能

在胶凝材料配合比"70％硅钙渣＋30％矿粉（400m²/kg）＋5％激发剂（外掺，以其 Na_2O 占胶凝材料粉体的质量百分比计）"的基础上，采用 30％粉煤灰等量取代胶凝材料粉料制备硅钙渣基地聚物胶凝材料，在胶凝材料用量 400kg/m³、水胶比 0.50、砂率 45.0％条件下制备硅钙渣基地聚物混凝土试样（100mm×100mm×400mm）。作为对比，以 P·Ⅰ 42.5 硅酸盐水泥为胶凝材料，以相同配合比进行对比混凝土试样的制备。参照《普通混凝土长期性能和耐久性能试验方法标准》（GB/T 50082—2009）进行对比混凝土试样以及硅钙渣基地聚物混凝土试样的抗冻试验（快冻法）。试验结果见表 10-11。

表 10-11　混凝土试样的抗冻融循环性能

冻融循环次数（次）	硅酸盐混凝土		硅钙渣基地聚物混凝土	
	质量损失率（％）	相对动弹模量（％）	质量损失率（％）	相对动弹模量（％）
0	0.00	100.0	0.00	100.0
100	1.49	88.2	0.01	97.7
200	3.22	74.6	0.02	95.7
300	4.86	58.5	0.15	89.4
400	—	—	0.40	82.3
500	—	—	0.84	71.9
600	—	—	1.23	58.6

注："—"表示试样已破坏，未继续进行试验。

由表 10-11 可知，在相同胶凝材料用量、水胶比、砂率条件下，与硅酸盐水泥混凝土相比，硅钙渣基地聚物混凝土具有更为优异的抗冻融循环性能——硅酸盐水泥混凝土经 300 次冻融循环后，其质量损失率达到 4.86%，相对动弹模量降至 60.0% 以下，达到 58.5%，而硅钙渣基地聚物混凝土经 600 次冻融循环后才达到破坏极限。一方面是由于与硅酸盐水泥相比，硅钙渣制备硅钙渣基地聚物胶凝材料的产物主要为低钙硅比的 C—（A）—S—H 凝胶，这些凝胶相互搭接形成的三维蜂窝状微观结构更为致密；另一方面，在孔溶液中由于碱金属离子的存在，硅钙渣基地聚物胶凝材料孔溶液的冰点更低，因此以其制备的硅钙渣基地聚物混凝土具有较硅酸盐水泥混凝土更为优异的抗冻融循环性能。

2. 抗硫酸盐侵蚀性能

在胶凝材料配合比为 "70% 硅钙渣＋30% 矿粉（400m^2/kg）＋5% 激发剂（外掺，以其 Na$_2$O 含量占胶凝材料粉料的质量百分比计）" 的基础上，采用 30% 粉煤灰等量取代胶凝材料粉料制备硅钙渣基地聚物胶凝材料，在胶凝材料用量 400kg/m^3、水胶比 0.50、砂率 45.0% 条件下制备硅钙渣基地聚物混凝土试样（100mm × 100mm × 100mm）。作为对比，以 P·I 42.5 硅酸盐水泥为胶凝材料，以相同配合比进行对比混凝土试样的制备。参照《普通混凝土长期性能和耐久性能试验方法标准》（GB/T 50082—2009）进行对比混凝土试样以及硅钙渣基地聚物混凝土试样的抗硫酸盐侵蚀测试。试验结果如表 10-12 所示。

表 10-12　混凝土试样的抗硫酸盐侵蚀性能

编号	硅酸盐混凝土			硅钙渣基地聚物混凝土		
	对比强度（MPa）	侵蚀后强度（MPa）	耐蚀系数（%）	对比强度（MPa）	侵蚀后强度（MPa）	耐蚀系数（%）
KS0	43.2	43.2	100	54.4	54.4	100
KS30	45.7	41.3	90.4	63.5	81.0	128
KS60	49.5	39.7	80.2	71.7	85.8	120
KS90	52.3	32.5	62.1	73.6	85.6	116
KS120	—	—	—	76.9	85.5	111
KS150	—	—	—	79.8	85.4	107
KS180	—	—	—	83.0	85.4	103
KS210	—	—	—	85.4	85.5	100

注：KS30 表示试件经硫酸盐侵蚀循环 30 次；"—" 表示试样已破坏，未继续进行试验。

由表 10-12 知，在相同胶凝材料用量、水胶比、砂率条件下，与硅酸盐水泥混凝土相比，硅钙渣基地聚物混凝土具有优异的抗硫酸盐侵蚀性能——硅酸盐水泥混凝土经硫酸盐侵蚀循环 90 次后，其耐蚀系数已降至 75% 以下，而硅钙渣基地聚物混凝土在硫酸盐侵蚀环境下，强度不仅没有降低，反而出现了一定程度的提高。这是由于对于地聚物材料来说，Na$_2$SO$_4$ 是一种效果较好的激发剂，因此在 Na$_2$SO$_4$ 溶液环境下，材料的活性被进一步激发，从而在强度性能上体现为经 Na$_2$SO$_4$ 溶液浸泡后强度提高。随着循环次数的增多，Na_2SO_4 溶液侵蚀试样的强度基本趋于平稳。而经同龄期标准养护的对比试样，其强度随养护龄期的延长逐渐增长，并逐渐与经 Na_2SO_4 溶液侵蚀试样的强度趋于一致，从而试样的耐蚀系数逐渐趋向于 100%。这说明在 Na_2SO_4 溶液环境下，材料的活性在较短时间内即被充分激发，因而试样强度在短期内即可达到最大值。而在标准养护条件下，材料的活性发挥较慢，因而在强度性能上体现为随龄期的延长强度逐渐增大。

3. 耐化学侵蚀性能

采用静态浸泡方法进行硅钙渣基地聚物混凝土耐化学侵蚀（酸、碱）性能的研究。在胶凝材料配合比为"70%硅钙渣$+30\%$矿粉（$400m^2/kg$）$+5\%$激发剂（外掺，以 Na_2O 计）"的基础上，采用 30%粉煤灰等量取代胶凝材料粉料制备硅钙渣基地聚物胶凝材料，在胶凝材料用量 $400kg/m^3$、水胶比 0.50、砂率 45.0%条件下制备硅钙渣基地聚物混凝土试样（$100mm \times 100mm \times 100mm$）。作为对比，以 $P \cdot O$ 42.5 硅酸盐水泥为胶凝材料，以相同配合比进行对比混凝土试样的制备。在标准条件下养护至 28d 龄期后，取出擦干表面水分，分别浸入淡水和配制好的各化学试剂中。分别浸泡至设定龄期时取出混凝土试件，与对比试样进行强度对比测试。浸泡试验过程中，每 d 向容器中滴入一定浓度的酸、碱溶液，以保持容器中 pH 值恒定。

（1）耐酸侵蚀性能

分别采用 5%的盐酸溶液、5%的硫酸溶液进行混凝土试样的耐酸侵蚀性能试验。测试结果如表 10-13 所示。

表 10-13　混凝土试样的耐酸侵蚀性能

浸泡龄期（d）	5％盐酸		5％硫酸	
	硅酸盐水泥混凝土	硅钙渣基地聚物混凝土	硅酸盐水泥混凝土	硅钙渣基地聚物混凝土
	强度损失（％）	强度损失（％）	强度损失（％）	强度损失（％）
1	5.2	3.1	8.8	2.7
3	12.5	7.7	18.5	5.9
7	18.9	14.6	29.4	12.1
14	25.7	21.2	43.3	19.7
28	33.3	29.7	58.4	26.6

由表 10-13 可知，分别经 5%的硫酸溶液和盐酸溶液浸泡后，随着龄期的延长，硅酸盐水泥混凝土和硅钙渣基地聚物混凝土的强度都出现了明显的降低，但硅钙渣基地聚物混凝土的强度降低程度要明显低于硅酸盐水泥混凝土的。这说明与硅酸盐水泥混凝土相比，硅钙渣基地聚物混凝土具有较好的耐酸侵蚀性能。

（2）耐碱侵蚀性能

采用 5%的 NaOH 溶液进行硅钙渣基地聚物混凝土的耐碱侵蚀性能试验。试验结果见表 10-14。

表 10-14　混凝土试样的耐碱侵蚀性能

浸泡龄期（d）	强度损失（%）	
	硅酸盐水泥混凝土	硅钙渣基地聚物混凝土
1	5.5	−1.2
3	12.7	−2.7
7	18.5	−5.5
14	25.4	−7.0
28	32.3	−10.2

由表 10-14 可知，经 5% 的 NaOH 溶液浸泡后，随着龄期的延长，硅酸盐水泥混凝土的强度均出现了显著的降低。相比之下，硅钙渣基地聚物混凝土试样的强度不仅没有降低，甚至出现了一定程度的增长。这是由于 NaOH 是一种有效的碱激发剂，在浸泡过程中溶液中的 NaOH 与混凝土试样中的硅钙渣等发生了反应，从而导致试样的强度不降反增。因此，与硅酸盐水泥混凝土相比，硅钙渣基地聚物混凝土具有优异的耐碱侵蚀性能。

4. 抗氯离子渗透性能

在胶凝材料配合比为"70% 硅钙渣＋30% 矿粉（400m^2/kg）＋5% 激发剂（外掺，以其 Na_2O 含量占胶凝材料粉体的质量百分比计）"的基础上，采用 30% 粉煤灰等量取代胶凝材料粉料制备硅钙渣基地聚物胶凝材料，在胶凝材料用量 400kg/m^3、水胶比 0.50、砂率 45.0% 条件下制备硅钙渣基地聚物混凝土试样（D100mm×100mm）。作为对比，以 P·O 42.5 硅酸盐水泥为胶凝材料，以相同配合比进行对比混凝土试样的制备。参照《普通混凝土长期性能和耐久性能试验方法标准》（GB/T 50082—2009）进行对比混凝土试样以及硅钙渣基地聚物混凝土试样的抗氯离子渗透性能测试（RCM 法）。测试结果见表 10-15。

表 10-15　混凝土试样的抗氯离子渗透性能

	硅酸盐水泥混凝土	硅钙渣基地聚物混凝土
氯离子扩散系数 D_{RCM}（$10^{-12} m^2$/s）	6.4	7.9

由表 10-15 可知，在相同胶凝材料用量、水胶比、砂率条件下，与硅酸盐水泥混凝土相比，硅钙渣基地聚物混凝土的抗氯离子渗透性能略差。一方面，这是由于现有的混凝土抗氯离子渗透性能测试方法均是基于硅酸盐水泥混凝土而设计的，因此采用现有方法进行硅钙渣基地聚物混凝土抗氯离子渗透性能测试时，其测得结果与实际情况有所偏差；另一方面，混凝土中孔的结构以及孔溶液的化学组成等特性对混凝土的抗氯子渗透性能有着显著的影响，而在硅钙渣基地聚物混凝土中，由于碱激发剂的存在，硅钙渣基地聚物混凝土中的孔结构特性以及孔溶液的化学组成等特性与硅酸盐水泥混凝土中的存在较大差异，因此其测得结果要略差于硅酸盐水泥混凝土的。

众所周知，混凝土的致密程度以及其孔结构特性是影响其抗氯离子渗透性能的主要因素之一，而水胶比对混凝土的孔结构特性具有显著的影响。本次试验过程中，在前期研究基础上，进行水胶比对于硅钙渣基地聚物混凝土抗氯离子渗透性能的影响。结果如见表 10-16。

表 10-16　水胶比对硅钙渣基地聚物混凝土抗氯离子渗透性能的影响

项目	水胶比					
	0.35	0.40	0.45	0.50	0.55	0.60
氯离子扩散系数 D_{RCM}（10^{-12} m^2/s）	3.2	4.6	6.2	7.9	9.7	12.5

由表 10-16 知，随着水胶比由 0.60 逐渐降低至 0.35，所制备硅钙渣基地聚物混凝土的氯离子渗透系数也逐渐降低，相应地其抗氯离子渗透性能也逐渐增大。因此，降低水胶比是改善硅钙渣基地聚物混凝土抗氯离子渗透性能的一项有效措施。

5. 抗干缩性能

在胶凝材料配合比为"70％硅钙渣＋30％矿粉（400m^2/kg）＋5％激发剂（外掺，以其 Na_2O 含量占胶凝材料粉体的质量百分比计）"的基础上，采用 30％粉煤灰等量取代胶凝材料粉料制备硅钙渣基地聚物胶凝材料，在胶凝材料用量 400kg/m^3、水胶比 0.50、砂率 45.0％条件下制备硅钙渣基地聚物混凝土试样（100mm × 100mm × 515mm）。作为对比，以 P·Ⅰ42.5 硅酸盐水泥为胶凝材料，以相同配比进行对比混凝土试样的制备。参照《普通混凝土长期性能和耐久性能试验方法标准》（GB/T 50082—2009）进行对比混凝土试样以及硅钙渣基地聚物混凝土试样的抗干缩性能测试。试验结果如图 10-20 所示。

由图 10-20 知，在胶凝材料用量、水胶比及砂率相同的条件下，硅钙渣基地聚物混凝土的收缩率要明显大于普通硅酸盐水泥混凝土的，这说明硅钙渣基地聚物混凝土的抗收缩能力要明显劣于普通硅酸盐水泥混凝土的。

为提高硅钙渣基地聚物混凝土的抗收缩能力，针对硅钙渣基地聚物混凝土，采用外掺硫酸盐类膨胀剂的方法，研究了不同膨胀剂掺量对硅钙渣基地聚物混凝土抗干缩性能的影响。测试结果如图 10-21 所示。

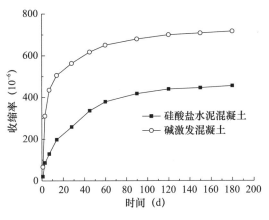

图 10-20　硅钙渣基地聚物混凝土
试样的抗干缩性能

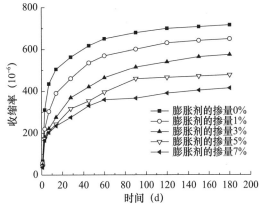

图 10-21　膨胀剂对硅钙渣基地聚物混凝土
抗干缩性能的影响

由图 10-21 知，掺入硫酸盐类膨胀剂，所制备硅钙渣基地聚物混凝土的抗干缩性能得到了明显的改善。随着膨胀剂掺量由 1％逐渐增大至 7％，硅钙渣基地聚物混凝土的抗收缩能力也逐渐提高。膨胀剂掺量 7％时，硅钙渣基地聚物混凝土的抗收缩能力已与普通硅酸盐水泥混凝土的相当。因此，对于硅钙渣基地聚物混凝土，外掺硫酸盐类膨胀剂是改善其抗收缩能力的一种有效措施。

6. 抗碳化性能

在胶凝材料配合比为 "70％硅钙渣＋30％矿粉（400m²/kg）＋5％激发剂（外掺，以其 Na₂O 含量占胶凝材料粉料的质量百分比计）" 的基础上，采用 30％粉煤灰等量取代胶凝材料粉料制备硅钙渣基地聚物胶凝材料，在胶凝材料用量 400kg/m³、水胶比 0.50、砂率 45.0％条件下制备硅钙渣基地聚物混凝土试样（100mm × 100mm × 100mm）。作为对比，以 P·I 42.5 硅酸盐水泥为胶凝材料，以相同配比进行对比混凝土试样的制备。参照《普通混凝土长期性能和耐久性能试验方法标准》（GB/T 50082—2009）进行对比混凝土试样以及硅钙渣基地聚物混凝土试样的抗碳化性能测试。试验结果如图 10-22 所示。

由图 10-22 可知，在相同的胶凝材料用量、水胶比以及砂率条件下，硅钙渣基地聚物混凝土的抗碳化能力要明显劣于普通硅酸盐水泥混凝土的。一方面，由于硅钙渣基地聚物胶凝材料的主要产物为低钙硅比的 C—（A）—S—H 凝胶，这些凝胶在碱性环境条件下极易与空气中的 CO₂发生碳化反应；另一方面，由于硅钙渣基地聚物胶凝材料的干缩较大，在相同条件下，以其为胶凝材料制备的硅钙渣基地聚物混凝土内部存在着较多的收缩裂缝，在碳化过程中这些裂缝进一步促进了基体的碳化速率。

众所周知，混凝土致密程度是影响其抗碳化能力的一个重要因素，而水胶比又是决定混凝土致密程度的一个关键参数。因此针对硅钙渣基地聚物混凝土，进行了不同水胶比对其抗碳化性能的影响研究。测试结果如图 10-23 所示。

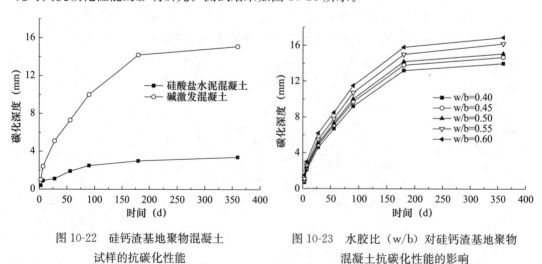

图 10-22　硅钙渣基地聚物混凝土
试样的抗碳化性能

图 10-23　水胶比（w/b）对硅钙渣基地聚物
混凝土抗碳化性能的影响

由图 10-23 可知，随着水胶比由 0.60 逐渐降至 0.40，所制备硅钙渣基地聚物混凝土的抗碳化能力呈逐渐增高趋势。因此，降低硅钙渣基地聚物混凝土的水胶比，可在一定程度上有效改善硅钙渣基地聚物混凝土的抗碳化能力。

10.3.3　硅钙渣基地聚物混凝土应用示范

通过以上研究，获得了硅钙渣制备硅钙渣基地聚物胶凝材料的协同激发控制技术，并掌握了硅钙渣基地聚物混凝土的组成设计和性能优化技术。为进一步探索硅钙渣基地聚物混凝土在实际工程施工中的施工工艺，根据前期试验结果以及内蒙古地区矿粉资源稀缺而粉煤灰资源丰富的现状，采用"70％硅钙渣＋30％矿粉＋5％水玻璃（以其 Na_2O 含量占粉体的质量百分比计）"的胶凝材料配比，以及胶凝材料用量 400 kg/m³、粉煤灰掺量 40％、砂率 45％、水灰比 0.50 的混凝土配比进行示范道路路面工程建设，示范道路建设开工仪式及施工现场如图 10-24 所示。具体配比见表 10-17，施工 7d、28d 后钻芯取样检测，试验结果显示，碱激发硅钙渣混凝土路面达到了 C30 的设计标准，见表 10-18。

图 10-24　某小区硅钙渣基地聚物胶凝材料示范道路

表 10-17　硅钙渣基地聚物路面混凝土配合比

配合比（kg/m³）							坍落度（mm）		
硅钙渣	矿粉	粉煤灰	激发剂	砂	石	水	初始	0.5h	1.0h
168	72	160	66	790	960	200	215	185	110

表 10-18　硅钙渣基地聚物混凝土示范道路检测结果

序号	检测项目		检测结果	单项判断
1	立方体抗压强度（7d 龄期）（MPa）	基准	29.9	
		试验	34.5	
2	立方体抗压强度（28d 龄期）（MPa）	基准	36.9	
		试验	40.6	
3	抗折强度（28d 龄期）（MPa）	基准	5.5	
		试验	6.7	

续表

序号	检测项目			检测结果	单项判断
4	劈裂抗拉强度（28d 龄期）（MPa）		基准	3.26	
			试验	4.16	
5	抗冻等级（快冻法 50 个循环，28d 龄期）	基准	相对动弹性模量（%）	60.1	≥F50
			质量损失率（%）	0.36	
		试验	相对动弹性模量（%）	93.4	≥F50
			质量损失率（%）	0.08	
6	电通量 Q_s（抗氯离子渗透性能，28d 龄期）（C）		基准	705	Q-Ⅳ
			试验	272	Q-Ⅴ
7	碳化深度（抗碳化性能，碳化 28d，28d 龄期）（mm）		基准	12.5	T-Ⅲ
			试验	8.6	T-Ⅳ

由表 10-18 可见，硅钙渣基地聚物混凝土不仅有着良好的强度性能，而且表现出比传统硅酸盐混凝土更加良好的抗冻融、抗碳化、抗 Cl^- 渗透、抗盐碱腐蚀、高强度等特性。

10.4　本章小结

依据硅钙渣主要矿物成分为 β-C_2S 与含 Na_2O 特性，借鉴地质聚合物制备原理，采用粉煤灰、矿渣等其他工业固废协同利用的方式，开发出了硅钙渣基地聚物胶凝材料。

该地聚物胶凝材料是一种含-Si-O-Si(Al)-和-Si(Al)-OH 等基团并由 C(N)-A-S-H 和 C-S-H 构成的二元复合胶凝体系，硅钙渣中 β-硅酸二钙水化生成 C-S-H 和 $Ca(OH)_2$，其中 $Ca(OH)_2$ 主要有三方面的反应，一部分 $Ca(OH)_2$ 与 Q^0 结构单元的［AlO_4］和［SiO_4］反应生成低 Si-O 键、Al-O 键聚合度的二水钙长石和斜钙沸石物相；另一部分 $Ca(OH)_2$ 与 Q^3 结构单元的［SiO_4］以及 Q^0 结构单元的［AlO_4］在 Na^+ 的参与下反应生成高 Si-O 键聚合度的钠钙沸石、四方钠沸石、贝德石等物相；还有少部分的 $Ca(OH)_2$ 与空气中的 CO_2 发生碳化反应生成方解石物相。

该硅钙渣基地聚物不仅可以大量代替水泥，用于混凝土胶结料，且与传统水泥混凝土相比，生产工艺由"两磨一烧"变为"一烧"，极大地简化工艺和降低了成本。且尤其制备的混凝土还表现出良好的抗冻融、抗碳化、抗 Cl^- 渗透、抗盐碱腐蚀、高强度等特性，特别适宜我国北方严寒地区使用。同时还可以大规模地消纳硅钙渣、粉煤灰、脱硫石膏等煤基固废，促进具有内蒙古自治区特色的煤—电—灰—铝循环经济产业的发展。

第 11 章 硅钙渣基路面基层材料制备技术

为解决工业固废资源化利用以及目前公路建设中用于基层、底基层的水泥稳定碎石致密性差、强度低、耐久性差、易产生反射裂缝等问题，以实现工业固废资源化利用、降低路面初期建设费用和寿命周期成本、减少环境污染和资源开采的目的。随着国家环保要求的提高，可开采的天然石料越来越少，公路工程建设所需集料存在巨大缺口，导致公路建设中集料成本居高不下，甚至部分地区公路建设中出现"无料可用"的尴尬局面。内蒙古自治区是矿产资源大省，每年产出的工业固废数量惊人，处理不当会占用大量土地，造成水土流失和环境污染，增加企业生产成本，同时也是对资源的一种浪费。如能将工业固废转化为筑路材料，不但能解决目前工业固废处理的难题，而且能解决公路工程建设中材料的来源，可谓一举两得。

固废用于路面基层材料已有研究。据文献报道，原德国铝业公司从 20 世纪 60 年代末用赤泥做沥青填料。赤泥利用比较成功的是生产建筑材料，前苏联利用第聂伯铝厂的拜耳法赤泥生产水泥，生料中赤泥配比可达 14%，并用赤泥铺筑了道路基层。日本三井氧化铝公司与水泥厂合作，以赤泥为铁质原料配入水泥生料，水泥熟料可利用赤泥 5~20kg/t。北京矿冶研究总院与广西平果铝业公司联合研制出了利用赤泥、粉煤灰和石灰，在掺入少量外加剂的基础上性能优良的新型赤泥道路基层。河南省交通科研所较早开展了赤泥筑路技术和综合效益的研究，主要进行了赤泥混合料基层和赤泥粉煤灰混凝土试验研究，北京矿冶研究总院利用贝尔法赤泥完成了 300m 长赤泥基层试验路段。

本章将以硅钙渣为主要材料，协同粉煤灰及少量水泥开展路面基层材料制备，实现硅钙渣的大宗量利用。

11.1 硅钙渣稳定碎石材料配合比设计

公路基层对于各类原材料的需求特别巨大，合理地选择质量合格、生产稳定的各类原材料，既是控制工程质量的基本措施，也是工程期限的重要保证。混合料的技术性能取决于原材料的性质，但各种原材料之间的配合比也是决定混合料技术性能的关键，本着经济可行、性能可靠的原则，对原材料配合比进行优化，既可以满足基层的各项技术指标，又可以充分利用当地资源，降低工程造价。本章通过对原材料的物理、化学性质进行试验分析，进行硅钙渣稳定碎石混合料配合比设计。

11.1.1　基层技术性能要求

由图 11-1 可知，无论是对沥青路面还是水泥混凝土路面，影响其使用性能和使用寿命的关键因素之一是基层的材料和质量。调查结果表明，新建高速公路和其他公路产生的一些早期破坏均与基层质量不好有关。因此，要提高路面的修筑质量，解决好基层问题是极其重要的一个环节。在路面结构中，基层是位于面层下的结构层，主要起承重、扩散荷载应力以及改善路基水温状况的作用。因此，作为路面的基层材料，一般要满足以下几个基本要求。

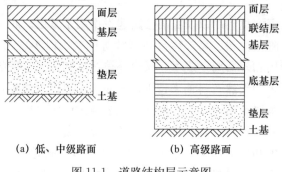

(a) 低、中级路面　　　　　(b) 高级路面

图 11-1　道路结构层示意图

（1）要有足够的强度和刚度。在结构厚度一定的条件下，从材料组成上看，基层的强度主要来自于两个方面，一是依靠集料的骨架嵌挤作用，二是取决于无机结合料的水硬性胶结及填充作用。在这两个因素的共同作用下基层能够承受车辆行驶时所施加的荷载，并且在长期反复使用过程中不致产生明显的残余变形，具有显著的抗剪切破坏和抗疲劳弯拉破坏能力。这种强度因素对沥青路面下的半刚性基层显得尤为重要。基层强度指标包括抗压强度、抗剪强度、抗弯拉强度和劈裂强度等方面，在实际应用和研究中大多采用抗压强度做代表。这种做法一方面是因为采用抗压强度简便易行，另一方面是抗压强度指标与其他强度指标之间相互联系，且具有较好的相关统计规律。

基层的刚度必须与面层的刚度相配，如基层的刚度过小，则面层会由于过大的拉应力或拉应变而过早产生开裂破坏；如基层的刚度过大，其抗裂性能较差。

（2）要有良好的水稳性和冰冻稳定性。在很多情况下，路面基层要经受水的考验，对于无机结合料稳定的半刚性基层，只有在浸水的情况下，才能准确地判断基层是否具有足够的强度，是否具有真正承受较高荷载的能力。因此半刚性基层要有良好的水稳性，要求基层在水的影响下，不会产生明显的强度损失和冻融破坏。路表水会通过各种途径进入路面结构中，在地下水位接近地表的地段，特别在路基填土不高时，地下水可通过毛细作用进入路基上部和路面结构层。在冰冻地区，由于冬季水分重分布的结果，路基上层和路面底基层有可能处于潮湿或过湿状态，这就要求基层材料在水的作用下，其强度、整体性和刚度不会明显地下降，并且在冬季有一定的承受冻融循环作用的能力。

（3）要有良好的抗裂性能。基层材料随着温度和湿度的变化，产生一定的拉应变，如果超过材料允许拉应变，基层就会开裂。基层的收缩开裂不仅破坏基层结构的整体性而降低其强度，并且这种裂缝很容易在面层上形成反射裂缝，因此希望基层的收缩量越小越好。

（4）要有一定的抗冲刷能力。由于基层中存留的水分会在行车荷载的作用下形成相当大的水压力，从而对基层材料造成类似冲刷的作用，并带走一些材料。长期以往，随着被带走的细料的累积，在道路表面产生泛泥现象的同时，基层形成坑洞，最终造成道路基层和面层的破坏。因此道路基层应具有一定的抗冲刷能力。这一要求在当今大流量、高荷载的交通状况下，显得尤为重要。

（5）具有良好的疲劳性能。疲劳是在小于材料极限强度的应力反复作用下材料所产生的累计破坏。混合料在使用期间经受车轮荷载的反复作用，加之气温环境影响使其长期处于应力、应变交替变化状态，致使路面结构强度逐渐下降。当荷载重复作用超过一定次数后，在荷载作用下路面内产生应力就会超过强度下降后的结构抗力，当混合料内的弯拉应力接近或达到抗弯拉强度值时，裂缝迅速发展并贯穿全截面，继而发生断裂。因此，在重交通道路、一级公路和高速公路上，混合料还应该具有较强的抗疲劳破坏能力。

显然，采用硅钙渣作为主要材料的道路基层也应具备以上的特点，以适应高等级公路日益提高的要求。尽管各种不同的路用性质有自身的形成和发展规律，并依次满足不同的路用需求，但达到一定的强度是基层材料整个路用要求的最根本性质。当硅钙渣稳定碎石材料达到一定的强度时（尤其是无侧限饱水抗压强度），则是相应路面基层实现较高的水稳性、有效的防冲刷能力以及良好的抗收缩性等方面的基本前提。因此本项目在研究硅钙渣材稳定碎石材料施工特性规律时，主要采用无侧限饱水抗压强度作为相应的评价指标。

综上所述，为了使硅钙渣稳定碎石材料发挥其作为基层应起到的承重、扩散荷载应力和改善基层水温状况的作用，硅钙渣稳定碎石基层必须具有良好的力学性能、水稳定性能、耐久性能及疲劳性能等。

11.1.2　材料组成及性质

1. 硅钙渣

硅钙渣是新鲜生产出的，干净、无杂质，可直接使用。

2. 水泥

水泥采用普通硅酸盐水泥 P·C 42.5。

3. 粉煤灰

粉煤灰用作激发剂，对硅钙渣稳定碎石材料强度有明显影响，故要求使用 2 级及以上粉煤灰。路面基层规范对粉煤灰的要求有三项：SiO_2、Al_2O_3 和 Fe_2O_3 总含量应大于 70%；烧失量不超过 20%；细度中的比表面积宜于 2500cm^2/g 或者通过 0.3mm 筛孔的占 90%，通过 0.075mm 筛孔的占 70%。粉煤灰各项技术指标见表 11-2。

表 11-2　粉煤灰技术指标

指标	细度	烧失量	需水量比	SiO_3	含水率
结果	6%	4.57%	95%	2.32%	0.38

4. 碎石

碎石取自依托工程现场，规范对碎石有三项指标要求：最大粒度、级配组成及压碎值。碎石的级配组成非常重要，它涉及到形成什么样的结构、施工难易程度（工艺性）、达到的强度等。除以上三项指标外，还应有视密度、吸水率、坚固性、软石含量、堆积密度、振实密度等实际应用指标和耐久性指标。试验结果表明选用石灰石碎石，符合《公路沥青路面施工技术规范》（JTG F40— 2004）中对粗集料性质的相关规定。碎石的筛分试验结果见表11-3。

表 11-3　集料筛分结果

筛孔尺寸（mm）	19～31.5mm（通过百分率%）	9.5～19mm（通过百分率%）	4.75～9.5mm（通过百分率%）
31.5	100.0	—	—
26.5	100.0	100.0	—
19	5.8	84.9	—
16	2.6	54.8	—
13.2	1.4	29.3	—
9.5	1.1	3.3	94.3
4.75	0.8	0.8	39.6
2.36	0.8	0.6	23.2
1.18	0.8	0.6	17.2
0.6	0.8	0.6	11.4
0.3	0.8	0.6	8.8
0.15	0.8	0.6	6.4
0.075	0.8	0.6	4.2

5. 水

试验的水质以自来水为代表：pH 值在 6.7～7.1 之间，重碳酸根离子的含量为 172mg/L，偏硅酸（H_2SiO_3）的含量为 46.0mg/L，钙离子（Ca^{2+}）的含量为 71mg/L，钠离子（Na^+）的含量为 102mg/L，水的总硬度在 1.3～2.5mg/L 之间，水的总碱度在 2.546mg/L 之间，按照以上水质的分析，这种水可以用于试验，拌制混合料和混合料养护使用。

11.1.3　配合比设计

硅钙渣稳定碎石混合料配合比的设计包含两部分内容，分别是结合料比例设计及结合料与碎石之间的比例设计。首先，结合料比例采用正交试验确定，硅钙渣、粉煤灰、水泥分别选取三个水平，其次结合料与碎石间的比例采用重现试验进行确定。

硅钙渣、粉煤灰、水泥这几种结合料之间的比例对混合料的强度及各项性能指标均有影响，既有独立作用，也有关联作用，因此比较适合选择正交表来综合考虑它们的作用效果。

在正交试验中，因素对所考察指标的影响大小指该因素取不同水平时，指标值之间差别的大小。本次试验的指标值为无侧限抗压强度，硅钙渣、粉煤灰、水泥结合相似工程的实践经验分别选取三个水平，进行正交试验。方案见表 11-4。

表 11-4　正交试验方案

水平	硅钙渣	粉煤灰	水泥
1	9.2	4.7	1.1
2	6.1	6.1	3
3	10.8	3.6	1.8

在强度影响因素中，碎石级配至关重要，本次试验碎石分为 20～30mm，10～20mm，5～10mm，3～5mm 四档，根据筛分结果，硅钙渣稳定碎石混合料级配设计曲线如图 11-2 所示。

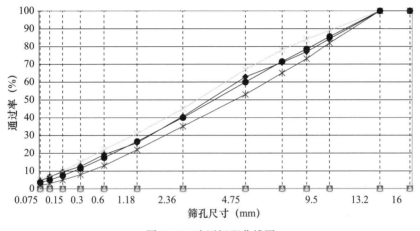

图 11-2　碎石级配曲线图

硅钙渣稳定碎石混合料最佳含水量通过重型击实试验确定。重型击实试验是在规定的试筒内对硅钙渣稳定碎石混合料进行击实试验，绘制混合料的含水量-干密度关系曲线，从而确定其最佳含水量和最大干密度。

依据《公路工程无机结合料稳定材料试验规程》（JTJ 057—1994）中无机结合料稳定类的击实试验方法，试验步骤按照无机结合料稳定类的击实试验方法进行。

试验过程中需要注意以下两点：

（1）混合料在拌合与压实时的加水量需减去硅钙渣本身的含水量，由于硅钙渣含水量较高，不容忽略。

（2）关注硅钙渣的存放时间，硅钙渣含水率较高，容易结块硬化，从而失效。

由重型击实试验所得到的最佳含水量及最大干密度制作制件，进行无侧限抗压强度试验。

无侧限抗压强度是按照预定压实度用静力压实法制备试件，本试验采用高×直径为150mm×150mm 的圆柱体试模成型试件，从试模内脱出并称重、量高后，立即用塑料袋包裹，扎紧不漏气，然后放入恒温、恒湿的养生室内养护，整个养护期间养护室的温度保持在（20±2）℃，相对湿度高于 95%，在养护室养护 7d 后（图 11-3），其中保水

1d 进行无侧限抗压强度试验。

图 11-3　试件浸水养护

11.1.4　正交试验结果分析

用来描述某一因素在不同水平下指标平均值的分散程度的方法有极差分析和方差分析。其中极差分析比较简单、直观，当试验误差较小时，或者对试验精度要求不高时，是一种很好的统计方法。但当试验误差较大时，得出的结论可靠度较差，有时甚至会得出错误的结论。方差分析可将试验过程中偶然因素造成的误差与试验误差区分开来，试验精度高，但分析比较烦琐。因此，可根据具体的试验要求确定分析方法。本试验采用极差分析方法，其中 K 为 7d 抗压强度的位级和平均值，R 为极差。

极差指某因素在不同水平下指标平均值中最大值与最小值之差。极差的大小反映了因素的水平变化时，指标变化幅度的大小。极差越大，说明该因素对所考察指标的影响越大，为主要因素。反之，极差越小，说明该因素对所考察指标的影响较小，为次要因素。

按以上级配进行正交试验，正交试验的结果见表 11-5。

表 11-5　正交试验结果分析

试验	硅钙渣	粉煤灰	水泥	7d 无侧限抗压强度（MPa）
1	9.2	4.7	1.1	1.6
2	9.2	6.1	1.8	2.7
3	9.2	3.6	3.0	5.1
4	6.1	4.7	1.8	3.3
5	6.1	6.1	3.0	3.6
6	6.1	3.6	1.1	1.4
7	10.8	4.7	3.0	4.5
8	10.8	6.1	1.1	1.1
9	10.8	3.6	1.8	2.3
K_1	9.4	9.4	4.1	
K_2	8.3	7.4	13.2	

续表

试验	硅钙渣	粉煤灰	水泥	7d 无侧限抗压强度（MPa）
K_3	7.9	8.8	8.3	
k_1	3.1	3.1	1.4	
k_2	2.8	2.5	4.4	
k_3	2.6	2.9	2.8	
R	0.5	0.6	3.0	

分析各因素对混合料抗压强度的影响，如图 11-4～图 11-6 所示。

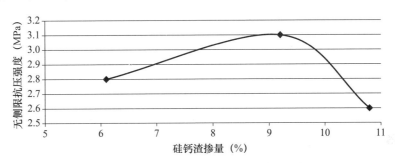

图 11-4　硅钙渣掺量对硅钙渣路面基层无侧限抗压强度的影响

数据表明，在所选定的水平范围内，当硅钙渣的掺量达到 9.2％时，粉煤灰掺量达到 4.7％时，材料强度基本不随其用量的进一步提高而持续增进；在一定范围内，水泥随其用量的增加而性能逐步增加。由极差大小可知，其影响因素的先后顺序为水泥、粉煤灰、硅钙渣。配合比的最佳组合（硅钙渣：粉煤灰：水泥：碎石）为 9.2％：4.7％：3％：83.1％。配合比（硅钙渣：粉煤灰：水泥）＝9：4：2～9：6：4 时，抗压强度性能较好。

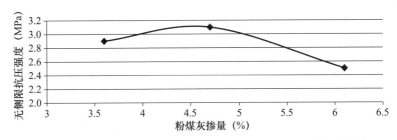

图 11-5　粉煤灰掺量对硅钙渣路面基层无侧限抗压强度的影响

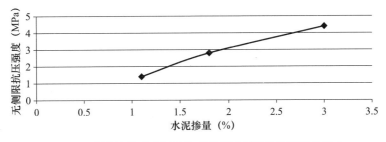

图 11-6　水泥掺量对硅钙渣路面基层无侧限抗压强度的影响

11.1.5 配合比优化设计

根据正交试验的数据显示及数据分析，对正交表中强度较好的几组试验及数据分析得出的优化方案进行重现试验，略调整结合料与碎石间的比例，重现试验结果见表 11-6。

表 11-6　配合比优化设计验证无侧限抗压强度结果

序号	结合料间比例 （硅钙渣：粉煤灰：水泥）	结合料掺量 （%）	碎石掺量 （%）	7d 无侧限抗压强度 （MPa）	28d 无侧限抗压强度 （MPa）
1	9：4：3	10	90	3.4	6.9
2	9：4：3	16	84	4.8	8.4
3	9：4：3	20	80	5.5	9.1
4	11：5：3	10	90	4.1	7.8
5	11：5：3	15	85	3.3	7.0
6	9：4：2	15	85	3.6	7.4
7	9：4：2	18	82	4.2	7.8

表 11-6 表明 7d 无侧限抗压强度最高为 5.5MPa，最低为 3.4MPa，而 28d 无侧限抗压强度均有不同程度的提高，最高为 9.1MPa，最低为 6.9MPa，重现性及优化结果均较好，能够满足高等级公路基层和二级公路对力学性能的要求，这就为进一步提高硅钙渣利用率奠定了基础。

根据设计及规范要求，硅钙渣稳定碎石材料的推荐比例范围见表 11-7。

表 11-7　硅钙渣稳定碎石材料的推荐比例

序号	材料名称	公路等级	使用层位	结合料比例 （硅钙渣：粉煤灰：水泥）	结合料与被稳定材料比例 （结合料：级配碎石或砾石）
1	硅钙渣稳定级 配碎石或砾石	高速及一级公路	基层或 底基层	9：4：2～9：6：4	10：90～20：80
2		二级及二级以下公路		10：4：2～11：6：4	10：90～30：70

注：硅钙渣稳定碎石材料应采用质量配合比计算，以硅钙渣、粉煤灰、水泥、被稳定材料的质量比表示。

本节根据路面基层的技术要求，对硅钙渣稳定碎石混合料的原材料进行检验，采用两步法进行配合比设计，首先采用正交试验确定了结合料的比例，其次通过优化设计验证，确定了结合料与碎石的比例，根据抗压、强度指标给出了推荐比例。

11.2　硅钙渣稳定碎石路用性能分析

对无机结合料硅钙渣稳定碎石半刚性基层的应用研究国内尚属首例，仅有过类似的材料性能研究，但下列技术性能要求还不具体、不规范、不够全面，有待深入和完善。

根据 11.1.5 试验数据，对于强度满足要求的 7 组试验进行技术性能研究，包括抗冻性、收缩性、水稳定性、耐久性等进行试验。

11.2.1 抗冻融性

在冻融循环反复作用下，半刚性基层材料强度逐渐下降，产生薄弱面，甚至在薄弱面发生开裂破坏。因此，选择抗冻性能良好的材料作基层在一定程度上可以缓解基层开裂破坏的发生。根据相关资料分析，常见的破坏机理有以下两点：

（1）液体膨胀压力。基层材料为多空隙材料，这类材料受冻融循环作用时，其内部空隙水冻胀产生的附加内应力将重复对材料的空隙壁产生挤压破坏作用。当空隙中含水量超过某一临界值时，由于水结冰时体积膨胀 9%，将产生很大压力。此压力的大小除了取决于空隙的含水量之外，还与水流动距离、水的冻结速度及空隙的形状有关。其中孔隙的形状影响到尚未结冰的水向周围空隙流动的阻力。

（2）渗透压力。由于毛细管中的水不是纯水，而是含有几种可溶盐（大多数情况是碱）。当盐溶液浓度增加时，冻结温度降低，因此盐的浓度形成一个梯度。在基层材料微孔中，部分溶液结冰时，液体压力很高，产生很大的渗透压，形成渗透压力。

硅钙渣稳定基层材料的冻融循环试验方法目前还没有统一的试验规程，本项目分别采用 5 次、10 次和冻融后、冻融前的抗压强度进行对比来分析材料的冻稳性。采用试件在 28d 龄期时进行冻融试验，5 次冻融后与冻融前的抗压强度进行对比，试件在 180d 龄期时进行冻融试验，10 次冻融后与冻融前的抗压强度进行对比，来分析材料的冻稳性。试件在标准养护条件下进行养护，养护期最后 1d 从养护室取出，将试件在水槽中浸泡，水面高于试件 2.5cm。在进行试验中如果质量损失率超过 5%，可停止冻融循环。

混合料的抗冻指标按式（11-1）和式（11-2）计算。

$$B_{DR} = R_{DC}/R_C \times 100\% \tag{11-1}$$

式中，B_{DR} 为 n 次 m_0 的强度损失；R_{DC} 为 n 次冻融循环后的强度；R_C 为对比试件的抗压强度。

$$W_n = (m_0 - m_n)/m_0 \times 100\% \tag{11-2}$$

式中，W_n 为 n 次冻融循环后的质量变化率，m_0 为冻融循环前的质量，m_n 为冻融循环后的质量。

试验结果见表 11-8 和表 11-9。

表 11-8　试件 5 次冻融循环结果

序号	配合比（结合料：碎石）	结合料比例	冻融前强度（MPa）	冻融后强度（MPa）	强度损失率（%）	冻融前质量（g）	冻融后质量（g）	质量损失率（%）
1	10：90	9：4：3	3.43	3.25	5.31	4963	4739	4.51
2	16：84	9：4：3	5.26	5.06	3.80	4596	4472	2.70
3	20：80	9：4：3	5.51	5.37	2.52	4472	4363	2.43
4	10：90	11：5：3	4.12	3.90	5.32	4831	4608	4.62
5	15：85	11：5：3	3.32	3.32	4.36	4632	4470	3.49
6	15：85	9：4：2	3.54	3.38	4.52	4678	4512	3.55
7	18：82	9：4：2	3.64	3.55	2.38	4497	4389	2.41

表 11-9 试件 10 次冻融循环结果

序号	配合比（结合料：碎石）	结合料比例	冻融前强度（MPa）	冻融后强度（MPa）	强度损失率（%）	冻融前质量（g）	冻融后质量（g）	质量损失率（%）
1	10：90	9：4：3	3.43	3.17	7.62	4912	4664	4.97
2	16：84	9：4：3	5.26	4.96	5.70	4586	4427	3.46
3	20：80	9：4：3	5.51	5.27	4.32	4328	4193	3.11
4	10：90	11：5：3	4.12	3.79	7.98	4910	4669	4.89
5	15：85	11：5：3	3.32	3.11	6.23	4642	4439	4.37
6	15：85	9：4：2	3.54	3.31	6.50	4697	4513	3.89
7	18：82	9：4：2	3.64	3.50	3.96	4481	4319	3.61

数据表明，5 次冻融循环后的强度损失率及质量损失率均比 10 次冻融循环后的小，符合路面冻融性能发展规律。试件经过 5 次、10 次冻融后仍具有较高的抗压强度，其值大体与冻融前试件的强度相当，说明硅钙渣粉煤灰稳定碎石混合料具有足够的冻稳定性，能满足使用标准要求。

研究表明，随着硅钙渣掺量的增加，试件的质量损失率变小，硅钙渣的掺入对混合料的抗冻融性是有益的。因此，在满足设计强度及规范中对胶凝材料的掺量控制标准的情况下，适量掺加硅钙渣可以改善混合料的抗冻性能。

11.2.2 抗压回弹模量

抗压回弹模量是公路路基路面设计的主要参数，是影响路面结构厚度的敏感参数之一；在路面结构设计中能否取用合适的回弹模量值，关系到路面结构的安全性和经济性。

本试验也是采用静压成型的试件成型方法，制成 100mm×100mm（直径×高）的试件。试件养护采用标准养护方式，即试件脱模后用塑料袋装好放在恒温恒湿的养护室里养护，进行无侧限抗压强度试验，试验前一天泡水。进行龄期为 7d、180d 的回弹模量试验。

回弹模量试验方法采用顶面法，试验仪器为路面材料强度试验仪，试验中逐级加荷卸载。（1）选定加载板上的计算单位压力：根据无侧限抗压强度选定加压荷载为 0.5MPa，由此反算出加荷所需的压力值，将该压力值的一半作为施加的最大荷载。（2）将试件放在路面材料强度试验仪的加载底板上，在试件顶面稀撒少量 0.25～0.5mm 的细砂，并手压加载板在试件顶面边加压边旋转，使细砂填补表面微观的不平整，并使多余的砂流出，以增加顶板与试件的接触面积。（3）安置千分表，使千分表的脚支在加载顶板直径线的两侧并离试件中心距离大致相等，调整升降台的高度，使压头与试件顶面上的加载板的中心相接触。（4）预压：先用拟施加的最大荷载的一半进行两次加荷卸荷预压试验，使加载顶板与试件表面紧密接触。每 2 次卸载后等待 1min。（5）回弹形变测量：将预定的单位压力分成 5 等份，作为每次施加的压力值。施加第 1 级荷载（如为预定最大荷载的 1/5），待达到第 1 级荷载值时记录千分表的读数，同时卸去荷载，让试件的弹性形变恢复。到 0.5min 时再记录千分表的读数，施加第 2 级荷载（为预定最大荷载的 2/5），同前待达到第 2 级荷载值时记录千分表的读数卸去荷载。卸荷后达 0.5min 时，再记录千分表的读数，并施加第 3 级荷载。如此逐级进行，直到记录下最后一级荷载下的回弹形变。结果如表 11-10 所示。

表 11-10　抗压回弹模量试验结果

序号	配合比（结合料：碎石）	结合料比例	7d 抗压回弹模量（MPa）	180d 抗压回弹模量（MPa）
1	10：90	9：4：3	862	2314
2	16：84	9：4：3	1095	2512
3	20：80	9：4：3	1215	2501
4	10：90	11：5：3	967	2392
5	15：85	9：4：2	901	2432
6	15：85	11：5：3	799	2318
7	18：82	9：4：2	918	2444

数据表明，单独的硅钙渣的掺量对混合料的抗压回弹模量没有明显的影响，混合料的抗压回弹模量是结合料和碎石共同作用的结果。另外从试验结果可以看出，硅钙渣稳定碎石混合料的抗压回弹模量后期增长较大，最终能达到传统半刚性基层强度值，满足使用要求。

11.2.3　弯拉回弹模量

道路材料在使用期间，不仅受到荷载的垂直作用力，而且还要受到水平方向的拉应力和剪应力的作用。因此，对硅钙渣稳定碎石基层材料的弯拉强度的测定是很有必要的。

每组制备 9 个试件，在标准养护条件下进行养生，养生龄期分别为 7、28、180d。按式（11-3）计算每级荷载下的回弹变形 L。

$$L＝加载时平均读数－卸载后平均读数 \tag{11-3}$$

按式（11-4）计算弯拉回弹模量。

$$E_s＝23L^3(P－P_0)/108bh^3 \tag{11-4}$$

式中　E_s 为弯拉回弹模量；P 为施加的各级荷载；P_0 为施加的最小荷载；L 为试件跨径；b 为跨中断面的宽度；h 为跨中断面的高度。

试验结果如下表 11-11 所示。

表 11-11　弯拉强度试验结果

序号	配合比（结合料：碎石）	结合料比例	7d 弯拉强度（MPa）	28d 弯拉强度（MPa）	180d 弯拉强度（MPa）
1	10：90	9：4：3	4480	6320	10101
2	16：84	9：4：3	7080	8830	12100
3	20：80	9：4：3	5720	8340	12430

序号	配合比（结合料：碎石）	结合料比例	7d 弯拉强度（MPa）	28d 弯拉强度（MPa）	180d 弯拉强度（MPa）
4	10：90	11：5：3	5322	6980	10103
5	15：85	9：4：2	5840	7190	11300
6	15：85	11：5：3	5353	6432	10211
7	18：82	9：4：2	5468	7192	11804

由表 11-11 可知，硅钙渣稳定碎石混合料的弯拉回弹模量随着龄期的增长而增长，初期水化反应不完全，强度没有完全形成，但最终达到基层强度设计要求。

11.2.4 收缩性

硅钙渣稳定碎石混合料中含有水泥和硅钙渣，水泥和硅钙渣的水化是一个体积缩小的过程，而且混合料中的水分蒸发，也有可能发生干燥收缩，这种现象在高温季节施工或养护工作欠缺的时候更为明显。与此同时，环境温度通常也存在一定的昼夜温差，所以，硅钙渣稳定级配碎石混合料在修建的初期阶段同时受到干燥收缩和温度胀缩的综合作用，相对而言，这个阶段以干燥收缩为主，温度胀缩为辅。经过一定龄期的养护后，水泥和硅钙渣完全水化，基层被面层所覆盖，混合料的含水量趋于稳定，基本不再发生变化。在以后的阶段，基层的收缩主要以温度收缩为主。因此，我们在研究硅钙渣稳定碎石混合料作为基层的过程中，有必要对其收缩性能进行研究。

硅钙渣稳定级配碎石混合料作为基层的时候，混合料中的水分主要通过两种方式来减少，第一种情况是部分水分散失在空气中，第二种情况是由于混合料中的水泥和硅钙渣水化需要一定数量的水来完成。这两种水分减少的方式都会引起混合料的收缩现象。

本项目主要研究了混合料的干缩性能。采用 $100mm \times 100mm \times 400mm$ 棱柱体试件进行试验。成型试件后带模养护 $1 \sim 2d$（视混合料实际强度而定）。试件应在 3d 龄期（从搅拌加水时算起）从养护室取出，并立即移入干缩室内上架进行测试。上架前应测定试件的初始强度，测三次取平均值。从移入干缩室算起，在 7d 测定试件的长度。测试采用机械测试方法。所用仪器采用百分表读数。干缩试验结果如表 11-12 所示。

表 11-12　干缩试验结果

序号	配合比（结合料：碎石）	结合料比例	干缩系数
1	10：90	9：4：3	5.9×10^{-5}
2	16：84	9：4：3	6.8×10^{-5}
3	20：80	9：4：3	7.9×10^{-5}
4	15：85	9：4：2	5.6×10^{-5}
5	18：82	9：4：2	7.2×10^{-5}
6	10：90	11：5：3	7.6×10^{-5}
7	15：85	11：5：3	5.8×10^{-5}

从试验结果可知，胶凝材料控制在 15％ 以内时，混合料的干缩性系数较小，干缩性能较好，当超过 15％ 时，随着硅钙渣掺量的增加，混合料里的细料也逐渐增多。混

合料的干缩系数逐渐增加,容易产生裂缝,因此建议在工程中,硅钙渣的含量控制在10%左右,符合使用要求。

11.2.5 水稳定性

无侧限抗压强度试验可分浸水和不浸水两种情况。为了探讨硅钙渣稳定碎石材料的水稳定性,按两个龄期和浸水、不浸水两种情况进行无侧限抗压强度试验。对于浸水情况在试验前一天就需将试样放在水中浸泡,然后再进行试验。水稳定系数为在同一龄期内,浸水和不浸水状态下抗压强度的比值。试验结果见表11-13所示。

表 11-13　水稳定性系数试验结果

序号	配合比(结合料:碎石)	结合料比例	7d 未浸水强度(MPa)	7d 浸水强度(MPa)	水稳定系数	28d 未浸水强度(MPa)	28d 浸水强度(MPa)	水稳定系数(%)
1	10:90	9:4:3	4.9	3.4	70.8%	9.1	6.9	75.8
2	16:84	9:4:3	7.4	5.1	68.9%	11.6	8.4	72.4
3	20:80	9:4:3	7.6	5.5	72.4%	12.3	9.1	74.0
4	15:85	9:4:2	5.1	3.6	66.7%	10.5	7.4	70.4
5	18:82	9:4:2	6.0	4.2	70.0%	10.8	7.8	72.0
6	10:90	11:5:3	6.1	4.1	67.2%	10.9	7.8	71.5
7	15:85	11:5:3	4.9	3.6	73.1%	9.8	7.4	75.5

从表11-13中可以看出,随着龄期的增长,硅钙渣稳定碎石材料强度在增加,随着硅钙渣质量比例的增大,其水稳定系数相对提高。硅钙渣稳定碎石材料水稳定性满足基层技术要求,数据表明,硅钙渣有助于增强基层材料的水稳定性。

本节对硅钙渣稳定碎石材料做了系统的道路基层试验研究,从试验结果得出,硅钙渣稳定碎石强度满足基层设计要求,具有水稳性和冻稳性好等优点;与传统半刚性基层相比,具有环保、造价低等优点。研究硅钙渣在道路半刚性基层中的应用,具有深远意义。

11.3 硅钙渣稳定碎石基层施工技术

硅钙渣稳定碎石基层施工工艺是最重要的一个环节,它决定了硅钙渣稳定碎石基层的功能和设计目标能否实现。因此要对硅钙渣稳定碎石基层施行精细型施工及管理。

11.3.1 施工准备

1. 技术准备

技术准备主要是应知应会的理论与操作技术,包括施工技术规范、配合比设计、试验检验、各工种工序操作技术等。项目经理、副经理、项目主任工程师、总工程师对规范、配合比设计、试验检验要全面掌握,对工序、机械的操作技术要基本掌握。试验检验人员对规范和试验规程的做法要熟练运用,能够用其控制质量。工序施工管理人员和机械操作手对所管、所做工作的技术要懂得,要会操作,知道如何能做好。

（1）配合比设计。规范所给的或业主单位指定的指导配合比，只是指出一定的范围，不能一律套用。施工时必须结合本标段材料试验结果、施工条件、机械设备能力、材料含水量等做出实用的施工配合比。这项准备必须提前做完，否则无法做好其他准备。配合比设计结果要能满足强度、变形、耐久性、工艺等各项要求。

（2）试验检验准备。包括应试验检验项目的仪器设备、有相应技术水平的试验人员、技术资料及试验检验技术。这项工作对指导施工、工程质量控制、质量检验是密不可分的，甚至决定了工程质量好坏与进度。

（3）操作技术的准备。指各工序机械操作人员不仅会使用机械，还要懂得质量上对操作的要求，怎么样操作才能达到技术要求，这是机械使用的中心。这些技术准备工作都要在开工之前做好。

2. 材料准备

材料准备不单是数量上的准备，更应该做好材料质量的检测。

（1）石料要按施工配合比确定的不同粒度规格的数量备料，不能过多过少，质量指标必须满足要求。

（2）硅钙渣存放日期要检查，如果超过生产日期30d，需进行硅钙渣检测，技术指标要满足要求。为保证硅钙渣能在拌合时自由下落，含水率要严格控制。

（3）粉煤灰越细分布越均匀，反应越快、越充分，尤其直接使用的粉煤灰更要细，要比规范中符合规范二级及以上技术指标要求。煤灰的烧失量要特别重视，其他材料如水泥、早强剂、水、养护材料也要计划好。

3. 机械准备

机械设备要根据工艺要求、达到的标准来组织，并要适应产量要求。传统的混合料拌合站大都是四个冷料仓，无法满足钙渣稳定材料的拌合要求，均需增加冷料仓及配套的计量设备。

硅钙渣稳定碎石混合料基本用摊铺机摊铺，质量能够得到保证，数量也比较充足。碾压机械也基本配套，均能满足要求。

11.3.2 硅钙渣稳定碎石混合料基层施工工艺

施工工艺即确定拌合、运输、摊铺、碾压、检验、养护等。

1. 硅钙渣稳定碎石混合料拌合

硅钙渣稳定碎石拌合要做到硅钙渣、粉煤灰、水泥、碎石计量准确，不超过允许误差（要提出合理的误差范围）；硅钙渣本身含水量为30%多，因此用水量要适当；拌合要均匀充分，不产生离析；为此要从拌合的每一步操作开始控制。上料时硅钙渣料仓要保持满仓，向下顺畅流出；料斗出口要通畅，保持流量、流速一致；各种材料的计量表要经常与出料数量核对，要反应灵敏、数量准确；拌合机的搅拌时间要充足，如出料不均匀要进行调整，增减转速，或控制输入量。由于使用连续式拌合机，主要靠机械自身性能，拌合产品不合格的机械，不能使用。拌合机配备筛网，对不符合粒度要求的大颗粒进行筛除，含水量采用略大于确定含水量的0.5%～1%，保证混合料运到现场摊铺后碾压时的含水量能接近最佳值。增加的用水量根据气温、风力和空气湿度经试验确定。拌合方式采用数控拌合，拌合时间为 15s，采用二次拌合，拌成的混合料立即运送到铺筑现场。

严格控制拌合用水量，每天开始拌合前应测硅钙渣水的含水量，加水时把这些水量去掉，加水设备计量要准确，能够随时调整。为控制硅钙渣碎石的拌合质量，每个操作位置都要有专人负责看管，发现问题立即停止作业，改进后再行拌合。

2. 硅钙渣稳定碎石混合料运输

翻斗车在硅钙渣稳定碎石装车时要移动两次位置，防止堆得过高，大粒度石料离析；运输道路也要平整，减少车辆颠簸；卸料时如不是直接卸入摊铺机料斗时，应分均匀小堆，减少摊铺推移距离。现场堆放时间要短，堆放高度不宜过高，避免在低洼存水处堆放。

拌合厂离摊铺地点较远时，为防水分蒸发并防止离析，混合料在运输中加盖篷布，卸料时卸料速度、数量与摊铺宽度、厚度相匹配，混合料自拌合加水开始至碾压终止的时间不宜超 3h。

3. 硅钙渣稳定碎石混合料摊铺

硅钙渣稳定碎石混合料摊铺要达到的目标有：厚度、平整度、离析程度、初步压实度、高程、横坡度、宽度及含水量等相关项目。要保证铺筑厚度关键是做好摊铺系数测定，在松铺时一次达到压实后的设计厚度，避免铺薄找补。分两层铺筑时，后铺层一定要留够系数。

先通过试验确定集料的松铺系数约 1.3～1.4，按确定松铺厚度，将拌好的混合料按松铺厚度均匀地摊铺在设计宽度，表面应平整并保证路拱横坡。摊铺的作业段为500m，摊铺作业时，派遣专门技术人员对已铺的底基层和基层进行标高和厚度的跟踪控制，摊铺工作要连续稳定进行，减少停顿或频繁调整标高、方向、位置等操作，根据检测结果对摊铺机传感器进行微调，保证了施工质量。

硅钙渣稳定碎石混合料用摊铺机铺筑时基本一次摊平，不必另行找平。但也要有专人随机检查，找缺、堵漏，避免碾压后处理困难。

摊铺注意事项如下。

(1) 要注意接料斗的操作程序，以减少粗细集料的离析。摊铺机接料斗应在刮板尚未露出，还有约 10cm 高的热料时拢料。这个操作要在运料车刚退出时进行，而且要做到在料斗两翼恢复原位时，下一辆运料车即刻开始卸料，达到连续供料，以避免粗料过剩集中。

(2) 摊铺机的布料器调整到最佳状态，是避免铺筑面出现条带状离析的关键。调试好螺旋布料器两端的自动料位器，并使料门打开程度、链板送料器的速度和螺旋布料器的转速相匹配。

(3) 调整好摊铺机熨平板的激振强度，使各块熨平板的激振力相一致，以便混合料初步达到充分密实。

(4) 根据最大粒度确定一次摊铺宽度，粒度过大，摊铺过宽，容易离析；摊铺中要尽量连续进行，减少停机时间，避免含水量降低、和易性不好而造成离析。

4. 硅钙渣稳定碎石混合料碾压

各种压路机碾压遍数、行走速度、振动压路机的振幅与振频等，要通过试铺后确定。适宜的碾压厚度也应通过试验确定。试验要使用路面压实计测试并以挖验、取芯验证，以达到最大密实度又不超压。

硅钙渣稳定碎石底基层和基层摊铺后，一般采用下列碾压工艺：首先使用轻型双钢轮压路机紧跟摊铺面及时进行碾压两遍，再复压四遍，最后使用22t的重型振动压路机终压两遍。钢轮压路机或轮胎压路机继续碾压至规定的压实度，并无显著轮迹。压实度及平整度应满足要求，采用重型压路机时分层压实厚度大于10cm、小于20cm。表面始终保持湿润，没有出现"弹簧"、松散、起皮等现象，碾压结束使其纵向顺适，压实度、平整度及路拱满足设计要求。

11.3.3 硅钙渣稳定碎石混合料质量控制检验

对《公路路面基层施工技术细则》（JTG/T F20—2015）及《公路工程质量检验评定标准 第一册 土建工程》（JTG F80—2017）中规定的单质材料、混合料和结构的检验项目按要求去做。一般有以下几部分内容。

1. 密实度控制

硅钙渣稳定碎石混合料的密实度越高越好，对早期强度、后期强度、抗变形、抗冰冻、抗疲劳等都有直接关系，因此必须做好控制与检测。检测以灌砂法为标准，用钻取芯样做复核。

标准击实件要与现场施工的配比相一致，因为实际混合料与标准击实混合料配合比一旦有了变化，最大干密度就会不一致，从而造成施工现场的混合料其实没有压实，而理论计算的压实度却很高的错误情况。

2. 硅钙渣稳定碎石强度检验

根据以往经验，并参照其他类似规范，以及对硅钙渣碎石强度的试验统计规律，对硅钙渣碎石强度进行检验评定。

对硅钙渣碎石基层钻取芯样检验，检查结构层的质量，对20℃以上温度，铺筑7d以上的基层取芯，观察分析有以下几种结果。

（1）基层全厚全部取出（含个别缺头掉角），这证明强度能够满足要求。

（2）仅取出上半截，下半截孔壁光滑，这说明强度也是好的。下半截孔壁不光滑，如果可看出形状，强度还会增长。如果没有形状，要加强洒水养护。

（3）整孔取不出芯样，如孔壁形成了，强度会增上来；没有形成孔壁，要注意后期是否能增长，对芯样进行抗压强度和劈裂试验可以定量评定出强度增长情况，今后要多做这方面工作。

3. 硅钙渣稳定碎石基层养护

硅钙渣碎石基层铺筑后，为了防止车辆和其他因素造成破坏，尽量减少裂纹数量，尽快形成强度，以满足下一阶段施工要求，必须加强养护。养护一般要求如下。

（1）养护期宜不小于7d，养护期延长至基层结构开始施工的前两天。养护方式采取的是薄膜覆盖养护，薄膜厚度大于1mm，期间封闭交通。

（2）封闭交通，防止车辆破坏。硅钙渣稳定碎石基层刚铺筑完成，经过压实（压实度达到98%以上），强度尚没有形成，车辆上去不会压坏，相反会增加压实度。因此在此阶段，可以不封闭交通。实践中观察到：硅钙渣稳定碎石施工被车辆破坏主要是表面碎石剥离形成坑槽，当硅钙渣稳定碎石基层铺筑 7～8d，基本达到足够的强度（约占设计强度 80%），一般的行车荷载已经无法对其造成破坏，后期强度也会不断增加，此时可以开放交通，并继续施工下一层。

11.4　硅钙渣稳定在实际工程中的应用

11.4.1　工程简介

项目是省道 102 线呼和浩特市至凉城的一级公路，2014 年开工建设，2016 年竣工，项目总投资 19.08 亿元，标准路基宽度为 24.50m，20cm 的水泥稳定碎石基层，20cm 的水泥稳定碎石底基层。项目在呼和浩特市到凉城段 K109+000－K109+500 采用硅钙渣稳定碎石基层。

施工时控制要点：

（1）流水作业长度控制在 500m 以内，碾压成型施工时间控制时间在 2h 以内，防止水泥终凝。

（2）气温在 5℃ 以上，基层压实度在 98% 以上。

（3）宜采用二次拌合工艺，拌合时间不少于 15s，拌合时最佳含水率增加 0.5%～1%，每隔 4h 测含水量一次。

（4）厚度控制在 20cm，松铺系数为 1.3～1.4。如 2 台摊铺机共同摊铺，前后间距不超过 10m，且两个施工段纵向叠加 30～40cm。

（5）压实达到压实度为准。

（6）养护期为 7～14d。

11.4.2　施工过程

配合比设计应采取工程实际使用的材料，并计算各集料的用量比例，选择符合配合比设计要求的矿料级配。此路段基层采用的配合比（硅钙渣：粉煤灰：水泥：碎石）为 9：4：3：84。

1. 设备改造

拌合站的粉罐是一个频率，只是计量水泥的用量，硅钙渣稳定碎石混合料里需要添加粉煤灰，粉煤灰是干粉状，需要罐装，但此设备无法满足粉煤灰和水泥不同计量，需增加变频器，实现粉煤灰和水泥的分开计量。拌合站现场如图 11-7 所示。

碎石在规范中要求 4 种粒度级配，加入硅钙渣，以冷料的形式进行掺加，与普通水泥混合料对比，增设了一个冷料仓。由于硅钙渣含水量较高，冷料仓底端出料口距传送带的距离比其他料仓略高，保证硅钙渣自由下落，改造后的拌合站如图 11-8 所示。

2. 混合料的拌合及运输

拌合机配备筛网，对不符合粒度要求的大颗粒进行筛除，碎石采用四个种粒度级配，拌合比例（硅钙渣：粉煤灰：水泥：碎石）为 9：4：3：84。

图 11-7 本工程拌合站现场

图 11-8 改造后的拌合站

按试验室试验时所确定的混合料的含水量控制范围加水，含水量采用略大于确定含水量的 0.5%～1%，保证混合料运到现场摊铺后碾压时的含水量能接近最佳值。增加的用水量根据气温、风力和空气湿度经试验确定。拌合方式采用数控拌合，拌合时间为15s，采用二次拌合，拌成的混合料立即运送到铺筑现场，在水泥终凝前进行摊铺。现场拌合如图 11-9 所示。

图 11-9 硅钙渣稳定碎石混合料的拌合

从拌合机向运料车上放料时 3 次挪动料车位置，以减少粗细集料的离析现象。拌合厂离摊铺地点较远，为防水分蒸发，并防止离析，混合料在运输中加盖篷布，卸料时卸料速度、数量与摊铺宽度、厚度相匹配混合料自拌合加水开始至碾压终止的时间未超 3h。

3. 混合料的摊铺

先通过试验确定集料的松铺系数为 1.4，按确定松铺厚度，将拌好的混合料按松铺厚度均匀地摊铺在设计宽度，表面比较平整并保证了路拱横坡。摊铺的作业段为 500m，摊铺作业时，派遣专门技术人员对已铺的底基层和基层进行标高和厚度的跟踪控制，根据检测结果对摊铺机传感器进行微调，保证了施工质量。摊铺现场如图 11-10 所示。

图 11-10　硅钙渣稳定碎石材料摊铺现场

4. 混合料的碾压

硅钙渣稳定碎石基层摊铺后，首先使用轻型双钢轮压路机紧跟摊铺面及时进行碾压两遍，再复压四遍，最后使用 22t 的重型振动压路机终压两遍。钢轮压路机或轮胎压路机继续碾压至规定的压实度，并无显著轮迹。压实度及平整度应满足要求。采用重型压路机时分层压实厚度大于 10cm、小于 20cm。表面始终保持湿润，未出现"弹簧"、松散、起皮等现象，碾压结束使其纵向顺适，压实度、平整度及路拱等均满足设计要求，碾压现场如图 11-11 所示。

图 11-11　硅钙渣稳定碎石材料碾压现场

5. 现场监控检测

平整度采用 3m 直尺跟踪检测，保证不超过设计要求，压实度采用灌砂法控制，测试现场如图 11-12 和图 11-13 所示，结果见表 11-14。

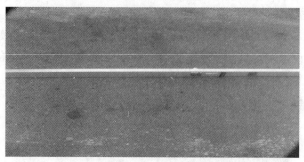

图 11-12　3m 直尺检测平整度

图 11- 13　灌砂法压实度的检测

表 11-14　灌砂法试验结果

灌砂前筒加砂质量（g）	灌砂后筒加砂质量（g）	椎体砂质量（g）	湿土质量质量（g）	压实度（%）
21000	13270	1511	10950	98

6. 养护

此路段的养护期延长至基层结构开始施工的前两天。养护方式采取的是薄膜覆盖养护，薄膜厚度大于 1mm，期间封闭交通，养护现场如图 11-14 所示。

图 11-14　硅钙渣稳定碎石基层养生现场

11.4.3　路段跟踪监测

1. 路面基层强度检测

路面基层强度检测方法常用的有：超声波检测法、低应变动力检测法、钻芯取样检测法等。本路段采用钻芯取样评价基层强度，每个龄期取 3～4 个试样，分别检测了 7d、14d、28d、90d、180d 的强度，取样现场如图 11-15 所示。

图 11-15　基层路面钻芯取样现场

由图可以看出，取出的芯样是形状规则完整、表面平整光滑、完整性较好，硅钙渣粉煤灰与粗骨料胶结性较好。现场检测强度的结果见表 11-15。

表 11-15　现场芯样强度检测结果　　　　　　　　　　　　　　　　　（MPa）

	龄期				
	7d	14d	28d	90d	180d
强度	5.3	7.3	8.7	12.8	13.9

2. 弯沉跟踪检测

弯沉检测采用多功能检测车，如图 11-16 所示，检测结果见表 11-16。检测时，所测弯沉各点代表弯沉值为：$L_r = L + Z_a S = 13.6 + 2.0 \times 1.299 = 16.2$（mm）。

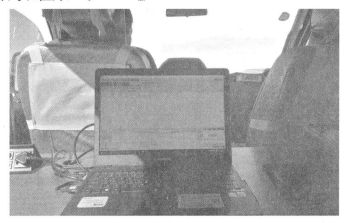

图 11-16　弯沉检测车数据处理系统

表 11-16　弯沉检测检测结果

序号	桩号	车道/台号	测试弯沉（mm）
1	K109＋420	左幅	13.2
2	K109＋440	右幅	12.5
18	K109＋460	左幅	12.4
19	K109＋480	右幅	11.9
20	K109＋500	左幅	12.0
21	K109＋520	右幅	12.2
22	K109＋540	左幅	12.6
23	K109＋560	右幅	13.0
24	K109＋580	左幅	13.3
25	K109＋600	右幅	13.6

数据表明，弯沉检测结果均满足设计要求。

3. 平整度检测

采用多功能检测车，对平整度进行检测，检测结果见表 11-17。

表 11-17　平整度检测结果

开始桩号	结束桩号	左 d（mm）	右 d（mm）	代表 d（mm）	最大值 d（mm）
K109＋000	K109＋100	2.94	2.83	2.88	2.94
K109＋100	K109＋200	3.35	3.45	3.40	3.45
K109＋200	K109＋300	4.95	4.98	4.96	4.98
K109＋300	K109＋400	4.27	3.85	4.06	4.27
K109＋400	K109＋500	4.02	4.94	4.38	4.94
K109＋500	K109＋600	4.09	3.87	3.98	4.09

从表 11-17 中可以看出，硅钙渣稳定碎石混合料摊铺的基层平整度较好，满足要求。

通过硅钙渣在实际工程基层中应用表明，硅钙渣稳定碎石基层各项性能指标均符合要求，硅钙渣应用在路面基层中具有可行性。

11.5　本章小结

以硅钙渣、粉煤灰、脱硫石膏等为主要原料配以级配碎石，研制出代替水泥稳定碎石，能够达到公路路基施工技术中高速、一级公路基层、二级及二级以上公路基层、底基层水泥稳定土性能要求的三种不同强度的硅钙渣路基材料。其中的天然级配碎石用量较传统水泥稳定碎石用量降低了 40％以上，成本大约下降了 10 元/m³。

硅钙渣在道路工程建设中的应用技术完善了粉煤灰提取氧化铝硅钙渣的技术链和为道路建设行业开发了一种新型的道路建设材料，解决了硅钙渣、粉煤灰、脱硫石膏等固体废弃物带来的污染问题，减少了对不可再生天然石材的开采，符合我国节能减排的国家政策，将形成对我国经济社会意义十分重大的煤炭—电力—有色—建材的新兴战略性循环经济产业。

第12章 硅钙渣基纤维增强硅酸钙板制备技术

硅酸钙板是以粉石英、硅藻土、粉煤灰等硅质材料，电石泥、石灰等钙质材料以及纸浆纤维、玻璃纤维、石棉纤维等增强纤维为主要原料，经过制浆、成型、预养、蒸压养护、烘干切割，表面砂光等工序制成。硅质与钙质材料在高温高压（180℃、1MPa左右）的条件下，能够反应生成性能极其稳定的托贝莫来石晶体，在 X 射线衍射仪下，可以发现硅酸钙板有"托贝莫来石（$C_5S_6H_5$）"等硅酸钙晶体，硅酸钙板也因此得名。硅酸钙板具有强度高、防水防潮、保温性能好、变形率低、防火耐高温、无毒无害、耐腐蚀、施工方便等特点，广泛用于各种建筑物中。

纤维增强硅酸钙板材是目前世界各国大力发展的一种轻质板材，用它做成的轻质复合墙板集防水、防潮、隔声、隔热于一体，已成为当今发达国家建筑工程广泛采用的一种新型墙体材料。纤维增强硅酸钙板作为新型环保建材，除具有传统石膏板的功能外，更具有优越的防火性能及耐潮、使用寿命超长的优点，被广泛应用于建筑的外墙装饰、吊顶和隔墙、室内装修、家具的衬板、广告牌的衬板、船舶的隔舱板、仓库的棚板、网络地板以及隧道等工程的壁板。

12.1 纤维增强硅酸钙板生产和研究现状

12.1.1 纤维增强硅酸钙板国内外发展现状

世界建筑材料的发展趋势是轻质、高强和节能环保，轻质高强的建筑材料能够降低建筑自重，提高抗震性能。美国 OCDG 公司发明了性能稳定的硅酸钙板，并在 20 世纪70 年代推广使用并发展起来，20 世纪 90 年代我国引入了硅酸钙板生产技术，近年来随着产量逐渐增加，应用范围逐渐扩大，硅酸钙板已经发展成为主导建筑板材之一。

硅酸钙板是一种国家重点鼓励发展的重要薄板类装饰材料和新型墙体材料。硅酸钙板是最具先进性的墙体材料之一。经过十多年的市场开发，硅酸钙板已经呈现快速发展的态势，预计未来几年将有更多的生产企业加入到这一行业中来，同时硅酸钙板生产成本不断降低，未来硅酸钙板必定更加普及。

日本和美国是使用硅酸钙板最普遍的国家，硅酸钙板的发展可以追溯到 20 世纪 30年代，美国 OCDG 公司最早发明了硅酸钙板，到 20 世纪 50 年代日本开始研制低密度硅酸钙板，20 世纪 70 年代日本硅酸钙板生产技术成熟并开始向世界推广产品以及转让生产技术，随后硅酸钙板在世界得到广泛的认可与使用，俄罗斯、英国、比利时等国家相继建设大型硅酸钙板生产企业。

硅酸钙板应用较多的是温石棉硅酸钙板，随着人们对石棉危害认识的深入，各国逐渐开始发展无石棉硅酸钙板。英国、德国、丹麦等国家以纤维素为主要增强纤维，日本和部分的德国企业使用抗碱玻璃纤维代替石棉纤维等。

20 世纪 80 年代，我国一些研究机构以及高校开始研究硅酸钙板生产机理以及生产工艺，1990 年国内第一条硅酸钙板生产线由武汉建材设计院和三明新型建材有限公司合作建成。2000 年以前，我国硅酸钙板厂家寥寥无几，从 2000 年到 2004 年，我国硅酸钙板生产得到迅速发展，目前全国具有硅酸钙板生产企业 93 家，生产线 163 条，产能 6 亿 m²，并且每年以 20% 左右的速度增加，除一些较知名的民营企业如广东埃特尼特有限公司、苏州台荣建材有限公司、江苏爱福希新型建材总厂、浙江汉德邦建材有限公司、江西哈迪建材有限公司、福州金强板业有限公司等外，一些大的国企、集团正在大规模地投资该项目，但这些生产线主要集中在东南地区，西北地区除新疆外无一条生产线。硅酸钙板的室内装修应用已经非常广泛且工艺成熟，今后的发展方向主要以外墙装饰—保温一体化为主，其可大量代替天然石材及陶瓷，安装施工简单、市场需求量大、利润可观，南方的一些企业已纷纷上马外墙装饰—保温一体化生产线。我国硅酸钙板产业分布如图 12-1 所示。

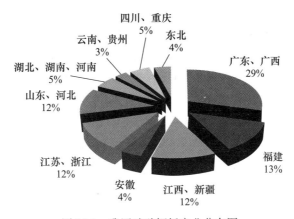

图 12-1　我国硅酸钙板产业分布图

12.1.2　纤维增强硅酸钙板传统制备工艺

目前硅酸钙板生产虽然得到了较大发展，应用也越来越多，但是整体来讲，我国硅酸钙板在各类建筑板材中仅占有很小的市场份额，在轻质板材类中，硅酸钙的市场份额仅在 10% 左右，而且硅酸钙板在南方相对使用较多，而北方地区对其认知度则在近几年才逐渐提升，北京、上海、大连等城市逐渐得到应用。硅酸钙板的发展时间较短，绝大多数硅酸钙板只是用来作为吊顶和部分隔墙，加上宣传力度不够，配套产品等的不足，影响了硅酸钙板的推广与应用。

目前国内虽然还有大量硅酸钙板使用石棉纤维，但是已经有不少厂家使用其他纤维代替石棉纤维，例如玻璃纤维、纸纤维、化学纤维、木纤维以及麻纤维等。

硅酸钙板生产工艺包括制浆、成型、预养与蒸压养护、烘干切割等工序。

1. 制浆工艺

制浆首先对硅酸钙板原料进行预处理，主要控制原料的粒度，一般要求粒度控制在 200 目以下。

需要控制料浆的浓度以及原料各组分的比例，硅质材料与钙质材料一般经过搅拌桶搅拌后，由计量泵按照固定比例打入搅拌机搅拌均匀，最终进入贮浆机。石棉纤维一般需要轮碾机或者解松机松解，纸纤维等则经过磨浆机等制成纸浆后，与石棉纤维一起经计量泵打入搅拌机与硅质材料和钙质材料等搅拌。最终石棉纤维、石灰、石英粉等主要原料按配料比例制成浓度均匀的料浆进入制板机。

2. 成型工艺

目前，国内硅酸钙板的成型工艺主要有流浆法、抄取法和模压法，前两种工艺多用来生产中高密度硅酸钙板，而模压法则主要用于生产密度为 $0.6\sim0.9\mathrm{g/cm^3}$ 的低密度硅酸钙板。

抄取法是利用滤网的旋转与液体压力对悬浮液进行，料浆经网轮抄取后，料层传递到成型筒，毛布托着料层绕胸辊转动与成型筒接触，而成型筒又压在毛布上，挤出料层水分。当毛布与成型筒逐渐脱离时，其紧密接触面要形成真空负压进入空气，使料层脱离毛布吸附到成型筒上，连续挤压缠卷制成一定厚度的结构较密实的料坯，进入下道工序直至成品。

流浆法是将料浆直接铺在毛布上形成料浆层，经真空脱水后的薄料层在成型筒上缠绕形成料坯，达到规定厚度时自动扯坯纵切、横切后，板坯由真空成型机成型堆垛。

流浆法比抄取法具有原材料和辅助材料消耗少、回水浓度低、回水量少、操作简便、易于控制、设备结构简单等优点，但目前其产量不如抄取法高。

3. 预养与蒸养工艺

硅酸钙板的预养与蒸养工艺基本成熟，一般预养温度为 $60\sim80℃$，为了使成型的板坯达到一定的初期强度，有利于脱模以及下一步的蒸压养护处理。硅酸钙板一般在 180℃、1MPa 的条件下进行蒸压养护，若压力低于 0.8MPa 时，需要相对增加恒压时间。

4. 烘干与切边

经过蒸养得到的硅酸钙板需要经过烘干后才可以进行切割与进一步加工，蒸养后板材水分含量在 30% 左右，只有经过烘干使其水分在 7% 以下，才能进行砂光。如果烘干时升降温过快，板面各部分会因为温度不均匀而产生翘曲。

12.1.3 纤维增强硅酸钙板的应用

1. 硅酸钙板原板使用方法

硅酸钙板原板大小一般为 1200mm×2440mm，厚度 3～40mm，如图 12-2 所示，此类硅酸钙板目前主要被用于隔墙、楼板和墙面外挂面板，如图 12-3 所示。

使用方式为预先搭建龙骨，然后将硅酸钙板用螺钉固定在龙骨上，对于厚度超过 15mm 的硅酸钙板，还可以通过在硅酸钙板上开槽，将其挂在龙骨上如图 12-4 所示。

图 12-2　刚生产出的硅酸钙板原板

（a）隔墙

（b）外挂

（c）楼板

图 12-3　硅酸钙板原板的几种使用方式

安装方法如下。

（1）安装轻钢龙骨骨架。①放样弹线；②用射钉或膨胀螺丝将天地龙骨分别固定在地板与顶部楼板；③将竖龙骨按设计要求排好，并安装好横撑龙骨。

（2）硅酸钙板材封装固定。①先将板材切至所需尺寸；②板材以错缝的方式用自攻螺钉固定在龙骨上，自攻螺钉间距为 200～250mm 左右，需沉入面板 0.5mm；③板与

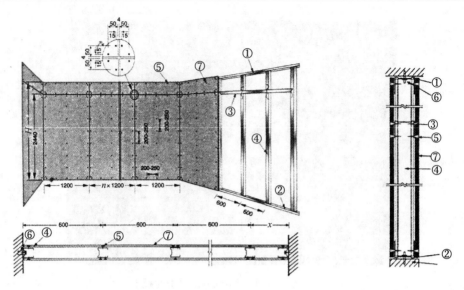

图 12-4　硅酸钙板原板与龙骨之间安装示意图（单位：mm）

①—沿顶龙骨；②—沿地龙骨；③—横撑龙骨；④—竖龙骨；⑤—自攻螺钉；

⑥—膨胀螺丝；⑦—硅酸钙板

板之间需留 4mm 左右伸缩缝；④缝板应从板中向四周固定，不可多点同时作业，避免产生内应力而使板翘曲；⑤在板材封装固定前，根据需要可在龙骨空腔内部置入玻璃棉或岩棉等加强隔声保温。

2. 硅酸钙板吊顶板和吸声板使用方式

对厚度为 3～6mm 的硅酸钙板原板经过砂光、切割、涂漆、印花、打孔等工序加工后，可制得如图 12-5 所示的吊顶天花板和吸声板，由于其具有强度高、不易吸潮等特点，目前这些板大量地取代了过去常用的石膏板，广泛地被应用于顶棚和吸声墙体。其使用方式与硅酸钙原板的使用方式相似，也是通过龙骨将其固定于壁面之上。

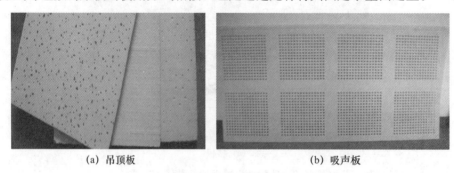

(a) 吊顶板　　　　　　　　　　　(b) 吸声板

图 12-5　硅酸钙板制得的吊顶板和吸声板

硅酸钙板吊顶安装示意如图 12-6 所示，安装方法如下。

①进行吊顶放线，确定吊杆的固定位置，吊杆中心距一般为 1200mm；②用吊件将吊杆与主龙骨连接固定，并使主龙骨保持水平；③用挂件将次龙骨垂直固定在主龙骨上，次龙骨轴心距为 600mm；④按需要安装好横龙骨，横龙骨中心距为 1200mm；⑤将板用自攻钉固定在次龙骨上，并做好接缝处理。

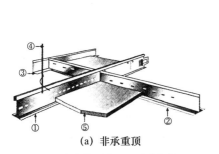
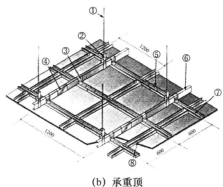

(a) 非承重顶 　　　　　　　　　　　　　　　(b) 承重顶

①—T 型主龙骨；②—T 型副龙骨；　　　　①—吊杆；②—UC 型龙骨吊件；③—UC 型龙骨挂件；
③—L 型边龙骨；④—吊杆；　　　　　　　④—C 型龙骨连接件；⑤—U 型龙骨连接件；
⑤—兴利福穿孔吸声板、覆膜板　　　　　　⑥—主龙骨；⑦—次龙骨；⑧—横撑龙骨

图 12-6　硅酸钙板吊顶安装示意图（单位：mm）

3. 深加工硅酸钙板使用方式

随着涂装技术的发展，最近两年硅酸钙板表面深加工得到迅猛发展，除了涂装成白色和花纹状的吊顶和吸声板外，还可涂装成各种仿石材图样，并被大量地应用于室外和室内装饰中，并且室外应用也开发出了保温装饰一体化复合板材，室内代替陶瓷和木材应用于墙体装饰和制备家具。目前常用的硅酸钙板表面涂装材料有氟碳漆、UV 漆、纳米色釉。氟碳漆由于对人体有一定的危害性其涂装后的硅酸钙板主要被用于室外墙体装饰；UV 漆涂装后的硅酸钙板由于表面光泽度好且对人体无危害，其主要被用于室内装饰中；纳米色釉是最近开发出的一种新型涂装产品，主要为无机矿物，无毒无危害，且色泽和耐久性好，室内和室外都可使用，目前该技术正在推广之中。涂装氟碳漆、UV漆、纳米色釉后的硅酸钙板如图 12-7 所示。

(a) 氟碳漆（复合）　　　　　　　　　　　　　(b) UV漆

HD-1908 沙利士樱花红　　　　HD-0301 亿利朗太空蓝　　　　HD-11220 雪城高原红

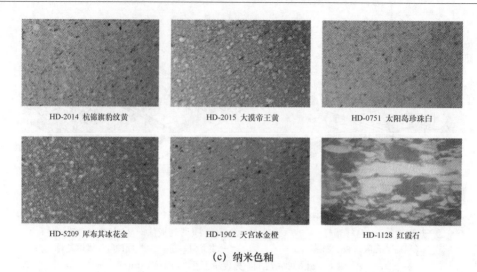

HD-2014 杭锦旗豹纹黄　　　　HD-2015 大漠帝王黄　　　　HD-0751 太阳岛珍珠白

HD-5209 库布其冰花金　　　　HD-1902 天宫冰金橙　　　　HD-1128 红霞石

（c）纳米色釉

图 12-7　涂装不同面层后的硅酸钙板

涂装后的硅酸钙板用在外墙装饰的施工方法除干挂外，目前非常流行的施工方法大体分为 4 个工段。①施工前准备，对准备安装硅酸钙板的墙体进行空鼓和平整度检查，并进行表面处理和放线；②粘板，将保温板和硅酸钙板依次粘贴于墙面上，并隔一段距离在硅酸钙板下端安装基板托架，减轻对粘贴的过分依靠，起到托撑作用；③安装辅助构件，对硅钙板进行锚固，并在两块板之间缝隙镶嵌泡沫条和安装气塞；④打胶揭膜，在分格缝处粘贴胶带并注入耐候胶，最后揭去硅酸钙板表面的保护膜。目前还有一种方式为，将保温层和硅酸钙板在车间复合成一体，省掉保温板和硅酸钙板现场粘贴工序，极大地简化了工序，节约了劳力，降低了安装成本。

涂装 UV 漆和纳米色釉的硅酸钙板，由于其光泽度好且无毒害，大量地被应用于室内装饰，一部分代替木材制备家具，具有不吸潮、不变形、防虫腐、结实耐用、价格低廉等特点，并且易于切割和钉卯，基本可以达到木材的加工特性。一部分代替陶瓷、天然石材和壁纸用于室内装饰，可以直接粘贴还可使用龙骨固定，美观、大方、时尚。

硅钙渣作为粉煤灰提取氧化铝后产生的一种二次固废，每生产 1t Al_2O_3，伴随产生 2.2～2.5t 的硅钙渣，年排放大约 65 万吨硅钙渣。现场排放出的硅钙渣呈黄泥状，水分含量约为 35%～45%，硅钙渣的主要化学成分为 CaO 和 SiO_2，主要矿物成分为 β-C_2S、$Ca(OH)_2$ 和水化铝酸钙等可水化产生胶凝性的物质，因此在化学成分和矿物成分上，硅钙渣可以代替传统硅酸钙板生产原料石灰石、石英粉及水泥作为钙源、硅源和胶凝材料。

硅钙渣粒度小，放射性和重金属离子浸出都符合建筑材料要求。同时现场排放的硅钙渣制备硅酸钙板还具有以下几点优势：①省去硅钙渣压滤脱水工序，可直接使用硅钙渣浆液；②硅钙渣无须脱碱，硅钙渣中的碱可提高硅酸钙板的早期强度，利于脱模；③由于硅钙渣浆液的温度较高，可避免由于冬季环境温度较低导致产品质量下降问题。故硅钙渣是制备硅酸钙板最佳原料，且硅钙渣水化后可充分激发粉煤灰和脱硫石膏的胶凝活性，使硅钙渣、粉煤灰、脱硫石膏制备纤维硅酸钙板方面具有协同增强作用。

12.2　硅钙渣制备纤维增强硅酸钙板技术

12.2.1　原料

原料包括硅钙渣、脱硫石膏、粉煤灰、水泥、纸纤维和石棉纤维。

1. 硅钙渣

硅钙渣含水率为 35.85%，干基的化学成分分析结果如表 12-1 所示。

表 12-1　硅钙渣化学成分

元素	SiO_2	Al_2O_3	CaO	Fe_2O_3	Na_2O	K_2O	TiO_2	SO_3	MgO	P_2O_5	合计
含量（%）	25.00	13.20	46.20	3.70	5.40	0.67	1.44	0.87	2.31	0.14	98.93

由表 12-1 可以看出，硅钙渣中主要化学成分为 CaO 和 SiO_2，含量分别为 46.20% 和 25.00%，其次为 Al_2O_3，含量为 13.20%，其余为 Na_2O、Fe_2O_3、MgO 等。

硅钙渣粒度组成分析结果见表 12-2 所示。由表 12-2 可以看出，硅钙渣中粒度小于 0.074mm 的含量为 61%，粒级主要分布在 0.037～0.045mm 之间，所占比例为 44.76%。

表 12-2　硅钙渣粒度组成

粒级	＞0.15mm	0.074～0.15mm	0.045～0.074mm	0.037～0.045mm	＜0.037mm
含量（%）	11.94	27.06	12.00	44.76	4.24

硅钙渣物相分析在 PANalytical X'Pert XRD 衍射仪上进行，分析结果如图 12-8 所示。可见，硅钙渣中主要物相组成为硅酸二钙（$2CaO \cdot SiO_2$）和硅酸三钙（$3CaO \cdot SiO_2$），还有一定含量的铝酸三钙（$3CaO \cdot Al_2O_3$）、碳酸钙（$CaCO_3$）和石英，及少量的铁酸钙（$2CaO \cdot Fe_2O_3$）、方石英和托贝莫来石（$6CaO \cdot 6SiO_2 \cdot H_2O$）。

扫描电镜采用了 QUANTA 400 环境扫描电子显微镜，微区能谱分析采用了 NO-RAN QUEST L2 型能谱微分析系统，硅钙渣 SEM-EDS 分析结果见图 12-9 所示，由 SEM 图可以看出，硅钙渣原料颗粒表面都有较多的化学浸蚀孔，结构松散，这是由高铝粉煤灰碱法提铝过程中 OH^- 对粉煤灰化学浸蚀及熟料焙烧过程中所造成的，这种坑孔表面结构可较大程度提高硅钙渣化学反应活性。由 A 点的 EDS 能谱可知，硅钙渣原料中主要化学成分为 Si 和 Ca，以及少量的 Al、Fe 和 Na。

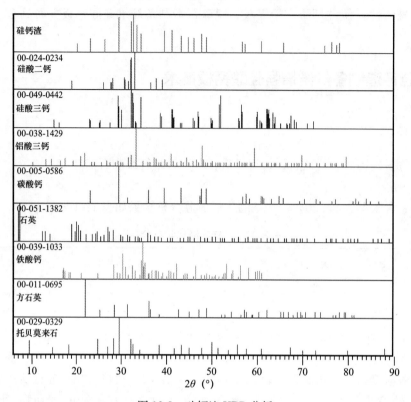

图 12-8 硅钙渣 XRD 分析

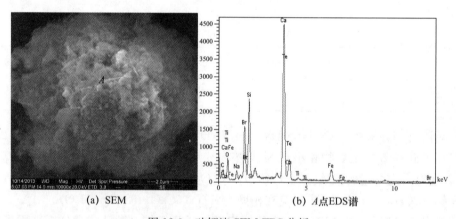

(a) SEM   (b) A点EDS谱

图 12-9 硅钙渣 SEM-EDS 分析

2. 脱硫石膏

脱硫石膏的含水率为 15.69%，干基的化学成分分析结果见表 12-3。

表 12-3 脱硫石膏化学成分

元素	CaO	SO₃	SiO₂	Al₂O₃	Fe₂O₃	Na₂O	K₂O	TiO₂	MgO	P₂O₅	合计
含量（%）	39.73	49.91	4.54	3.13	0.50	0.14	0.36	0.14	1.46	0.038	99.95

由表 12-3 可以看出，脱硫石膏中主要化学成分为 CaO 和 SO₃，含量分别为

39.73％和 49.91％，其次为 SiO_2、Al_2O_3，含量分别为 4.54％和 3.13％，还含有少量 Fe_2O_3、MgO、Na_2O 和 K_2O 等。

脱硫石膏粒度组成分析结果如表 12-4 所示。

表 12-4　脱硫石膏粒度组成

粒级	>0.15mm	0.074~0.15mm	0.045~0.074mm	0.037~0.045mm	<0.037mm
含量（％）	2.91	23.03	44.28	23.59	6.19

由表 12-4 可以看出，脱硫石膏中粒度小于 0.074mm 的含量为 74.06％，粒级主要分布在 0.045~0.074mm 之间，占比 44.28％。

脱硫石膏物相分析结果如图 12-10 所示，主要物相组分为半水石膏（$CaSO_4 \cdot 0.5H_2O$）、二水石膏（$CaSO_4 \cdot 2H_2O$）和无水石膏，还含有少量的白云石［(Ca，Mg) CO_3］、芒硝（Na_2SO_4）和生石灰（CaO）。

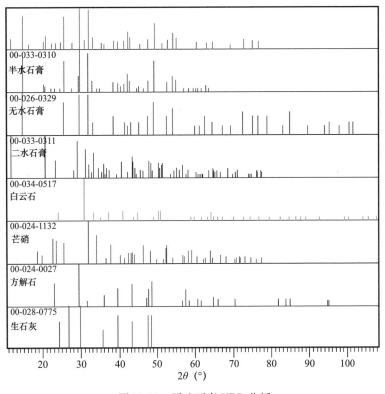

图 12-10　脱硫石膏 XRD 分析

脱硫石膏扫描电镜-能谱分析结果如图 12-11 所示，结果表明：脱硫石膏主要为片状结构，菱形结晶，晶体较细，且表面有较多裂纹，解离度高，主要为 β-半水石膏。B 点 EDS 谱表明，脱硫石膏主要的化学成分为 Ca、S，含有少量的 Mg、C 和 O（白云石、方解石所含元素），与物相分析结果吻合。

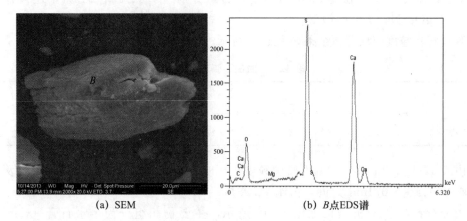

(a) SEM　　　　　　　　(b) B点EDS谱

图 12-11　硅钙渣 SEM-EDS 分析

3. 粉煤灰

粉煤灰含水率为 8.45％，干基化学成分分析结果见表 12-5。

表 12-5　粉煤灰化学成分

元素	CaO	SO₃	SiO₂	Al₂O₃	Fe₂O₃	Na₂O	K₂O	TiO₂	MgO	P₂O₅	合计
含量（％）	3.47	0.86	47.68	42.07	2.32	0.17	0.31	1.70	0.51	0.35	99.44

由表 12-5 可以看出，粉煤灰中主要化学成分为 SiO_2 和 Al_2O_3，含量分别为 47.68％和 42.07％，其次为 CaO、Fe_2O_3，含量分别为 3.47％和 2.32％，还含有少量 SO_3、MgO、Na_2O、TiO_2 和 K_2O 等。

粉煤灰粒度组成分析结果如表 12-6 所示。粉煤灰中粒度小于 0.074mm 的含量为 69.62％，粒级主要分布在 0.045~0.074mm 之间，占比为 62.67％。

表 12-6　粉煤灰粒度组成

粒级	＞0.15mm	0.074~0.15mm	0.045~0.074mm	0.037~0.045mm	＜0.037mm
含量（％）	9.30	21.08	62.67	6.34	0.61

粉煤灰物相分析结果如图 12-12 所示，粉煤灰中主要物相为莫来石（$3Al_2O_3 \cdot 2SiO_2$）、石英（SiO_2）、刚玉（Al_2O_3）和玻璃相，以及少量的铝酸钙（$3CaO \cdot 2Al_2O_3$）、铝尖晶石（$2Al_2O_3 \cdot 3SiO_2$）、方石英（SiO_2）和赤铁矿（Fe_2O_3）。

粉煤灰扫描电镜-能谱分析结果如图 12-13 所示，粉煤灰形貌主要为玻璃珠状，C 点 EDS 分析表明，粉煤灰主要化学成分为 Al、Si，还有少量的 Ca、Fe，玻璃相主要为非晶相氧化硅和氧化铝，据 Fraay 等人研究表明，C_3S 和 C_2S 水化后生成的 $Ca(OH)_2$ 强碱环境能将粉煤灰中非晶相 SiO_2、Al_2O_3 破坏溶出，即 $Ca(OH)_2$ 对粉煤灰有较强的化学激发作用。

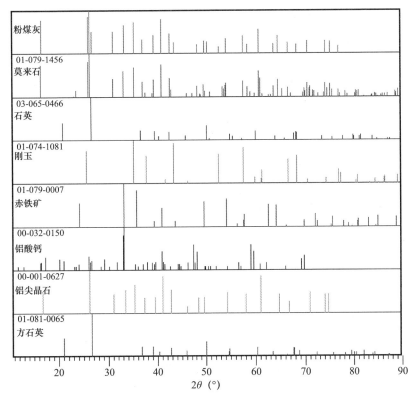

图 12-12 粉煤灰 XRD 分析

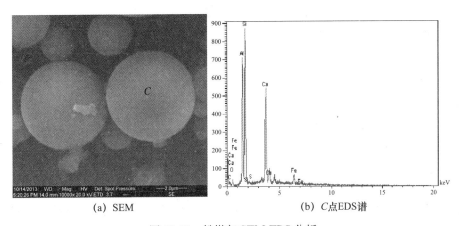

(a) SEM   (b) C 点 EDS 谱

图 12-13 粉煤灰 SEM-EDS 分析

4. 石棉纤维

石棉物相分析结果如图 12-14 所示，结果表明，石棉纤维主要物相组分为纤蛇纹石（俗称温石棉）和利蛇纹石。

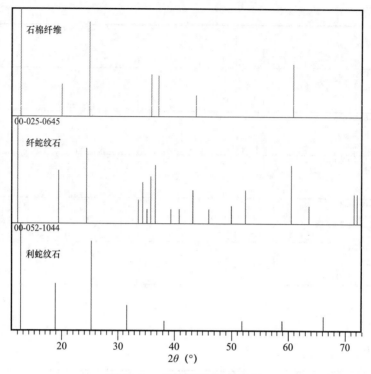

图 12-14　石棉纤维 XRD 分析

5. 水泥

水泥采用 P·O 42.5 普通硅酸盐水泥，技术指标见表 12-7。

表 12-7　P·O 42.5 水泥物理力学性能

4.5μm 筛余量（%）	凝结时间（min）		标准稠度（%）	安定性
	初凝	终凝		
2.1	190	320	27.8	合格

6. 硅灰

硅灰来自内蒙古某硅铁合金厂，颜色呈灰白色，SiO_2 含量在 $85\% \sim 88\%$ 之间，比表面积在 $20 \sim 28m^2/g$ 之间。

12.2.2　试验

根据试验材料的性质等，设计不同的配方，进行试验，再根据试验的结果调整配方，最终选取强度较高的配方进行优化试验。

1. 原料处理

对结块的硅钙渣，用电热鼓风干燥箱干燥后，用球磨机磨碎，对生石灰、脱硫石膏等进行筛分。

2. 样品制备

按试验设计的比例，将原料混合后，在搅拌机中加入相应比例的水搅拌，充分搅拌混合后加入模具中，根据实际生产中选取的压力，使用抗折试验机加压成型，压强为 5MPa。

将成型后的样品从模具中取出后，放入蒸压釜中，在压强 120MPa，温度 170℃条件下蒸压养护 6h。

3. 样品测试

对制得的样品放置室温后，称量质量，测得其密度。样品经切割机切割后，用抗折试验机测试制得试件的抗折强度。

硅酸钙板干密度参照《纤维增强硅酸钙板 第 2 部分：温石棉硅酸钙板》（JC/T 564.2）中的要求进行测试。抗折强度根据劈裂抗拉强度求出。劈裂抗拉强度测试如图 12-15 所示，岩石劈裂抗拉强度计算见式（12-1）。

$$\sigma_t = 2p/\pi Dt \tag{12-1}$$

式中，σ_t 为试件中心的最大拉应力，即为抗拉强度；p 为试件中破坏时的压力（N）；D 为试件的直径（mm）；t 为试件的厚度（mm）。

岩石劈裂抗拉强度与抗折强度换算见式（12-2），如图 12-20 所示。

$$f_c = 1.868 f_{sp}^{0.871} \tag{12-2}$$

式中，f_c 为试件抗折强度（MPa）；f_{sp} 为试件劈裂抗拉强度（MPa）。

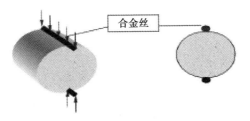

图 12-15　劈裂强度测定示意图

12.2.3　增强纤维硅酸钙板物料初步调配试验

1. 硅钙渣掺量试验

由于所用的原料种类较多，为了确定最佳的配合比，采用单一变量法，首先确定硅钙渣的较佳掺量范围，水泥掺量为 20%，设计配方见表 12-8，测试结果见表 12-9。

表 12-8　硅钙渣掺量配合比　　　　　　　　　　　　　　（%）

编号	硅钙渣	水泥	粉煤灰	硅灰	生石灰	脱硫石膏	外加剂
1	80	20	0	0	0	0	3
2	60	20	20	0	0	0	3
3	60	20	0	20	0	0	3
4	40	20	0	40	0	0	3
5	0	28	0	0	17	0	3
1*	100	0	0	0	0	0	3

注：5 号配方为硅酸钙板生产厂家配方，为水泥 28%，生石灰 17%，石英砂 55%。

表 12-9　硅钙渣掺量配合比测试结果

编号	含水率（%）	吸水率（%）	抗折强度（MPa）	密度（g/cm³）
1	4.1	20	6.4	1.66
2	1.8	23.1	10.4	1.64
3	2.3	11.8	10	1.78
4	2.4	11.9	9.8	1.78
5	1.3	16.5	8.8	1.74
1*	—	—	—	—

注：1* 号配方强度过低，无法测量。

　　试验结果，2 号配方制得的样品强度最高，为了确定试验中粉煤灰和水泥掺量对试验的影响，调整水泥和硅钙渣掺量，设计配方见表 12-10，测试结果见表 12-11。

表 12-10　硅钙渣配比优化试验　　　　　　　　　　（%）

编号	硅钙渣	水泥	粉煤灰	硅灰	生石灰	脱硫石膏	外加剂
2	60	20	20	0	0	0	3
6	80	10	10	0	0	0	3
7	90	10	0	0	0	0	3
8	70	10	20	0	0	0	3

表 12-11　硅钙渣配合比优化测试结果

编号	含水率（%）	吸水率（%）	抗折强度（MPa）	密度（g/cm³）
2	1.8	23.1	10.4	1.64
6	4.7	23.6	7.5	1.67
7	5.6	26.6	8.3	1.79
8	2	29	8	1.63

2. 脱硫石膏掺量试验

　　根据试验结果，8 号试件的强度较高，说明在水泥掺量 10%、粉煤灰掺量 20% 的条件下，制得的试件强度较高。为了进一步探索脱硫石膏的掺量，在水泥和粉煤灰掺量不变的情况下，掺入不同比例的脱硫石膏，设计配方见表 12-12，测试结果见表 12-13。

表 12-12　硅酸钙板物料配比脱硫石膏掺量优化试验　　　　（%）

编号	硅钙渣	水泥	粉煤灰	硅灰	生石灰	脱硫石膏	外加剂
8	70	10	20	0	0	0	3
9	60	10	20	0	0	10	3
10	50	10	20	0	0	20	3

续表

编号	硅钙渣	水泥	粉煤灰	硅灰	生石灰	脱硫石膏	外加剂
11	40	10	20	0	0	30	3
12	90	0	0	0	0	10	3

表 12-13　硅酸钙板物料配比脱硫石膏掺量优化试验测试结果

编号	含水率（％）	吸水率（％）	抗折强度（MPa）	密度（g/cm³）
8	2	29	8	1.63
9	4.9	25	8.9	1.72
10	3	24	8.7	1.7
11	2.5	23	7.3	1.69
12	12.6	27.9	4.4	1.75

根据表 12-13 所示，各试件中 9 号试件强度最高，10 号试件和 9 号试件强度相当，11 号强度明显下降，说明在水泥掺量和粉煤灰掺量固定的条件下，加入 10％～20％脱硫石膏可以得到强度较高的试件。

3. 生石灰掺量试验

参考硅酸钙板生产厂家生产中生石灰的使用情况，为了探讨生石灰的掺量对试件强度的影响以及对水泥的替代作用，设计以下试验配方，如表 12-14 所示，测试结果见表 12-15。

表 12-14　硅酸钙板物料配合比生石灰掺量优化试验　　　　（％）

编号	硅钙渣	水泥	粉煤灰	硅灰	生石灰	脱硫石膏	外加剂
13	80	0	0	0	20	0	3
14	80	20	0	0	0	0	3
15	80	10	0	0	10	0	3
16	50	0	20	0	10	20	3
17	40	0	20	0	10	30	3

表 12-15　硅酸钙板物料配合比生石灰掺量优化试验结果

编号	含水率（％）	吸水率（％）	抗折强度（MPa）	密度（g/cm³）
13	3.9	19	6.7	1.63
14	4	21	6.6	1.64
15	3.8	19	6.8	1.63
16	2.9	22	8.5	1.67
17	2.6	21	7.2	1.68

13～15 号试件强度相差不大，说明生石灰对试件强度影响不大，16 号、17 号试件与 10 号、11 号试件相比，强度较小。

4. 纤维种类试验

试件中纤维的掺入也对试件强度有很大影响,分别用粗石棉纤维、玻璃纤维和石棉纤维进行试验,设计配方见表12-16,测试结果见表12-17。

表 12-16　硅酸钙板物料配合比纤维种类及掺量优化试验 （%）

编号	硅钙渣	水泥	粉煤灰	硅灰	生石灰	脱硫石膏	纤维种类
18 (1)	60	20	20	0	0	0	粗石棉
18 (2)	60	20	20	0	0	0	玻璃
24	60	20	20	0	0	0	石棉

表 12-17　硅酸钙板物料配合比纤维种类及掺量优化试验结果

编号	含水率（%）	吸水率（%）	抗折强度（MPa）	密度（g/cm³）
18 (1)	1.70	22	10.5	1.64
18 (2)	1.73	22.8	10.3	1.6
24	1.80	22.7	10.5	1.65

5. 硅酸钙板较优物料配合比重复试验

综合以上结果,可知水泥掺入量10%、粉煤灰掺入量20%的情况下,加入脱硫石膏和外加剂后,可制得强度较高的试件,为了验证这一结果,对强度较高的试件配方进行重复试验,配比见表12-18,测试结果见表12-19。

表 12-18　硅酸钙板较优物料配合比重复试验

编号	硅钙渣（%）	水泥（%）	粉煤灰（%）	硅灰（%）	生石灰（%）	脱硫石膏（%）	外加剂（%）
19	90	10	0	0	0	0	3
20	70	10	20	0	0	0	3
21	60	10	20	0	0	10	3
22	50	10	20	0	0	20	3
23	40	10	20	0	0	30	3
24	60	20	20	0	0	0	3

表 12-19　硅酸钙板较优物料配合比重复试验测试结果

编号	含水率（%）	吸水率（%）	抗折强度（MPa）	密度（g/cm³）
19	3.9	22	6.7	1.65
20	2.1	28.6	8.2	1.62
21	4.7	24	9	1.72
22	3.1	23	8.8	1.71
23	2.4	22	7.5	1.68
24	1.8	22.7	10.5	1.65

对制得的试件对比后,发现21、22、24号试件的强度符合相应的标准,考虑到密

度等因素的影响，21 号即 60％硅钙渣、10％水泥、20％粉煤灰和 10％脱硫石膏的配方下制得的试件综合性能较好。

6. 加入纤维后的物料配合比重复试验

加入纤维后硅酸钙板物料配合比重复试验见表 12-20，硅钙渣掺量 60％、水泥掺量 20％、纤维掺量 16％，制得硅酸钙板劈裂抗拉强度为 6.8MPa，抗折强度为 9.9MPa，干密度为 $1.3g/cm^3$，从而可制得符合标准要求的硅酸钙板。

表 12-20　硅酸钙板物料配合比和试验结果

编号	硅钙渣（％）	石英粉（％）	生石灰（％）	石棉纤维（％）	水泥（％）	硅灰（％）	劈裂抗拉强度（MPa）	抗折强度（MPa）	干密度（g/cm³）
1	100						2.0	3.4	1.60
2	84			16			4.7	7.2	1.20
3	54			16		30	4.8	7.3	1.18
4	64			16	20		6.8	9.9	1.30
5		30	30	15	25		3.3	5.3	1.32

12.2.4　增强纤维硅酸钙板工艺优化试验

1. 硅钙渣水洗脱碱次数对硅钙板性能的影响

硅钙渣中含碱量近 5％，不能直接用于生产硅钙板，否则就会出现反碱问题，参考水洗处理赤泥脱碱的方法，将硅钙渣在固液质量比为 1∶3，室温条件下水洗烘干后，按照硅钙渣 50％、水泥 10％、粉煤灰 20％、脱硫石膏 20％的配比制作硅钙板，试验结果见表 12-21。

表 12-21　硅钙渣水洗次数与硅钙板反碱关系

编号	水洗次数	硅钙板是否反碱
1	1	反碱
2	2	反碱
3	3	反碱
4	4	未反碱

经测量，4 号试件含碱量在 1％以下，经过试验可知，硅钙渣室温下经过水洗四次后，制成的硅钙板不再反碱。

2. 蒸养时间影响

为验证蒸养时间对硅钙板强度的影响，将原料按照硅钙渣 50％、水泥 10％、粉煤灰 20％、脱硫石膏 20％的配合比混合，经过加压成型，在蒸压釜中蒸压养护，其中蒸养时间依次为 4h、6h、8h、10h。试验结果见表 12-22。

表 12-22　蒸养时间与硅钙板强度关系

编号	蒸养时间（h）	抗折强度（MPa）
1	4	4.3
2	6	6.0
3	8	9.2
4	10	9.3

由表 12-22 可知，随着蒸养时间的增加，硅钙板的抗折强度也随之增加，蒸养时间超过 8h 以后，硅钙板的抗折强度基本不变。

3. 蒸养温度影响

为探讨蒸养温度对硅钙板强度的影响，试件各组分掺量为：硅钙渣 50％、水泥 10％、脱硫石膏 20％、粉煤灰 20％，未掺加石棉纤维，蒸养时间设定为 10h，蒸养温度分别为 150℃、160℃、170℃、180℃、190℃。试验结果见表 12-23。

表 12-23　蒸养温度与硅钙板强度关系

编号	蒸养温度（℃）	抗折强度（MPa）
1	150	4.85
2	160	5.73
3	170	7.65
4	180	9.32
5	190	9.40

由表 12-23 可知，随着蒸养温度的升高，硅钙板的抗折强度也随之增加，蒸养温度 190℃时抗折强度最高。

4. 硅钙渣掺量对硅钙板反碱程度的影响

硅钙渣中含碱高，制成的硅钙板有反碱情况，采用不同掺量硅钙渣进行试验，对比不同硅钙渣掺量的反碱情况。试验设定蒸养温度为 180℃，蒸养时间 10 小时，试件在室温下浸泡 12h 后，室温干燥 48h 和 72h 后，观察反碱情况，试验结果见表 12-24。

表 12-24　硅钙渣掺量与反碱程度

编号	硅钙渣（％）	水泥（％）	脱硫石膏（％）	粉煤灰（％）	反碱程度	
					48h	72h
1	20	10	30	40	未反碱	未反碱
2	30	10	25	35	未反碱	轻度反碱
3	40	10	20	30	轻度反碱	轻度反碱
4	50	10	20	20	反碱	反碱
5	60	10	20	10	严重反碱	严重反碱

由表 12-24 可知，在硅钙渣掺量 40％以下时，硅钙板反碱情况较轻。增加粉煤灰掺量，可以一定程度上抑制试件的反碱。

5. 未脱碱硅钙渣与脱碱硅钙渣对比试验

另一种工业废料为脱碱硅钙渣，考虑到硅钙渣需要水洗的情况，使用脱碱硅钙渣与普通硅钙渣对比。试验结果见表 12-25。

表 12-25 脱碱硅钙渣与未脱碱硅钙渣对比试验

编号	硅钙渣（％）	水泥（％）	石棉纤维（％）	抗折强度（MPa）	是否反碱	备注
1	90	10	16	8.3	反碱	未脱碱
2	90	10	16	4.5	未反碱	脱碱
3	95	5	16	3.3	未反碱	脱碱

由表 12-25 可知，虽然脱碱硅钙渣制的硅钙板未发生反碱，但是抗折强度过低，不适合用生产硅钙板。

经上述试验，可得如下结论：

1）采用蒸压养护工艺利用硅钙渣可作为制作硅酸钙板的主要原料，掺量最高可达 80％以上。

2）硅钙渣掺量 60％、水泥掺量 20％、纤维掺量 16％，可制作符合标准要求的硅酸钙板。

3）不掺水泥，掺入硅灰可大幅度提高硅酸钙板制品强度。

4）对于含碱量约为 5％的硅钙渣，必须水洗脱碱 4 次以上，使得硅钙渣含碱低于 1％，制得的硅钙板才能保持不反碱。

5）硅钙板加压成型后，需要在蒸压釜中进行蒸压养护，硅钙板的抗折强度随蒸压养护时间增加而增大，蒸压养护时间 8h 时，硅钙板的抗折强度达到最大值 9.2MPa，继续延长时间硅钙板抗折强度基本不变。

6）蒸养温度达到 190℃时，硅钙板的抗折强度最高。

7）硅钙渣掺量 40％时，硅钙板反碱情况较轻。增加粉煤灰掺量，可以一定程度上抑制试件的反碱。

8）对比使用大唐国际提铝后的脱碱硅钙渣和未脱碱硅钙渣，结果表明未脱碱硅钙渣制作出的硅钙板抗折强度远大于脱碱硅钙渣。

9）硅钙渣原料含碱量为 3.12％，水洗可降低硅钙渣原料中含碱量，3 次水洗后硅钙渣含碱量将降至 1.02％。

10）硅钙渣含碱量一定时（3.12％），改变硅钙渣配比，将影响硅钙板泛碱情况，当硅钙渣掺量大于 55％时，硅钙板开始轻微反碱，掺量继续增大，反碱越明显。

11）随着硅钙渣掺量的增加，硅钙板强度略有降低，硅钙渣掺量从 20％增大到 50％，硅钙板抗折强度从 10.08MPa 降至 8.85MPa，降幅为 12.20％。

12.3 硅钙渣制备纤维增强硅酸钙板工业生产

12.3.1 工业生产

在石家庄晋州某流浆工艺纤维增强硅酸钙板生产线上进行了硅钙渣制备硅酸钙板生产试验，试验配方见表12-26。

表 12-26 硅钙板生产工业试验配方　　　　　　　　　　　（%）

编号	硅钙渣	粉煤灰	脱硫石膏	水泥	石棉纤维	纸纤维
1	20	15	15	40	7	3
2	30	15	15	30	7	3
3	40	15	15	20	7	3

根据工厂设备，试验原料按照配方进行混合，加水搅拌均匀后，经过流浆制板机进行成型、预养 8h、蒸压养护（20h，170℃，0.85MPa，其中升温时间 5h、保温时间 12h、泄压时间 3h）、干燥和磨边工艺后制得硅钙板，生产过程见图 12-16 所示。生产的纤维增强硅酸钙板产品如图 12-17 所示，产品平整规则，对其进行涂装试验，如图 12-18 所示，完全符合涂装工艺要求。

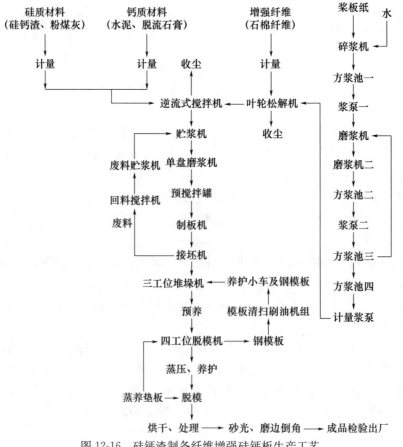

图 12-16 硅钙渣制备纤维增强硅钙板生产工艺

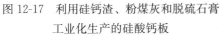

图 12-17　利用硅钙渣、粉煤灰和脱硫石膏
工业化生产的硅酸钙板

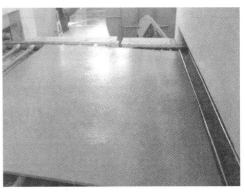

图 12-18　经涂装后的硅酸钙板

硅钙板产品质量按标准《纤维增强硅酸钙板 第 2 部分：温石棉硅酸钙板》（JC/T 564.2）规定进行检测，结果见表 12-27～表 12-29，且三种配合比的硅酸钙板各项性能指标都达到了标砖要求。

表 12-27　1 号硅钙板实验室检测结果

序号	检测项目	技术要求	检测结果	单项结论
1	外观质量			
1.1	正表面	不得有裂纹、分层、脱皮	符合要求	合格
1.2	背面	砂光板未砂面积小于总面积的 5％	符合要求	合格
1.3	掉角	长度方向≤20mm，宽度方向≤10mm，且一张板≤1 个	无掉角	合格
1.4	掉边	掉边深度≤5mm	无掉边	合格
2	尺寸偏差（单位：mm）			
2.1	长度	2400±3	2400～2402	合格
2.2	宽度	1200±3	1200～1201	合格
2.3	厚度	8±0.5	8.0～8.1	合格
2.4	厚度不均匀度	≤5％	2.5％～3.75％	合格
2.5	边缘直线度	≤3	1～2	合格
2.6	对角线差	≤5	2～4	合格
2.7	平整度	≤2	1～2	合格
3	物理性能			
3.1	密度（g/cm³）	$1.20<D\leqslant1.40$	1.28	合格
3.2	导热系数［W/（m·K）］	≤0.30	0.23	合格
3.3	含水率（％）	≤10	4.0	合格
3.4	湿胀率（％）	≤0.25	0.17	合格

序号	检测项目	技术要求	检测结果	单项结论
3.5	热收缩率（%）	≤0.50	0.38	合格
3.6	不燃性	应符合 GB 8624 A 级不燃材料	符合 A 级不燃材料	合格
3.7	抗冲击性	落球法试验冲击 1 次，板面无贯通裂纹	符合要求	合格
3.8	抗透水性	24h 检验后允许板反面出现湿痕，但不得出现水滴	符合要求	合格
3.9	抗冻性	经 25 次冻融循环，不得出现破裂、分层	符合要求	合格
4	力学性能			
4.1	抗折强度（MPa）	≥18	22.00	合格
4.2	纵横强度比（%）	≥58	79.52	合格

表 12-28　2 号硅钙板实验室检测结果

序号	检测项目	技术要求	检测结果	单项结论
1	外观质量			
1.1	正表面	不得有裂纹、分层、脱皮	符合要求	合格
1.2	背面	砂光板未砂面积小于总面积的 5%	符合要求	合格
1.3	掉角	长度方向≤20mm，宽度方向≤10mm，且一张板≤1 个	无掉角	合格
1.4	掉边	掉边深度≤5mm	无掉边	合格
2	尺寸偏差（单位：mm）			
2.1	长度	2400±3	2400～2401	合格
2.2	宽度	1200±3	1200～1202	合格
2.3	厚度	8±0.5	8.0～8.1	合格
2.4	厚度不均匀度	≤5%	2.5%～3.75%	合格
2.5	边缘直线度	≤3	1～2	合格
2.6	对角线差	≤5	3～4	合格
2.7	平整度	≤2	1～2	合格
3	物理性能			
3.1	密度（g/cm³）	$1.20 < D \leq 1.40$	1.26	合格
3.2	导热系数 [W/（m·K）]	≤0.30	0.24	合格
3.3	含水率（%）	≤10	4.5	合格
3.4	湿胀率（%）	≤0.25	0.19	合格
3.5	热收缩率（%）	≤0.50	0.33	合格
3.6	不燃性	应符合 GB 8624 A 级不燃材料	符合 A 级不燃材料	合格
3.7	抗冲击性	落球法试验冲击 1 次，板面无贯通裂纹	符合要求	合格
3.8	抗透水性	24h 检验后允许板反面出现湿痕，但不得出现水滴	符合要求	合格

续表

序号	检测项目	技术要求	检测结果	单项结论
3.9	抗冻性	经 25 次冻融循环，不得出现破裂、分层	符合要求	合格
4		力学性能		
4.1	抗折强度（MPa）	≥18	21.00	合格
4.2	纵横强度比（%）	≥58	72.15	合格

表 12-29　3 号硅钙板实验室检测结果

序号	检测项目	技术要求	检测结果	单项结论
1		外观质量		
1.1	正表面	不得有裂纹、分层、脱皮	符合要求	合格
1.2	背面	砂光板未砂面积小于总面积的 5%	符合要求	合格
1.3	掉角	长度方向≤20mm，宽度方向≤10mm，且一张板≤1 个	无掉角	合格
1.4	掉边	掉边深度≤5mm	无掉边	合格
2		尺寸偏差（单位：mm）		
2.1	长度	2400±3	2399～2401	合格
2.2	宽度	1200±3	1200～1201	合格
2.3	厚度	8±0.5	8.0～8.2	合格
2.4	厚度不均匀度	≤5%	2.0%～3.5%	合格
2.5	边缘直线度	≤3	1～2	合格
2.6	对角线差	≤5	2～3	合格
2.7	平整度	≤2	1～1.5	合格
3		物理性能		
3.1	密度（g/cm³）	1.20<D≤1.40	1.22	合格
3.2	导热系数 [W/（m·K）]	≤0.30	0.23	合格
3.3	含水率（%）	≤10	4.8	合格
3.4	湿胀率（%）	≤0.25	0.18	合格
3.5	热收缩率（%）	≤0.50	0.30	合格
3.6	不燃性	应符合 GB 8624 A 级不燃材料	符合 A 级不燃材料	合格
3.7	抗冲击性	落球法试验冲击 1 次，板面无贯通裂纹	符合要求	合格
3.8	抗透水性	24h 检验后允许板反面出现湿痕，但不得出现水滴	符合要求	合格
3.9	抗冻性	经 25 次冻融循环，不得出现破裂、分层	符合要求	合格
4		力学性能		
4.1	抗折强度（MPa）	≥18	20.12	合格
4.2	纵横强度比（%）	≥58	71.07	合格

工业生产的 1～3 号硅钙板的密度分别为 1.28g/cm³、1.26g/cm³ 和 1.25g/cm³，抗

折强度分别为 22MPa、21MPa、20.12MPa，纵横强度比分别为 79.52％、72.15％、71.07％，可以看出，三种硅钙板的性能都达到《纤维增强硅酸钙板第 2 部分：温石棉硅酸钙板》（JC/T 564.2）中各项指标要求，强度等级达到最高级别（Ⅴ级）。与石英粉和石灰等传统原料生产的硅酸钙板对比，工业试验 3 种硅钙板密度要小于传统硅酸钙板，但强度要高于传统硅酸钙板。

硅钙板生产工业试验原料配方中，工业废物掺入量能达到 70％，生产制作的硅钙板符合相关国家标准要求。通过本项目研究，为硅钙渣、脱硫石膏和粉煤灰等工业废物探索出了新的综合利用途径。

12.3.2 产品微观分析

采用化学成分分析、XRD 测试、SEM-EDS 分析和 TG-DSC 测试，对硅钙板中元素组成、物相组成、水化产物形貌及晶体热稳定性质进行了深入研究。

1. 产品化学成分分析

3 种硅钙板产品的化学成分分析（XRF 分析）结果见表 12-30。3 种硅钙板的烧失量分别为 20.75％、22.16％和 23.19％。

表 12-30　硅钙板产品化学成分　　　　　　　　（质量分数，％）

原料	SiO_2	Al_2O_3	CaO	Fe_2O_3	Na_2O	K_2O	TiO_2	SO_3	MgO	P_2O_5	合计
1 号	36.31	14.93	30.47	2.54	0.41	0.75	0.85	5.10	7.48	0.16	99.00
2 号	34.29	14.95	30.96	2.57	0.46	0.63	0.86	6.85	7.75	0.13	99.45
3 号	31.99	14.04	33.77	2.76	0.83	0.55	0.99	7.14	7.30	0.13	99.50

由 3 种硅钙板化学成分组成可以看出，3 种硅钙板中 Al_2O_3 含量变化不大，SiO_2 和 CaO 含量及 SiO_2/CaO 变化较大，SiO_2 含量顺序 1 号＞2 号＞3 号，CaO 与之相反，三者 SiO_2/CaO 依次为 1.19、1.11 和 0.95，表明随着水泥用量增加和硅钙渣用量减少，硅钙板中 SiO_2/CaO 比逐步降低，研究表明，硅钙板随着 SiO_2/CaO 增加，其密度和抗折强度也会随着增大。

3 种硅钙板产品中 MgO 含量要高于粉煤灰、脱硫石膏和硅钙渣三种原料中 MgO 含量，产品多出的 MgO 主要由石棉纤维（$3MgO \cdot 2SiO_2 \cdot 2H_2O$）引入。

2. 硅钙板产品 XRD 分析

通过 XRD 分析硅钙渣、粉煤灰、脱硫石膏及 3 种硅钙板产品中物相组成，本研究采用荷兰产 PANalyticalX′Pert-XRD 衍射仪进行测试，结果如图 12-19 所示。

3 种硅钙板中主要物相为托贝莫来石、水合硅酸钙和水合铝酸钙，2 号、3 号硅钙板中有钙矾石生成，其主要原因为 2 号和 3 号硅钙板中 SO_3 含量高于 1 号，在过量石膏和铝酸钙作用下生成钙矾石。

硅钙板蒸压养护过程中发生的主要化学反应为硅酸三钙、硅酸二钙和铝酸三钙的水化生成 C—S—H 及 C—A—H 和 $Ca(OH)_2$，继续反应生成托贝莫来石晶体，反应式如式（12-3）～式（12-5）所示。

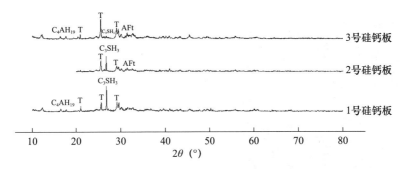

T—托贝莫来石（$5CaO \cdot 6SiO_2 \cdot 5H_2O$）；$C_3SH_3$—水合硅酸钙（$3CaO \cdot SiO_2 \cdot 3H_2O$）；

C_4AH_{19}—水合铝酸钙（$4CaO \cdot Al_2O_3 \cdot 19H_2O$）；AFt—钙矾石（$3CaO \cdot Al_2O_3 \cdot 3CaSO_4 \cdot 32H_2O$）

图 12-19　硅钙渣、粉煤灰及硅钙板 XRD 图

$$3CaO \cdot SiO_2 + nH_2O \longrightarrow xCaO \cdot SiO_2 \cdot yH_2O + (3-x)Ca(OH)_2 \qquad (12\text{-}3)$$

$$2CaO \cdot SiO_2 + nH_2O \longrightarrow xCaO \cdot SiO_2 \cdot yH_2O + (2-x)Ca(OH)_2 \qquad (12\text{-}4)$$

$$2(3CaO \cdot Al_2O_3) + 27H_2O \longrightarrow 4CaO \cdot Al_2O_3 \cdot 19H_2O + 2CaO \cdot Al_2O_3 \cdot 8H_2O$$

$$(12\text{-}5)$$

硅酸二钙水化速度要慢于硅酸三钙。由于原料中加入脱硫石膏，在水化过程中，石膏能与铝酸三钙反应生成钙矾石，反应过程如式（12-6）和式（12-7）所示。

$$3C_3A + 3(CaSO_4 \cdot 2H_2O) + 26H_2O \longrightarrow 3CaO \cdot Al_2O_3 \cdot 3CaSO_4 \cdot 32H_2O \qquad (12\text{-}6)$$

$$C_3A + 3(CaSO_4 \cdot 2H_2O) + 2Ca(OH)_2 + 24H_2O \longrightarrow 3CaO \cdot Al_2O_3 \cdot 3CaSO_4 \cdot 32H_2O$$

$$(12\text{-}7)$$

研究表明，钙矾石可作为混凝土硫铝酸盐系膨胀剂，使混凝土发生膨胀（体积膨胀率能达到 129.55%），有效防止混凝土中胶凝材料凝结硬化过程中产生的收缩。钙矾石的生成可能为 3 号硅钙板体积密度最小的原因之一。

3. 硅钙板产品的 SEM-EDS 分析

为了研究硅钙板产品中晶体形貌及结晶状态，对原料和产品进行了扫描电镜-能谱测试分析。采用了 QUANTA 400 环境扫描电子显微镜，微区能谱分析采用了 NORAN QUEST L2 型能谱微分析系统。3 种硅钙板分析结果分别如图 12-20～图 12-22 所示。

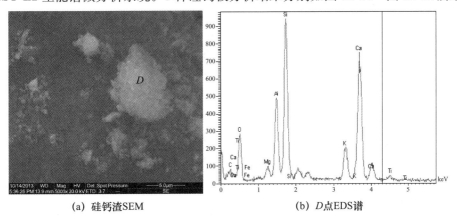

(a) 硅钙渣SEM　　　　　　(b) D点EDS谱

图 12-20　1 号硅钙板 SEM-EDS

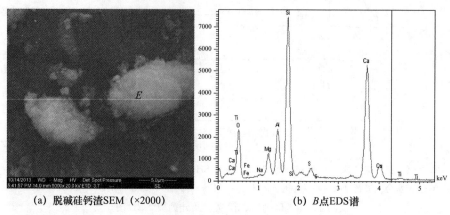

(a) 脱碱硅钙渣SEM（×2000）　　　　(b) B点EDS谱

图 12-21　2 号硅钙板 SEM-EDS

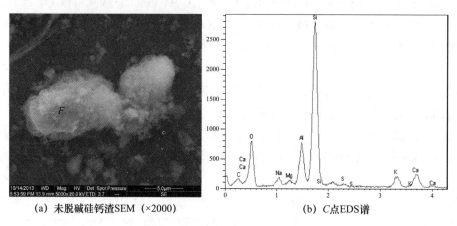

(a) 未脱碱硅钙渣SEM（×2000）　　　　(b) C点EDS谱

图 12-22　3 号硅钙板 SEM-EDS

由 3 种硅钙板 SEM 图可以看出，3 种硅钙板中都含有大量 $10\sim15\mu m$ 的不规则片状 $Ca(OH)_2$ 和大量团状 C—S—H 凝胶，1 号和 2 号凝胶颗粒比较密实，3 号硅钙板中颗粒较疏松，且颗粒之间穿插着纤维状钙矾石，钙矾石的生成使得 3 号硅钙板比 1 号和 2 号结构疏松、密度小。

4. 硅钙板 TG-DSC 分析

为了研究硅钙板产品的热稳定性，对产品进行了热重-差热（TG-DSC）分析。TG-DSC 分析采用美国 TA Q600 TGA/DSC/DTA 同步热分析仪，试验温度范围 20～1000℃，加热速度 10℃/min，空气气氛。3 种硅钙板产品热重分析结构如图 12-23～图 12-25 所示。

由图 12-23～图 12-25 可以看出，3 种硅钙板在 100～900℃ 范围内有 3 个主要的质量损失峰：（1）100～200℃ 为 C—S—H 凝胶和钙矾石的初期脱水阶段；（2）400～500℃ 为氢氧化钙的脱水阶段；（3）600～700℃ 为 C—S—H 凝胶和钙矾石的后期脱水和碳酸盐矿物分解阶段。

经上述分析，得如下结论：

1）由 3 种硅钙板化学成分分析表明，3 种硅钙板中 Al_2O_3 含量变化不大，SiO_2 和

CaO 含量及 SiO_2/CaO 变化较大，SiO_2 含量顺序 1 号＞2 号＞3 号，CaO 与之相反，三者 SiO_2/CaO 依次为 1.19、1.11 和 0.95，表明随着水泥用量增加和硅钙渣用量减少，硅钙板中 SiO_2/CaO 逐步降低，研究表明，硅钙板随着 SiO_2/CaO 增加，其密度和抗折强度也会随着增大。

3 种硅钙板产品中 MgO 含量要高于粉煤灰、脱硫石膏和硅钙渣三种原料中 MgO 含量，产品多出的 MgO 主要由石棉纤维（$3MgO \cdot 2SiO_2 \cdot 2H_2O$）引入。

2）3 种硅钙板中主要物相为托贝莫来石、水合硅酸钙和水合铝酸钙，2 号、3 号硅钙板中有钙矾石生成，其主要原因为 2 号和 3 号硅钙板中 SO_3 含量高于 1 号，在过量石膏和铝酸钙作用下生成钙矾石。钙矾石的生成可能为 3 号硅钙板体积密度最小的原因之一。

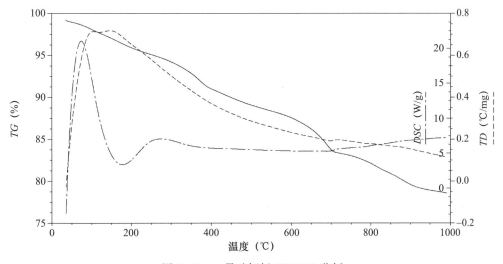

图 12-23　1 号硅钙板 TG-DSC 分析

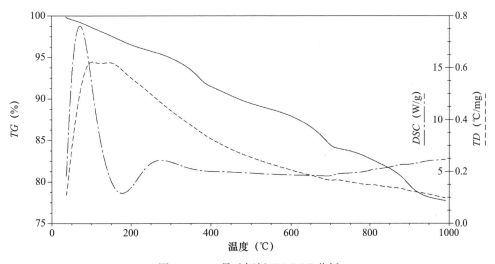

图 12-24　2 号硅钙板 TG-DSC 分析

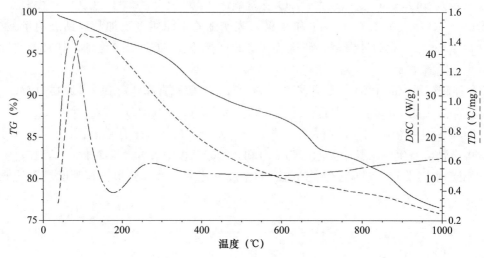

图 12-25　3 号硅钙板 *TG-DSC* 分析

3）由 3 种硅钙板 SEM 图可以看出，3 种硅钙板中都含有大量 $10\sim15\mu m$ 的不规则片状 $Ca(OH)_2$ 和大量团状 C—S—H 凝胶，1 号和 2 号凝胶颗粒比较密实，3 号硅钙板中颗粒较疏松，且颗粒之间穿插着纤维状钙矾石，钙矾石的生成使得 3 号硅钙板比 1 号和 2 号结构疏松、密度小。

4）*TG-DSC* 分析表明 3 种硅钙板在 $100\sim900℃$ 范围内有 3 个主要的质量损失峰：（1）$100\sim200℃$ 为 C—S—H 凝胶和钙矾石的初期脱水阶段；（2）$400\sim500℃$ 为氢氧化钙的脱水阶段；（3）$600\sim700℃$ 为 C—S—H 凝胶和钙矾石的后期脱水和碳酸盐矿物分解阶段。

12.4　本章小结

硅钙渣作为粉煤灰提铝过程中的一种副产物，其处理利用已成为粉煤灰提铝产业大规模推广的瓶颈，制约着煤—电—灰—铝产业链的发展，如何消纳硅钙渣已成为亟待解决的问题。该技术以硅钙渣为主要原料，搭配粉煤灰、矿渣、脱硫石膏、水泥等其他固废，代替传统的石灰和石英粉，依据静态水热合成原理，采用流浆或抄取成型工艺制备硅酸钙板。

硅酸钙板作为一种新型墙体材料具有优越防火性能及耐潮，被应用于吊顶和隔墙，家庭装修、家具的衬板、隧道等室内工程的壁板。随着近年来装配式住房的大力推广，喷涂后的硅酸钙板更是被大量应用于室内外装修。

硅钙渣制备硅酸钙板还具有以下几点优势：

（1）省去硅钙渣压滤脱水工序，可直接使用硅钙渣浆液。

（2）硅钙渣无须脱碱，硅钙渣中的碱可提高硅酸钙板的早期强度，利于脱模，解决了由于硅钙渣碱含量高（Na_2O 含量约为 3.5%）难以在水泥类建材中直接使用的问题。

（3）由于硅钙渣浆液的温度较高，可避免由于冬季环境温度较低导致产品质量下降问题。

（4）与传统的使用石英粉、石灰传统原料制备硅酸钙板工艺相比，原料成本低，且硅钙渣、粉煤灰、脱硫石膏等都为活性物料，在成型和蒸养过程中具有早期强度高、静养和蒸养时间短、能耗低等优势。以 1200mm×2440mm×10mm 标准板为例，每张板比传统原料板降低至少 6 元。与市场上销售的同类产品相比，具有抗压、抗折强度高，密度小，防水性强，耐久性好的特点。

该技术有效地开辟出一条硅钙渣、粉煤灰、脱硫石膏等煤基固废协同高效利用的途径，解决了粉煤灰提铝技术中硅钙渣难以处理的问题，有力地促进了煤—电—灰—铝循环经济的发展，具有较高的经济、社会、环境效益。